高等学校软件工程专业系列教材

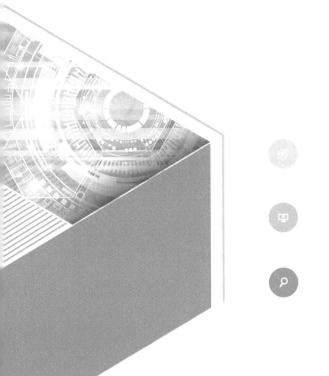

U0386798

Java 程序设计
与实践教程（第2版）

◎ 杨丽萍 王　薇 张焱焱　主　编

北京云班科技有限公司　副主编

清华大学出版社
北京

内 容 简 介

本书从企业用人的实践技术需求出发，系统地介绍了 Java 语言及相关技术。全书共 13 章，前 4 章为 Java 入门基础，主要包括 Java 简介及开发环境搭建、Java 基础语法等；第 5、6 章介绍 Java 面向对象编程、异常处理机制及包的概念，全面讨论了面向对象程序设计的思想方法及在 Java 语言中的实现；第 7、8 章介绍 Java 的常用系统类和 I/O 流；第 9 章介绍 Java 的 GUI 图形用户界面技术；第 10、11 章介绍线程和网络编程技术；第 12 章介绍 Java 与各种数据库的连接方法及应用；第 13 章介绍 Android 程序开发基础知识。

本书结构合理，语言简练，内容深入浅出，以案例汇总各章知识点，使读者学而知所用，体现了 Java 编程语言的实战性特点。本书可以作为高等院校和培训班相关专业的教材，还可供从事计算机技术、电子商务、系统工程的人员和企业技术人员参考。

图书在版编目（CIP）数据

Java 程序设计与实践教程/杨丽萍，王薇，张焱焱主编. —2 版. —北京：清华大学出版社，2019（2025.2 重印）

（高等学校软件工程专业系列教材）

ISBN 978-7-302-50665-2

Ⅰ．①J…　Ⅱ．①杨…　②王…　③张…　Ⅲ．①JAVA 语言 – 程序设计　Ⅳ．①TP312.8

中国版本图书馆 CIP 数据核字（2018）第 156489 号

责任编辑：魏江江　李　晔
封面设计：刘　键
责任校对：梁　毅
责任印制：丛怀宇

出版发行：清华大学出版社
　　　网　　　址：https://www.tup.com.cn, https://www.wqxuetang.com
　　　地　　　址：北京清华大学学研大厦 A 座　　　邮　　编：100084
　　　社 总 机：010-83470000　　　邮　　购：010-62786544
　　　投稿与读者服务：010-62776969，c-service@tup.tsinghua.edu.cn
　　　质量反馈：010-62772015，zhiliang@tup.tsinghua.edu.cn
　　　课件下载：https://www.tup.com.cn，010-83470236
印 装 者：涿州市般润文化传播有限公司
经　　销：全国新华书店
开　　本：185mm×260mm　　印　张：23.5　　字　　数：568 千字
版　　次：2011 年 8 月第 1 版　　2019 年 1 月第 2 版　　印　　次：2025 年 2 月第 6 次印刷
印　　数：25301～25800
定　　价：59.50 元

产品编号：077867-01

前　言

  Java 程序设计语言是随着 Internet 的发展而产生的，是目前被广泛使用的程序设计语言之一。由于 Java 语言具有学习入门快、社会需求量大、就业面广等特点，使得 Java 程序设计语言成为计算机方向的一门专业必修课，其课程体系也成为各高校计算机学院、软件学院学生学习的技术主线之一。

  现在大多数 Java 程序设计教材单纯地从程序设计语言的角度出发，纯粹介绍语言特点及语法规则，忽视了 Java 程序设计语言的应用性。现在大多的高校计算机专业和软件学院则强调学生的实践动手能力，对学生的实践动手能力要求更高，这就需要有相应的实践性强的教材。本书正是以这一市场需求为立足点，以理论要点为基础，以案例驱动总结各章节知识点，使读者学而知所用，体现了 Java 编程语言的实战性特点。

  编者在多年教学经验的基础上，结合企业实训要求，根据学生的认知规律精心组织了本书内容，并通过大量的案例，循序渐进地介绍了 Java 语言程序设计的有关概念和编程技巧。全书共 13 章。前 4 章为 Java 的入门基础，主要包括 Java 简介及开发环境搭建，Java 基础语法等。第 5、6 章介绍 Java 面向对象编程、异常处理机制及包的概念，全面讨论了面向对象程序设计的思想方法及在 Java 语言中的实现。通过这部分的学习，读者对面向对象程序设计的思想在 Java 中的应用就会有比较完整的认识。第 7、8 章介绍 Java 的常用系统类和 I/O 流。第 9 章介绍 Java 的 GUI 图形用户界面技术。通过这部分的学习，使读者达到能够设计专业化图形用户界面的能力。第 10、11 章介绍线程和网络编程技术。第 12 章介绍 Java 与各种数据库的连接方法及应用。第 13 章介绍 Android 程序开发基础知识。

  综上所述，本书具有重项目实践、重理论要点、采用案例汇总知识点、力求体现实战性等特点，使读者逐步具备利用 Java 来开发应用程序的能力。教材内容充实、结构合理，每章均配有理论练习题及上机实训题。本书集知识性、实践性和操作性于一体，具有内容安排合理、层次清楚、图文并茂、通俗易懂、实例丰富等特点。

  本书由长春大学计算机学院杨丽萍和王薇，以及吉林工商学院张焱焱担任主编，参加编写的人员还有宋全记、黄超和刘艳。全书由杨丽萍统稿并完成第 1、2、3 章编写，第 4、11 章由王薇编写，第 5、6 章由长春大学刘艳编写，第 7、8 章由长春大学计算机学院黄超编写，第 9、10 章及附录部分由四川建筑职业技术学院信息工程系宋全记编写，第 12、13 章由张焱焱编写完成。全书案例部分得到北京云班科技有限公司的大力支持。

  由于编者水平有限，加之本书内容覆盖面广，书中难免有不妥之处，敬请广大读者批评指正。

编　者

2018 年 5 月

目　录

第1章　Java 简介

教学目标：
- ☑ 了解 Java 的发展历史。
- ☑ 掌握 Java 的体系结构。
- ☑ 明确 JDK、JRE、JVM 的含义、作用及相互之间的关系。
- ☑ 掌握安装和配置 Java 开发环境的方法。
- ☑ 能熟练编写并运行简单的 Java Application 程序。
- ☑ 能熟练编写并运行 Applet 小应用程序。

教学重点：

Java 是一种面向对象程序设计语言，其本身的发展经过了一系列过程。本章首先介绍 Java 语言的发展历史，之后详细介绍 Java 平台及 Java 的运行机制，接着介绍 Java 的相关术语，最后介绍编写 Java 程序所用的环境的搭建以及程序从编写到运行的全过程。

1.1　Java 语言简介

Java 是由 Sun Microsystems 公司于 1995 年 5 月推出的 Java 程序设计语言和 Java 平台的总称。目前 Sun 公司已被美国数据软件巨头甲骨文（Oracle）公司收购。

Java 的名字来源于印度尼西亚爪哇岛的英文名称，这个小岛因盛产咖啡而闻名。Java 语言中的许多库类名称都与咖啡有关，如 JavaBeans（咖啡豆）、NetBeans（网络豆）及 ObjectBeans（对象豆）等。Sun 和 Java 的标识也正是一杯冒着热气的咖啡。Java 最初是为 TV 机顶盒设计的新语言，在 Sun 内部一直称之为 Green 项目。为了给这个新语言起个名字，Gosling 注意到自己办公室外有一棵茂密的橡树（Oak），这是一种在硅谷很常见的树。所以他将这个新语言命名为 Oak。但 Oak 是另外一个注册公司的名字，这个名字不可能再用了。在命名征集会上，大家提出了很多名字，最后按大家的评选次序，将十几个名字排列成表，上报给商标律师。排在第一位的是 Silk（丝绸）。尽管大家都喜欢这个名字，但遭到 James Gosling 的坚决反对。排在第二和第三的都没有通过律师这一关。只有排在第四位的名字得到了所有人的认可和律师的通过，这个名字就是 Java。

十多年来，Java 就像爪哇咖啡一样誉满全球，成为名至实归的企业级应用平台的霸主。而 Java 语言也如同咖啡一般醇香动人。目前，Java 语言仍然是世界上最受欢迎的编程语言之一，而且是一种面向对象的高级编程语言。

1.1.1　Java 语言发展历史

Java 语言最早诞生于 1991 年，来自于 Sun（全称为 Stanford University Network，1982

2

年成立）公司的一个叫 Green 的项目。

到 2009 年年中，Java 已经发布了一系列的版本，以下列出其中比较重要的 Java 历史事件。

1995 年 5 月 23 日，发布了 Java 语言。

1996 年 1 月，第一个 JDK——JDK1.0 诞生。

1996 年 4 月，10 个最主要的操作系统供应商声明将在其产品中嵌入 Java 技术。

1996 年 9 月，约 8.3 万个网页应用了 Java 技术来制作。

1997 年 2 月 18 日，JDK1.1 发布。

1997 年 4 月 2 日，JavaOne 会议召开，参与者逾一万人，创当时全球同类会议规模之纪录。

1997 年 9 月，Java Developer Connection 社区成员超过十万。

1998 年 2 月，JDK1.1 被下载超过 2 000 000 次。

1998 年 12 月 8 日，Java2 企业平台 J2EE 发布。

1999 年 6 月，Sun 公司发布了 Java 的 3 个版本：标准版（J2SE）、企业版（J2EE）和微型版（J2ME）。

2000 年 5 月 8 日，JDK1.3 发布。

2000 年 5 月 29 日，JDK1.4 发布。

2001 年 6 月 5 日，NOKIA 宣布，到 2003 年将出售 1 亿部支持 Java 的手机。

2001 年 9 月 24 日，J2EE1.3 发布。

2002 年 2 月 26 日，J2SE1.4 发布，自此，Java 的计算能力有了大幅提升。

2004 年 9 月 30 日，J2SE1.5 发布，成为 Java 语言发展史上的又一里程碑。为了表示该版本的重要性，J2SE 1.5 更名为 Java SE 5.0。

2005 年 6 月，JavaOne 大会召开，Sun 公司公开 Java SE 6。此时，Java 的各种版本已经更名，取消其中的数字 2：J2EE 更名为 Java EE，J2SE 更名为 Java SE，J2ME 更名为 Java ME。

2006 年 11 月 13 日，Sun 公司宣布将 Java 技术作为免费软件对外发布。

2006 年 12 月 11 日，JDK 1.6 发布，工程代号为 Mustang（野马）。至此，Sun 公司终结了从 JDK 1.2 开始已经有 8 年历史的 J2EE、J2SE、J2ME 的命名方式，启用 Java SE、Java EE、Java ME 的命名方式。

2009 年 2 月 19 日，工程代号为 Dolphin（海豚）的 JDK 1.7 完成了第一个里程碑版本。

2009 年 4 月 20 日，Oracle 公司正式宣布以 74 亿美元的价格收购 Sun 公司，Java 商标从此正式归 Oracle 公司所有。

目前在官方网站 https://www.oracle.com/technetwork/java/javase/downloads/index.html 上可以下载的 JDK 最新版本为 Java Platform (JDK) 11。

1.1.2　Java 语言特点

Java 是一种简单的、面向对象的、分布式的、解释型的、健壮安全的、结构中立的、可移植的、性能优异、多线程的动态语言。Java 语言作为一种广泛使用的程序设计语言，具有以下特性。

（1）Java 语言是简单的。一方面，Java 语言的语法与 C 语言和 C++语言很接近，这使得大多数程序员很容易学习和使用 Java。另一方面，Java 丢弃了 C++中很少使用的、很难理解的特性，如操作符重载、多继承、自动的强制类型转换。特别地，Java 语言不使用指针，并提供了自动的内存收集，使得程序员不必为内存管理而担忧。

（2）Java 语言是面向对象的。Java 语言提供类、接口和继承等原语，为了简单起见，只支持类之间的单继承，但支持接口之间的多继承，并支持类与接口之间的实现机制（关键字为 implements）。Java 语言全面支持动态绑定，是一个纯面向对象的程序设计语言。

（3）Java 语言是分布式的。Java 语言支持 Internet 应用的开发，在基本的 Java 应用编程接口中有一个网络应用编程接口（java.net），它提供了用于网络应用编程的类库，包括 URL、URLConnection、Socket、ServerSocket 等。Java 的 RMI（远程方法调用）机制也是开发分布式应用的重要手段。

（4）Java 语言是健壮的。Java 的强类型机制、异常处理、内存空间的自动收集等是 Java 程序健壮性的重要保证。对指针的丢弃是 Java 的明智选择。Java 的安全检查机制使得 Java 更具健壮性。

（5）Java 语言是安全的。Java 通常被用在网络环境中，为此，Java 提供了一种安全机制以防恶意代码的攻击。除了 Java 语言具有的许多安全特性以外，Java 对通过网络下载的类具有安全防范机制（类 ClassLoader），如分配不同的名字空间以防替代本地的同名类、字节代码检查，并提供安全管理机制（类 SecurityManager）让 Java 应用设置安全哨兵。

（6）Java 语言是体系结构中立的。Java 程序（后缀为.java 的文件）在 Java 平台上被编译为体系结构中立的字节码格式（后缀为.class 的文件），然后可以在实现这个 Java 平台的任何系统中运行。这种途径适合于异构的网络环境中软件的分发。

（7）Java 语言是可移植的。这种可移植性来源于体系结构中立性，另外，Java 还严格规定了各个基本数据类型的长度，与具体的硬件平台无关。Java 系统本身也具有很强的可移植性，Java 编译器是用 Java 实现的，Java 的运行环境是用 ANSI C 实现的。

（8）Java 语言是编译解释型的。如前所述，Java 程序在 Java 平台上被编译为字节码格式，然后可以在实现这个 Java 平台的任何系统中运行。在运行时，Java 平台中的 Java 解释器对这些字节码进行解释执行，执行过程中需要的类在连接阶段被载入到运行环境中。

（9）Java 是高性能的。与那些解释型的高级脚本语言相比，Java 的确是高性能的。事实上，Java 的运行速度随着 JIT（Just-In-Time）编译器技术的发展越来越快。

（10）Java 语言是多线程的。在 Java 语言中，线程是一种特殊的对象，它必须由 Thread 类或其子（孙）类来创建。通常有两种方法来创建线程：其一，使用 Thread(Runnable) 的构造方法将一个实现了 Runnable 接口的对象包装成一个线程；其二，从 Thread 类派生出子类并重写 run 方法，使用该子类创建的对象即为线程。值得注意的是，Thread 类已经实现了 Runnable 接口，因此，任何一个线程均有它的 run 方法，而 run 方法中包含了线程所要运行的代码。线程的活动由一组方法来控制。 Java 语言支持多个线程的同时执行，并提供多线程之间的同步机制（关键字为 synchronized）。

（11）Java 语言是动态的。Java 语言的设计目标之一是适应动态变化的环境。Java 程序需要的类能够动态地被载入到运行环境，也可以通过网络来载入所需要的类，这也有利于软件的升级。另外，Java 中的类有一个运行时的表示，能进行运行时的类型检查。

Java 语言的优良特性使得 Java 应用具有无比的健壮性和可靠性，这也减少了应用系统的维护费用。Java 对对象技术的全面支持和 Java 平台内嵌的 API 能缩短应用系统的开发时间并降低成本。Java 的"编译一次，到处可运行"的特性使得它能够提供一个随处可用的开放结构和在多平台之间传递信息的低成本方式，特别是 Java 企业应用编程接口（Java Enterprise API）为企业计算及电子商务应用系统提供了有关技术和丰富的类库。

1.2　Java 平台及主要应用方向

从某种意义上来说，Java 不仅是编程语言，还是一个开发平台。Java 技术给程序员提供了许多工具：编译器、解释器、文档生成器和文件打包工具等，同时 Java 还是一个程序发布平台，其有两种主要的发布环境：首先是 Java 运行时环境（Java Runtime Environment，JRE）包含了完整的类文件包；其次是许多主要的浏览器都提供了 Java 解释器和运行时环境。目前 Sun 公司把 Java 平台划分成 J2EE、J2SE、J2ME 共 3 个平台，针对不同的市场目标和设备进行定位。

当前 Java 技术的平台架构包括以下 3 个方面。

（1）Java SE（Java Platform，Standard Edition）：Java SE 以前称为 J2SE。它允许开发和部署在桌面、服务器、嵌入式环境和实时环境中使用的 Java 应用程序。Java SE 包含了支持 Java Web 服务开发的类，并为 Java Platform，Enterprise Edition（Java EE）提供基础。

（2）Java EE（Java Platform，Enterprise Edition）：这个版本以前称为 J2EE。企业版本帮助开发和部署可移植、健壮、可伸缩且安全的服务器端 Java 应用程序。Java EE 是在 Java SE 的基础上构建的，它提供 Web 服务、组件模型、管理和通信 API，且可以用来实现企业级的面向服务体系结构（Service-Oriented Architecture，SOA）和 Web 2.0 应用程序。

（3）Java ME（Java Platform，Micro Edition）：这个版本以前称为 J2ME。Java ME 为在移动设备和嵌入式设备（比如手机、PDA、电视机顶盒和打印机）上运行的应用程序提供一个健壮且灵活的环境。Java ME 包括灵活的用户界面、健壮的安全模型、许多内置的网络协议及对可以动态下载的联网和离线应用程序的丰富支持。

这 3 种技术中核心的部分是 J2SE，而 J2ME 和 J2EE 是在 J2SE 基础之上发展起来的，3 种技术的关系如图 1-1 所示。

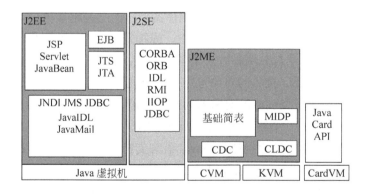

图 1-1　3 种技术的关系示意图

Java 语言目前在服务器端确立了强大的战略优势，同时由于其独有的特性，在嵌入式系统方面的应用前景非常广阔，未来的发展方向更是与 Internet 的发展需求紧密地联系在一起。目前 Java 已作为一门综合性技术在众多领域中得到快速发展和应用。使用 Java 开发的主要领域有以下几个方面。

（1）Web 页面动态设计、网站管理和交互操作等基于互联网的应用。

（2）嵌入式系统的开发与应用。

（3）交互式、可视化图形软件的开发。

（4）分布式计算系统的开发与应用。

（5）电子商务系统的开发与应用。

（6）多媒体系统的设计与实现。

1.3　Java 的运行机制及 JVM

计算机高级语言类型主要有编译型和解释型两种，Java 是两种类型的集合，在 Java 中，处理代码的过程如图 1-2 所示。

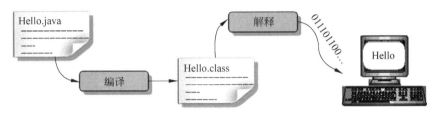

图 1-2　Java 程序代码处理过程

从图 1-2 可以看出，Java 程序在计算机中执行要经历以下几个阶段：

（1）使用文字编辑软件（如记事本、写字板、UltraEdit 等）或集成开发环境（JCreater、Eclipse、MyEclipse 等）编辑 Java 源文件，其文件扩展名为.java。

（2）通过编译使.java 文件生成一个同名的.class 文件。

（3）通过解释方式将.class 的字节码文件转变为由 0 和 1 组成的二进制指令并执行。

在以上阶段中可以看出，Java 程序的执行包括了编译和解释两种方式。Java 程序执行的具体过程如图 1-3 所示。

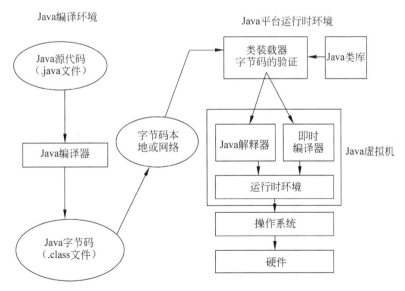

图 1-3　Java 程序的执行过程

知识提示　因为在 Web 应用中 JSP 文件是需要转换成 Servlet 的，这个 Servlet 文件还需要编译成可以在 JRE 上执行的.class 文件，因此在 Java 虚拟机中要有即时编译器。

Java 的.class 文件是在 Java 虚拟机（Java Virtual Machine，JVM）上运行的。JVM 是在一台计算机上由软件或硬件模拟的计算机，JVM 可以实现 Java 程序的跨平台运行，即运行的操作平台各不相同。有 JVM 的存在，就可以将 Java 的.class 文件转换为面向各个操作系统的程序，再由 Java 解释器执行。这就如同有一个中国富商，他同时要和美国、韩国、俄罗斯、日本、法国、德国等几个国家洽谈生意，可是他不懂这些国家的语言，因此他针对每个国家请了一个翻译，他说的话就只对翻译说，不同的翻译会将他说的话翻译给不同国家的客户，这样富商只需要说一句话给翻译，那么就可以同几个国家的客户沟通了。可见 Java 虚拟机（JVM）的作用是读取并处理经编译过的、与平台无关的字节码.class 文件；而 Java 解释器负责将 Java 虚拟机的代码在特定的平台上运行。JVM 的基本原理如图 1-4 所示。

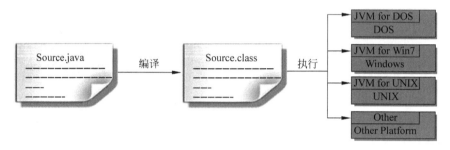

图 1-4　JVM 基本原理

从图 1-4 可以发现，所有的.class 文件都是在 JVM 上运行的，即.class 文件只需要认识 JVM，由 JVM 再去适应各个操作系统。如果不同的操作系统安装上符合其类型的 JVM，那么以后.class 文件无论到哪个操作系统上都是可以正确执行的。

1.4　Java 的相关术语

1.4.1　什么是 JDK

JDK（Java Development Kit）称为 Java 开发包或 Java 开发工具，是一个编写 Java Applet 小程序和 Application 应用程序的程序开发环境。JDK 是整个 Java 的核心，包括了 Java 运行环境（Java Runtime Envirnment，JRE）、一些 Java 工具和 Java 的核心类库。不论什么 Java 应用服务器，其实质都是内置了某个版本的 JDK。主流的 JDK 是 Sun 公司发布的 JDK，除了 Sun 公司之外，还有很多公司和组织都开发了自己的 JDK，例如 IBM 公司开发的 JDK、BEA 公司的 Jrocket，还有 GNU 组织开发的 JDK 等。其中 IBM JDK 包含的 JVM（Java Virtual Machine）运行效率要比 Sun JDK 包含的 JVM 高出许多。

作为 JDK 实用程序，工具库中有 7 种主要程序。

（1）javac：Java 编译器，将.java 源代码文件转换成.class 字节码文件。

（2）java：Java 解释器，直接解释执行 Java 字节码文件。

（3）appletviewer：小应用程序浏览器，一种执行 HTML 文件上的 Java 应用小程序的 Java 浏览器。

（4）javadoc：根据 Java 源码及说明语句生成 HTML 文档。

（5）jdb：Java 调试器，可以逐行执行程序，设置断点和检查变量。

（6）javah：产生可以调用 Java 过程的 C 过程，或建立能被 Java 程序调用的 C 过程的头文件。

（7）javap：Java 反汇编器，显示编译类文件中的可访问功能和数据，同时显示字节代码含义。

从初学者的角度来看，采用 JDK 开发 Java 程序能够很快理解程序中各部分代码之间的关系，有利于理解 Java 面向对象的设计思想。JDK 的另一个显著特点是随着 Java（J2EE、J2SE 及 J2ME）版本的升级而升级。但它的缺点也非常明显，利用 JDK 从事大规模企业级应用开发非常困难，不能进行复杂的 Java 软件开发，也不利于团体协同开发，因此更多的程序员选择 Eclipse 或 MyEclipse 来开发程序。

1.4.2　什么是 JRE

JRE（Java Runtime Environment）是 Java 运行环境，是运行 Java 程序所必需的环境集合，包含 JVM 标准实现及 Java 核心类库。JRE 不包含开发工具，如编译器、调试器和其他工具。

JRE 与 JDK 有什么关系呢？JRE 是个运行环境，JDK 是个开发环境。因此编写 Java 程序的时候需要 JDK，而运行 Java 程序的时候就需要 JRE。JDK 里面已经包含了 JRE，因此安装 JDK 后除了可以编辑 Java 程序外，也可以正常运行 Java 程序。但由于 JDK 包含了许多与运行无关的内容，占用的空间较大，因此运行普通的 Java 程序无须安装 JDK，而只需要安装 JRE 即可。JVM、JRE 及 JDK 的关系如图 1-5 所示。

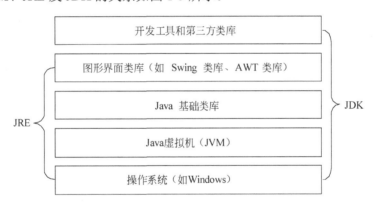

图 1-5　JVM、JRE 及 JDK 的关系图

1.5　Java 开发环境的搭建

视频讲解

1.5.1　JDK 的安装

若用户采用记事本、UltraEdit 等文字处理软件书写 Java 源文件，则用户需要用 JDK 来编译执行 Java 源文件。用户可以从 Sun 的官方网站上下载最新版本 JDK，并进行安装和配置。

1. 获取 JDK 开发工具包

（1）打开 IE 浏览器，输入 http://www.oracle.com/technetwork/java/index.html，打开 Java 的官方网站主页，单击 Java Downloads 选项，进入 Java SE Downloads 选项卡页面。

（2）单击 JDK DOWNLOAD 选项，在 Java SE Development Kit 8.0.1 区域选择 jdk-8u66-windows-x64.exe 或者 jdk-8u66-windows-i586.exe 文件，即可下载 jdk-8u66-windows-x64.exe 可执行文件。

2. 安装 JDK

找到下载的 JDK 文件 jdk-8u66-windows-x64.exe，即可开始安装 JDK，具体操作步骤如下：

（1）双击 jdk-8u66-windows-x64.exe 文件，打开"安装程序"对话框，如图 1-6 所示。

（2）单击"下一步"按钮，打开"定制安装"对话框，单击"更改"按钮可以更改文件的安装路径及选择是否安装某些组件。这里把 JDK 安装到 C:\Program Files \Java\jdk1.8.0_66 目录下，并安装所有组件，如图 1-7 所示。

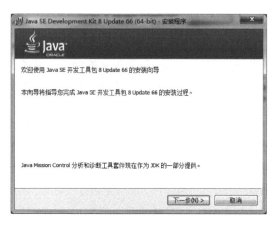
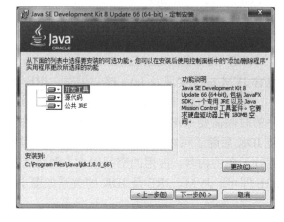

图 1-6　"安装程序"对话框　　　　　　　图 1-7　"定制安装"对话框

（3）单击"下一步"按钮，打开"进度"对话框。

（4）JDK 类库安装完成后，会提示安装 JRE 运行环境，如图 1-8 所示。单击"更改"按钮可以更改 JRE 的安装路径。

（5）设置完成后，单击"下一步"按钮，打开"进度"对话框，开始进行安装，如图 1-9 所示。

图 1-8　"目标文件夹"对话框　　　　　　　图 1-9　"进度"对话框

（6）JRE 文件安装结束后出现如图 1-10 所示对话框。单击"后续步骤"按钮可以打开 https://docs.oracle.com/javase/8/docs/网页，在这里可以访问教程、API 文档、开发人员指南、发布说明及更多内容，否则直接单击"关闭"按钮完成 JDK 的安装。

图 1-10 "完成"对话框

3. 了解 JDK 安装文件夹

JDK 安装完成之后，打开安装目录，如图 1-11 所示。

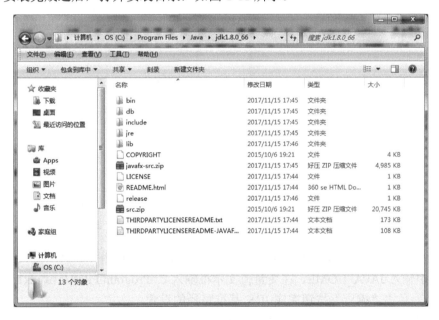

图 1-11 JDK 安装目录

由图 1-11 可知，JDK 安装目录下具有以下多个文件夹和一些网页文件，主要的文件夹及文件功能如下。

（1）bin 文件夹：提供 JDK 工具程序，包括 javac、java、javadoc、appletviewer 等可执行程序。

（2）jre 文件夹：存放 Java 运行环境文件。

（3）lib 文件夹：存放 Java 的类库文件，即工具程序使用的 Java 类库。JDK 中的工具程序大多也由 Java 编写而成。

（4）include 文件夹：存放用于本地方法的文件。

（5）src.zip 文件：Java 提供的 API 类的源代码压缩文件。如果需要知道 API 的某些功能如何实现，可以查看这个文件中的源代码内容。

（6）db 文件夹：在 JDK 8 中附带的 Apache Derby 数据库。这是纯 Java 编写的数据库，支持 JDBC 4.0。

4. 配置 JDK

安装 JDK 后，需要设置 JAVA_HOME、CLASSPATH 及 Path 的值。若将 Java 执行环境比作操作系统，则设置 Path 变量是为了让操作系统找到指定的工具程序（以 Windows 来说就是找到.exe 文件），设置 CLASSPATH 的目的就是让 Java 执行环境找到指定的 Java 程序（也就是.class 文件）。JDK 的具体配置步骤如下：

（1）在 Windows 桌面上右击"计算机"图标，在弹出的菜单中选择"属性"命令，打开"系统"窗口，在窗口左侧选择"高级系统设置"选项，打开"系统属性"对话框。

（2）在"系统属性"对话框中选择"高级"选项卡，如图 1-12 所示，单击"环境变量"按钮打开"环境变量"对话框，如图 1-13 所示。

图 1-12 "系统属性"对话框

图 1-13 "环境变量"对话框

（3）在"环境变量"对话框的"系统变量"选项区域中，单击"新建"按钮，在"变量名"文本框中输入 JAVA_HOME，在变量值文本框输入 C:\Program Files\Java\jdk1.8.0_66，如图 1-14 所示，单击"确定"按钮完成 JDK 基准路径的设置。

（4）在"环境变量"对话框的"系统变量"选项区域中，单击"新建"按钮，在"变量名"文本框中输入 CLASSPATH，在"变量值"文本框输入".;%JAVA_HOME%\lib\dt.jar;%JAVA_HOME%\lib\tools.jar"，如图 1-15 所示，单击"确定"按钮完成 JDK 所用类路径的设置。

图 1-14 创建 JAVA_HOME 变量

图 1-15 创建 CLASSPATH 变量

（5）在"环境变量"对话框的"系统变量"选项区域中选中变量 Path，单击"编辑"按钮，在弹出的"编辑系统变量"对话框中加入";%JAVA_HOME%\bin;"（即 JDK bin 目录所在路径，注意若该路径为 Path 的最后一项则不需要加";"）。

（6）检测 JDK 是否配置成功，可以打开命令提示符窗口，输入 javac 命令。如果配置成功，会出现当前 javac 命令相关的参数说明，如图 1-16 所示。

图 1-16　测试 JDK 是否成功

🐧知识提示

（1）设置 JAVA_HOME 变量的作用是在其他变量中用到 JDK 的安装路径时，可用 JAVA_HOME 变量的值来替换，使用时用%JAVA_HOME%表示。这样设置的优点是若改变了 JDK 的安装路径，只需要修改 JAVA_HOME 变量的值，而 CLASSPATH 及 path 中的值不用修改。

（2）设置 CLASSPATH 主要用于说明 JDK 中所要用的类的位置，变量中的"."是不能省略的，主要用于表示当前目录，而";"是各个部分的分隔符。

1.5.2　MyEclipse 的安装

MyEclipse 企业级工作平台（MyEclipse Enterprise Workbench，简称 MyEclipse）是对 Eclipse IDE 的扩展，用户可以利用它在数据库和 J2EE 的开发、发布以及应用程序服务器的整合方面极大地提高工作效率。MyEclipse 是功能丰富的 J2EE 集成开发环境，包括了完备的编码、调试、测试和发布功能，完整支持 HTML、CSS、JavaScript、JSP、Struts、Hibernate、SQL 等。

简单而言，MyEclipse 是 Eclipse 的插件，也是一款功能强大的 J2EE 集成开发环境，MyEclipse 6.0 以前版本需先安装 Eclipse。MyEclipse 6.0 以后版本安装时不需安装 Eclipse。

当前较为流行的是 MyEclipse 10 版本，下面将以 MyEclipse 10 为例，说明其安装过程。

（1）单击 MyEclipse 10 的安装文件 myeclipse-10.7.1-offline-installer-windows.exe，安装文件开始自解压过程。

（2）解压文件后，进入安装向导的第一个界面，如图 1-17 所示。

（3）单击 Next 按钮进入安装向导，在接受协议许可界面中选中 I accept the terms of the license agreement 复选框，如图 1-18 所示，若取消安装则单击 Cancel 按钮。

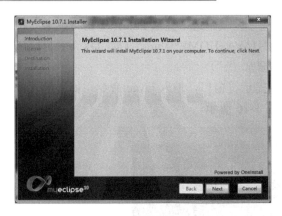

图 1-17　安装向导首界面

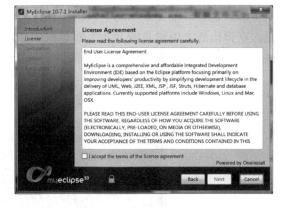

图 1-18　接受协议许可界面

（4）单击 Next 按钮进入下一个向导界面，如图 1-19 所示，在界面中设置 MyEclipse 的安装路径及通用路径，若要改变其默认路径可单击 Change 按钮，在弹出的对话框中进行路径修改。

（5）单击 Next 按钮进入下一个向导界面，如图 1-20 所示，可以从固有的 6 个选项中选择，也可以进行软件的定制。

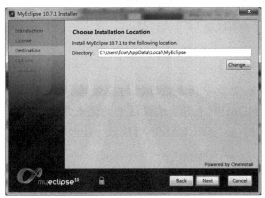

图 1-19　设置安装路径及通用路径

图 1-20　选择可选的软件

（6）单击 Next 按钮进入下一个向导界面，如图 1-21 所示，确定系统结构（32 位或 64 位）。

（7）单击 Next 按钮进入下一个向导界面，进入安装过程，如图 1-22 所示。安装结束后，单击 Finish 按钮结束安装并显示 MyEclipse 的启动界面。

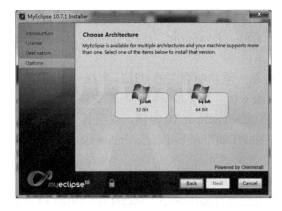

图 1-21　选择系统结构

图 1-22　安装软件

1.6　Java 程序的编写与运行

视频讲解

1.6.1　第一个 Java 程序

为了对 Java 的运行环境有更进一步的了解，首先通过记事本来编辑一个最简单的 Java 程序，然后对其进行编译并执行。

1. 显示已知文件类型的扩展名

双击桌面上的"我的电脑"图标，打开"我的电脑"窗口，选择菜单"工具"|"文件夹选项"命令打开"文件夹选项"对话框。选择"查看"选项卡，取消选中"隐藏已知文件类型的扩展名"复选框，如图 1-23 所示，单击"确定"按钮关闭对话框。

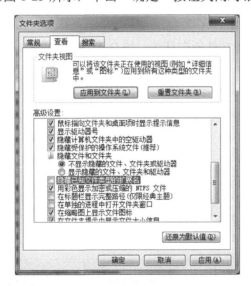

图 1-23　"文件夹选项"对话框

这样做的目的是为了以后能方便地区分出 Hello.txt、Hello.java、Hello.class 这些不同的文件类型，也为了使记事本软件不会自作聪明地把用户要写的 Hello.java 源程序保存成 Hello.java.txt 文本文件。

2. 最简单的 Java 程序的编写

【例 1-1】　编程实现在屏幕上输出"Welcome to java World!"。

```
//文件名: Welcome.java
public class Welcome {
    public static void main(String[] args) {
        System.out.println("**********************");
        System.out.println("*Welcom to java World!*");
        System.out.println("**********************");
    }
}
```

打开记事本，输入例 1-1 所示代码并将其保存于某一目录中，如 D:\javaStudy\ch1，命名为 Welcome.java。该程序的功能是在屏幕上打印出星号以及"Welcome to java World!"字符串信息。

> 📖 **知识提示**
>
> （1）源文件的名称一定要和 public 类名称保持一致。Java 程序的类名称是指 class 关键词（Keyword）后的名称，就本例而言类名即为 Welcome。
>
> （2）源文件的扩展名必须为.java。
>
> （3）Java 语言区分大小写。在 Java 程序中，System 和 system 是两个不一样的名称。
>
> （4）空格只能是半角空格符或是 Tab 字符。其他字符如小括号、双引号等均要求为英文字符。
>
> （5）一个.java 源文件中可以包含多个类，但只能有一个 public 类。

3. Java 源程序的编译

利用 JDK 中提供的 Java 编译器——javac，可将 Java 源文件编译成 Java 虚拟机能够解释执行的字节码文件。单击"开始"按钮选择"运行"菜单项，在弹出的"运行"对话框中输入 cmd，进入命令提示符状态。

利用 cd 命令进入待编译文件所在目录，如 D:\javaStudy\ch1，在命令提示符下输入：

```
cd  待编译源文件的路径
javac  待编译源文件名.java
```

对于本例题则输入：

```
d:
cd  javaStudy/ch1
javac  Welcome.java
```

如图 1-24 所示。如果命令提示符窗口没有提示错误信息，则说明源文件已经编译成功，并在当前目录下产生一个扩展名为.class 的字节码文件。javac 是 java 语言的编译程序，它能将 java 源文件编译成.class 字节码文件。

图 1-24　使用 javac 命令编译.java 源文件

4. .class 字节码文件的执行

Java 源程序编译为字节码文件后，便可在 Java 虚拟机中执行。在命令提示符状态下输入：

```
java  待执行文件名
```

对于本例题输入：

```
java  Welcome      （注意此处不可加扩展名）
```

如图 1-25 所示，执行程序后在屏幕上打印出星号及"Welcome to java World!"信息。

图 1-25　使用 java 命令解释执行.class 字节码文件

1.6.2　第一个 Applet 程序

Applet（小应用程序）是采用 Java 创建的基于 HTML 的程序。浏览器将其暂时下载到用户的硬盘上，并在 Web 页打开时在本地运行，一般的 Applet 只能通过 appletviewer 或者浏览器来运行。与一般的 Java 程序相比，开发 Applet 程序有其特殊性，需要完善与网页的加载和离开有关的一些方法，其他部分则与 Java 程序类似。

1. 简单 Java Applet 程序的编写

【例 1-2】　编程实现在屏幕上绘制一条直线。

```java
//文件名：WelcomeApplet.java
import java.awt.Graphics;
import java.applet.Applet;
public class WelcomeApplet extends Applet{
    public void paint(final Graphics g){
        g.drawLine(0, 0, 200, 200);
    }
}
```

打开记事本，输入例 1-2 所示代码，完成后将其保存于目录 D:\javaStudy\ ch1 中，并命名为 WelcomeApplet.java，要注意文件名区分大小写。

2. Java Applet 源程序编译

打开命令提示符窗口，改变其当前路径为 D:\javaStudy\ch1，在命令提示符后输入 "javac WelcomeApplet.java" 命令，将 WelcomeApplet.java 源文件编译成同名的 WelcomeApplet.class 字节码文件。

3. HTML 网页文件的编写

创建一个 HTML 页面来包含小程序。打开记事本，按以下代码输入文件内容，并以 WelcomeApplet.html 为文件名，存储到 D:\javaStudy\ch1 目录下。

```html
<html>
```

```
<body>
    <applet code=WelcomeApplet.class  width=200  height=100 >
    </applet>
</body>
</html>
```

4. 运行 Java Applet 程序

在命令提示符窗口内，进入 D:\javaStudy\ch1 目录，输入命令 appletviewer WelcomeApplet.html，即可运行 Applet 程序，如图 1-26 所示。Applet 程序的运行界面如图 1-27 所示。

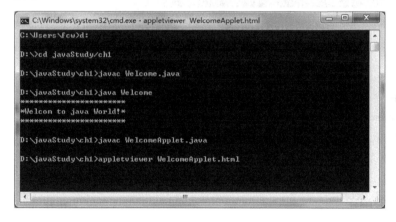

图 1-26　使用 appletviewer 命令浏览 html 页面　　　　图 1-27　Applet 小程序运行界面

1.6.3　使用 MyEclipse 运行 Java 程序

1. 启动 MyEclipse 10

单击"开始"|"所有程序"|MyEclipse|MyEclipse 10 命令，启动 MyEclipse，接着会显示工作空间设置对话框，如图 1-28 所示。工作空间的设置主要用于确定所建立的 Java 项目存储的位置，用户可以单击 Browse 按钮进行修改，也可以采用 MyEclipse 默认的工作空间路径。

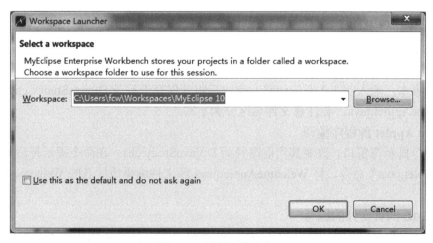

图 1-28　设置工作空间

单击 OK 按钮确定项目工作空间后进入 MyEclipse 10，工作界面如图 1-29 所示。

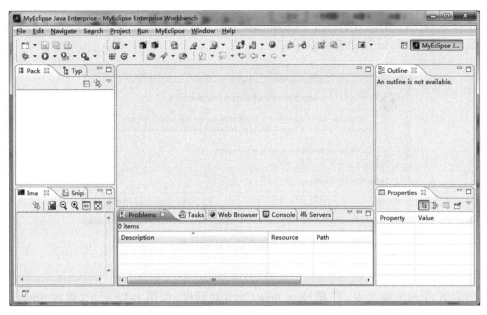

图 1-29　MyEclipse 10 工作界面

2. 新建 Java 项目

从菜单栏选择 File|New|Java Project 命令，打开 New Java Project 对话框。如图 1-30 所示，在 Project name 文本框中输入"HelloWorld"，单击 Finish 按钮关闭对话框，这样一个 Java 项目就建完了。

图 1-30　新建 Java 项目对话框

创建完 Java 项目后会弹出一个切换透视图的对话框，如图 1-31 所示，为了避免造成更多的麻烦，一般单击 No 按钮就可以了。

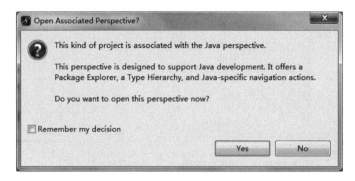

图 1-31   切换透视图对话框

3. 新建 Java 类

选择菜单 File|Class 命令，打开 New Java Class 对话框，如图 1-32 所示，确保 Source folder 文本框中为"HelloWorld/src"，在 Name 文本框中输入 Welcome，单击 Finish 按钮完成类的创建。

图 1-32   新建类对话框

> 🖱知识提示   若在新建 Java 类对话框中选中了"public static void main(String[ ] args)"复选框，则创建的类将自动添加主方法 main 的声明，用户只需要在 main 方法中添加语句实现相应功能，建议选中该复选框。

4. 输入代码

在 MyEclipse 10 的主窗口的代码编辑器中输入 Welcome 类的代码，如图 1-33 所示。

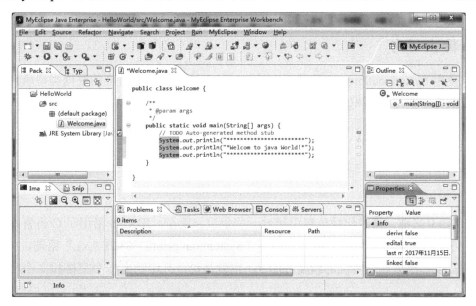

图 1-33　MyEclipse10 编辑窗口

5. 运行程序

单击工具栏上的 Run 按钮运行该程序，可弹出如图 1-34 所示的对话框，询问是否要保存 Welcome.java 中的修改，在这里单击 OK 按钮保存修改，并运行该程序。

运行结果可在 Console 选项卡中显示，如图 1-35 所示。

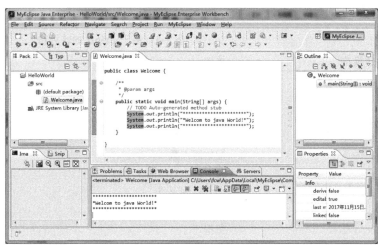

图 1-34　是否保存修改对话框　　　　　图 1-35　运行结果示意图

通过比较可见，MyEclipse 用来开发 Java 项目更方便快捷，而且 MyEclipse 提供的语法高亮显示和错误纠正功能，在做大型项目时尤其有用。因此 MyEclipse 在实际项目开发过程中是经常被使用的集成开发环境。

1.7 Java 程序的一些特殊语句

1.7.1 输出语句

可以使用 System.out.print(x)将数值 x 输出。这条命令将以 x 对应的数据类型所允许的最大数字位数打印输出 x。例如：

```
double  x=10000.0/3.0;
System.out.print(x);
```

结果会打印出：

```
3333.3333333333333
```

在 JDK5.0 之前，格式化数值曾引起过一些争议。现在，JDK5.0 沿用了 C 语言库方法中的 printf 方法对数据进行输出。例如，调用 "System.out.printf("%8.2f ",x);" 语句，可以用 8 个字符的宽度和小数点后两位的精度打印 x。也就是说，打印输出 1 个空格和 7 个字符，如下所示：

```
3333. 33
```

在 printf 中，可以使用多个参数，例如：

```
System.out.printf("Hello,%s,Next year,you'll be %d",name,age);
```

每一个以%字符开始的格式说明符都用相应的参数替换。格式说明符结尾的转换符将指示被格式化的数值类型：f 表示浮点数，s 表示串，d 表示十进制整数。表 1-1 给出了所有转换符。

表 1-1 用于 printf 的转换符

转换符	类型	举例
d	十进制整数	159
x	十六进制整数	9f
o	八进制整数	237
f	定点浮点数	15.9
e	指数浮点数	1.59e+01
g	通用浮点数(e 和 f 中较短的)	18.71
a	十六进制浮点	0x1.fccdp3
s	字符串	Hello
c	字符	H
b	布尔	true
h	哈希码	42628b2
tx	日期时间	2010-10-22
%	百分号	%
n	与平台有关的行分隔符	NL

知识提示　System.out.println()语句比 System.out.printf()语句多一个换行的作用。

1.7.2 注释语句

Java 有 3 种注释方式。

1. 段落注释

这些注释由 "/*" 开始,用 "*/" 结束,可以跨越很多行。通常用于提供文件、方法、数据结构等含义与用途的说明,或者算法的描述。如下例所示:

```
/* this is a comment */
```

或

```
/* that continues
* across lines
*/
```

第一个注释只占一行,第二个注释占据了多行。

在使用这种形式的注释时要注意它与 C / C++的区别,那就是不能嵌套使用这种注释形式,否则会产生编译错误。

2. 单行注释

单行注释类似于 C++的注释风格。它由 // 开始,一直到本行结束。例如:

```
//this is a comment that continues across lines
```

单行注释主要用于程序中需要简短说明的地方。

3. 文档注释

文档注释是 Java 语言中特殊的注释形式,它使用符号 "/**" 开始,以 "*/" 结束。文档注释的功能是生成程序的文档信息,它可以出现在每一个类或接口声明的前面,也可以出现在方法、构造方法或字段声明的前面。

文档注释可以注释若干行,并写入 javadoc 文档。例如:

```
/** Class Name: MyClass
 Author:michale Ma
 Version:1.0
 Date:apr 16 2010
 This is the first java applet!
*/
public class MyClass extends Applet
```

注释文档根据它所注释的内容,分成 3 类:变量、方法和类。也就是说,类的注释一定要出现在类定义的前面;变量注释要出现在变量定义的前面;而方法注释则要出现在方法定义的前面。注释和定义之间不能有任何东西,例如:

```
/** A class comment */
public class doctest {
    /** A variable comment */
    public int I;
    /** A method comment */
    public void f( ) {…}
}
```

1.8 生成 Java 文档

Java 程序员在使用 JDK 开发时，最好的帮助信息来自 Sun 公司发布的 Java 文档。Java API 文档分包、分类地详细提供了各方法、属性的帮助信息，具有详细的类树信息、索引信息等，并提供了许多相关类之间的关系，如继承、实现接口等。

Java 文档全是由一些 HTML 文件组织起来的，在 Sun 公司的站点上可以下载它们的压缩包。打开 Java API 文档后，可以看到如图 1-36 所示的内容。该 HTML 格式的文档包含了许多超链接。

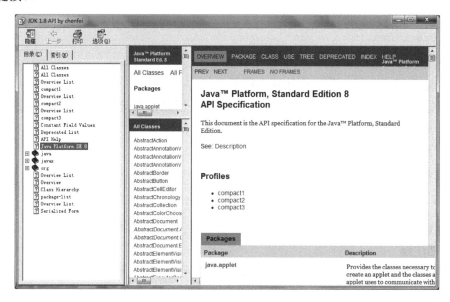

图 1-36 Java API 文档浏览

Java 系统提供的 javadoc 工具可以根据程序结构自动产生注释文档。当程序修改时，可方便、及时地更新生成的注释文档。javadoc.exe 工具存在于 JDK 的 bin 目录下，使用 javadoc 将读取.java 源文件中的文档注释，并按照一定的规则与 Java 源程序一起进行编译，生成文档。所输出的文件是 HTML 格式的，可以通过 Web 浏览器查看。

【例 1-3】 用 javadoc 生成下面程序 HelloDate.java 的文档。

```java
//文件名：HelloDate.java
import java.util.*;
public class HelloDate {
    public static void main(String[] args) {
        System.out.println("Hello, it's: ");
        System.out.println(new Date());
    }
}
```

程序运行结果如下：

```
Hello, it's:
Thu Dec 16 10:04:15 CST 2010
```

运行以下命令，为程序自动生成文档，界面如图 1-37 所示。

```
javadoc HelloDate.java
```

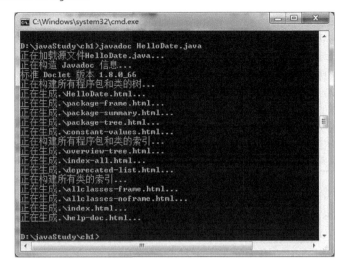

图 1-37 运行 javadoc 的过程

javadoc 在当前目录下生成了许多 HTML 文件，这些就是程序文档。其中，index.html 文件是起始文档。打开该文件，显示内容如图 1-38 所示。

图 1-38 javadoc 生成的 HelloDate.java 程序文档部分页面

javadoc 标记是插入文档注释中的特殊标记，它们主要用于标识代码中的特殊引用。javadoc 标记由 "@" 及其后所跟的标记类型和专用注释引用组成。javadoc 的主要标记如表 1-2 所示。

表 1-2　javadoc 标记

javadoc 常用标记	用途
@author	为一个类或接口生成作者信息项
@version	指定类模块的版本信息
@see	提供另一个类、方法、成员变量等的链接
@param	说明方法的形式参数
@return	说明方法的返回值
@exception	定义方法可能抛出的异常

续表

javadoc 常用标记	用途
@throws	与@exception 用途相同
@deprecated	说明一个方法已经过时，可以用新版本的某个方法代替
@serialData	说明由 writeObject()、readObject()、writeExternal()或 readExternal()写入或读取的数据项，这些方法在默认情况下是不可以串行化的
@serialField	说明一个 ObjectStreamField 对象
@serial	说明一个在默认情况下可以串行化的类的一个成员变量
@since	指出一项功能在什么时候可以被加入到程序代码中，其结果是加入一个标题，后面紧跟着的是与该标记相关的文本说明

执行 javadoc 命令的一般格式如下：

javadoc　[options]　[packages]　[sourcefiles]　[@files]

在命令中有 4 组可选项，方括号本身不是命令的一部分。命令行的每个选项之间用一个或多个空格分开。各组选项的用途如表 1-3 所示。

表 1-3　javadoc 命令选项的用途

javadoc 命令选项	用途
options	指定执行 javadoc 时的命令选项，如果想显示标准命令选项，可以使用如下命令： javadoc　-help
packages	需要处理的一系列包名，名字之间用一个或多个空格分开
sourcefiles	一系列用空格分隔的源文件名，可以使用通配符，如果想指定当前目录的所有源文件，可以使用*.java 表示
@files	用空格分隔的一个或多个源文件的名字，也可以是一个或多个包。每个文件必须用@作为前缀符

javadoc 中 options 选项很多，表 1-4 列出了比较常用的选项。

用户可以使用如下命令处理当前目录下的一个源文件中所有的类和成员：

```
javadoc -author -version -private *.java
```

该命令为所有的类和成员生成文档注释并输出作者和版本信息。

表 1-4　javadoc 执行选项

javadoc 执行选项	结果
-author	生成@author 标记
-version	生成@version 标记
-package	将文档输出到包、公有的或受保护的类和成员上
-public	将文档输出到公有类和成员上
-protected	将文档输出到公有类和受保护的类以及公有的类成员上
-private	使所有类和成员生成文档注释
-d　directoryName	使 javadoc 生成的 HTML 文件存储在指定的目录下。默认为当前目录

1.9　本 章 小 结

本章主要概括描述了 Java 语言的发展历史、Java 平台及运行机制、Java 开发环境的搭建，并且讲解了 Java 应用程序及 Java Applet 小应用程序的编写及运行过程。

Java 的体系架构主要有 3 个版本，它们分别是适用于小型设备和智能卡的 Java 2 平台 Micro 版（Java 2 Platform Micro Edition，J2ME），适用于桌面系统的 Java 2 平台标准版（Java 2 Platform Standard Edition，J2SE），以及适用于创建服务器应用程序和服务的 Java2 平台企业版（Java 2 Platform Enterprise Edition，J2EE）。

Java 程序的运行主要通过编译和解释两个过程完成，在此过程中 JVM 起到了跨平台的作用，它使得用户编制的 Java 程序可以在多种平台上运行。Java 的源程序称为.java 文件，经过编译后产生的是同名的.class 字节码文件，再经过解释在 Java 虚拟机上执行。

JDK 是指 Java 开发工具包，JRE 是指 Java 运行环境，而 JVM 是指 Java 虚拟机。三者之间有紧密的关联关系，概括地讲，JDK 包括 JRE，而 JRE 包含 JVM，所以安装了 JDK 后，则直接安装了 JRE 及 JVM。

Java 类的编写可以通过记事本或 MyEclipse 集成开发环境完成。通过记事本方式编写的 Java 代码要在命令提示符状态下用 javac 和 java 命令编译、解释执行代码，而在 MyEclipse 中可直接单击 Run 按钮完成编译、解释过程。

Java 中注释语句分为段落注释、单行注释和文档注释。

Java 中常用的输出语句有 print()、printf()、println()。

本章需要重点掌握 Java 的运行机制、Java 的相关术语、Java 程序的运行过程。

理论练习题

一、判断题

1．Java 的源代码中定义几个类，编译结果就生成几个以.class 为后缀的字节码文件。（　　　）

2．Java 源程序是由类定义组成的，每个程序可以定义若干个类，但只有一个类是主类。（　　　）

3．无论 Java 源程序包含几个类的定义，若该源程序文件以 A.java 命名，编译后只生成一个名为 A 的字节码文件。（　　　）

4．Java 程序是运行在 Java 虚拟机中的。（　　　）

5．Java 程序对计算机硬件平台的依赖性很低。（　　　）

6．Java 可以用来进行多媒体及网络编程。（　　　）

7．Java 语言具有较好的安全性、可移植性及与平台无关等特性。（　　　）

8．Java 语言的源程序不是编译型的，而是编译解释型的。（　　　）

9．Java Application 程序中，必有一个主方法 main()，该方法有没有参数都可以。（　　　）

10．Java 是面向对象语言，对象是客观事物，对象与之是一一对应的，它是很具体的概念。（　　　）

二、填空题

1．根据结构组成和运行环境的不同，Java 程序可分为_____和_____两类。

2．Java 源程序文件编译后产生的文件称为_____文件，其扩展名为 _____。

3．面向对象方法中，类的实例称为_____。

4．Java 源文件中最多只能有一个_____类，其他类的个数不限。

5．Java 的几个版本分别是_____、_____和_____。

三、选择题

1．main 方法是 Java Application 程序执行的入口点，关于 main 方法的方法头合法的是（　　）。

    A．public static void main
    B．public static void main(String[] args)

    C．public static int main(String[] args)
    D．public void main(String args[])

2．Java Application 中的主类需包含 main 方法，main 方法的返回类型是（　　）。

    A．int
    B．float

    C．double
    D．void

3．Java 程序的执行过程中用到一套 JDK 工具，其中 java.exe 是指（　　）。

    A．Java 文档生成器
    B．Java 解释器

    C．Java 编译器
    D．Java 类分解器

4．在 Java 中，负责对字节代码解释执行的是（　　）。

    A．垃圾回收器
    B．虚拟机

    C．编译器
    D．多线程机制

5．下列叙述中，正确的是（　　）。

    A．Java 语言的标识符是区分大小写的
    B．源文件名与 public 类名可以不相同

    C．源文件名其扩展名为.jar
    D．源文件中 public 类的数目不限

四、简答题

1．Java 语言有哪些特点？

2．简述 Java 的运行机制。

3．简述 Java 应用程序的开发流程。

上机实训题

1．编写一个分行显示自己的姓名、地址和电话的 Java 应用程序。

操作提示：

（1）打开某文本编辑器（记事本、写字板或其他编辑器），输入源代码并保存文件，扩展名为.java。

（2）用 javac 命令编译源文件生成字节码文件.class。

（3）利用 java 解释器解释执行字节码文件，观察运行结果。

2．编写一个分行显示自己姓名、地址和电话的 Java Applet 小程序。

（1）编写 Java 程序源文件并保存，主要利用 Graphics 类的 drawString 方法实现字符串的输出。

（2）利用 javac 命令编译.java 源文件。

（3）编写相对应的 HTML 文件，指定 applet 代码为编译后的.class 文件，并要指定 Applet 窗口的宽度（width）及高度（height）。

（4）利用小程序查看器 appletviewer.exe 或浏览器解释浏览.html 文件。

第2章 Java 基础

教学目标：
☑ 了解面向对象的基本概念。
☑ 掌握 Java 类的定义方法。
☑ 掌握 Java 语言中的数据类型、运算符、表达式等概念及使用方法。

教学重点：
本章应了解面向对象的一些基本概念，掌握在 Java 中类的组成及其定义方法，掌握数据类型、运算符、常量、变量及表达式的定义、语法形式，并能够熟练使用。

2.1 面向对象的基本概念

面向对象是一种程序设计方法和设计规范（paradigm），其基本思想是使用对象、类、继承、封装、消息等基本概念来进行程序设计。从现实世界客观存在的事物（即对象）出发来构造软件系统，并且在系统构造中尽可能运用人类的自然思维方式。

Java 语言是依据面向对象的原理设计而成的，而面向对象有助于解决复杂的程序问题，在系统地学习 Java 语言之前，用户必须先了解一些基本的面向对象的概念。

2.1.1 类和对象

将众多的事物归纳、划分成一些类是人类在认识客观世界时经常采用的思维方法。类是具有相同属性和方法的一组对象的集合。从面向对象的概念来看，真实世界中每个看得见的东西都是对象，如"纸""飞机""小狗"和"摩天大楼"等都可以看成一个对象。"属性"是对象的静态描述，而"方法"则是对象的动态描述，或解释为操作对象的方式。类描述了对象的构造，而且可用于构建对象的蓝图。定义了类之后，该类的名称即成为新的数据类型，且可用于声明该类型的变量和创建该类型的对象。

2.1.2 属性与方法

例如，如何描述"银行账户"这个对象呢？将它分为属性与方法两个方面考虑，与"银行账户"对象相关的静态属性主要有银行账号、户名、密码、账户余额等，而与"银行账户"相关的动态方法有存款、取款、查询余额、更改密码等。

在描述"银行账户"对象的属性和方法时会忽略许多细节，这是正常的，用户可将这些不完整的抽象描述看成是"银行账户"对象的轮廓，事实上对象本来就应该只是一个抽象的轮廓，因为必须依问题的不同来描述不同的对象，而不是详细地将一个对象描述出来。

2.1.3 对象的继承

其实无论是有意或无意地将对象描述抽象化，在许多时候是有好处的，因为在面向对象方法中，对象具有继承（inheritance）的属性。用来描述继承最简单的一句话就是"保留、修改与新增"。

例如，爱迪生发明了"第一代的电灯"，在当时可能是登峰造极的产品，但以现在的眼光来看，这第一代的电灯可能太过耗电、不够明亮，甚至在外观质感上都过于粗糙。后来的公司在改良研发之后，创造了新一代的电灯，新一代的电灯"保留"了电灯应有的基本属性，并"修改"了电灯的耗电量、明亮度和外观，甚至在电灯上"新增"了一个小电子时钟。可以说新一代的电灯是"继承"第一代的电灯而来。

在继承关系下，原来的对象称作父类对象，而新对象称作子类对象，父类和子类之间具有"相同种类"的关系。也就是说，在上面的电灯例子中，称第一代与第二代的产品都是"电灯"的一种，并且用户会发现在继承架构中越底层的子类越具有自己的特征，而越上层的父类往往是越抽象的，如图 2-1 所示，第三代电灯所具有的特征远远多于第一代电灯。

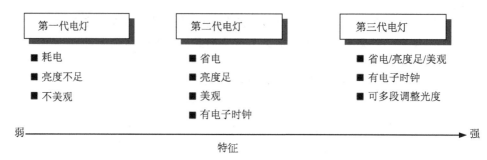

图 2-1　架构中底层子类中的特征

2.1.4　对象的重用

由对象的继承属性还可以看出另一个面向对象方法的优点，即对象的"重用性"。这是非常重要的特色，用户在使用面向对象方法设计程序时应该时时提醒自己，尽量要将对象的重用性最大化。这可以从两方面来说明：一是当用户在创造新对象时，应该以继承现有对象为前提，而不是绞尽脑汁再去创造另一个全新的对象；另一方面应该尽量以现成的对象来构建程序。

例如，定义了一个"人"对象，那么当定义"导游"对象时应该以继承"人"对象为出发点，然后进一步去做"保留、修改和新增"的工作，而不是毫无根据地再定义一个新的导游对象，并且当定义好导游对象之后就应该在所有需要导游对象的程序中重复使用。

对象重用性所带来的好处是：用户定义的对象越多，程序开发越容易，甚至就像堆积木那样轻松与简单（对象＝积木）。程序设计中面向对象重用性的一个最佳例子，就是 Java 所提供的各种 API，这些 API 中的类彼此之间可相互继承，并不断派生新增功能，使得程序设计人员能容易地使用 Java 设计出功能强大的程序。

2.1.5　对象的封装

导致对象可以被重复使用的关键因素是对象的封装（encapsulation）属性，在此前曾提到过，凡是对象都具有属性和方法，而封装的意思就是将对象的属性和方法做适当程度的"包装"，只留下操作的接口，所以封装也可以说成是一种"信息隐藏"（information hiding）。

封装的最大好处就是会使对象容易使用，用户无须去关心其内部的细节。例如，"录音机"是一个对象，无论其内部构造有多复杂，用户总是由各种"录音键""播放键""停止键"等按键来操作录音机。这是因为"录音机"对象已经将其内部的功能做了适当程度的封装，而"录音键""播放键"和"停止键"即是其所保留的操作接口。

2.1.6 对象的多态性

对象的多态性是指在一般类中定义的属性或方法被特殊类继承之后，可以具有不同的数据类型或表现出不同的行为。这使得同一个属性或方法在一般类及其各个特殊类中具有不同的语义。例如，"几何图形"的"绘图"方法，"椭圆"和"多边形"都是"几何图形"的子类，但其"绘图"方法功能不同。

2.2 Java 语言中类的定义

在 Java 语言中，类（class）是对一个特定类型对象的描述，它定义了一种新类型，即"类"是对象的定义，用户也可以把它看作是对象的蓝图。因此，在类中可以包含有关对象属性和方法的定义。其中，属性是存储数据项的变量，可以是任何类型。用户通过这些数据项，可以区分类的不同对象；方法定义了用户对类可以进行的操作，也决定了利用类的对象可以做的事情。一般来说，方法通常是对属性进行操作的。

也就是说，类是由各种"成员"组成的，这里的"成员"指的就是类的"属性和方法"。不过在讨论时为了方便说明，本书会将其分为成员属性与成员方法。在 Java 中定义类的语法格式如下：

```
[访问权限修饰符] [final] [abstract] class 类名称 [extends 单一父类] [implements
接口1，接口2,…]
{
    //属性;
    //方法;
}
```

在上面的语法中，以 [] 符号括起来的部分是可以忽略的。

用户在指定"类名称"时必须遵守 Java 的命名规则。即仅能使用 "_" "$" "0～9" 和英文字母，且名称的第一个字符不可以为 "0～9"，类的名称不可以和 Java 关键字（keyword）相同。

另外，在 Java 语言中，英文字母大小写视为不同。Java 关键字指的是已经为 Java 语言所保留使用的特定字符串，在这之前编写的程序中，public、class 和 import 等都是 Java 语言保留使用的关键字。

2.2.1 类的属性

成员属性是具有某种数据类型的变量或常量，当创建一个对象的时候，它会包含类中定义的所有变量。在类中定义成员属性的语法格式如下：

```
[访问权限修饰符] [final] [static] 数据类型 成员属性名称;
```

因此，一个最简单的成员属性定义如下：

数据类型 成员属性名称；

【例 2-1】 定义"银行账户"类，主要包括户名、账号、密码及账户余额 4 个成员属性。

```
//文件名：Cust.java
Public class Cust          //Cust类
{
    //定义成员属性
    String name;           //字符串
    int ID;                //整型变量
    String PWD;            //字符串
    int money;             //整型变量
}
```

2.2.2 类的方法

成员方法是数行程序代码的集合，用来操作类中的成员属性，包括方法头和方法体两部分。其中，方法头确定方法的名字、形式参数的名字及类型、返回值的类型和访问权限等。

1. 方法的定义

方法体由括在花括号内的声明部分和语句部分组成，定义成员方法的语法格式如下：

```
[访问权限修饰符] [final] [static] [abstract] 返回值数据类型 方法名([形式参数列
表])[throws异常类]
{
    //方法体
}
```

【例 2-2】 在"银行账户"类中，定义初始化方法和输出方法，即将 Cust 类中的户名、账号、密码及账户余额 4 个成员属性初始化并输出。

```
void initCust(String newName,int newID,String newPWD,int newMoney){
    name = newName;
    ID = newID;
    PWD = newPWD;
    money = newMoney;
}
void printCust(){
    System.out.println("户名："+name);
    System.out.println("账号："+ID);
    System.out.println("账户余额："+money);
}
```

这个例子示范了方法的"返回值"和"形式参数列表"的使用方法，参数列表为方法"传入"信息的管道，而返回值则是方法"输出"信息的管道。

方法可以接受一个"空的"参数列表。Java 语言并没有要求用户一定要传入参数，返回值也是如此，但一个没有返回值的方法必须指定返回值数据类型为 void。若具有返回值，则必须使用 return 关键字来输出返回值。

2. main()方法

在 Java 中有一个与 C/C++主函数相类似的方法，即为主方法。包含主方法的类称为主类，主类是程序执行的入口点。在一个.java 文件中，可以定义多个类，但只能有一个 public 类，且.java 文件名需要与 public 类名同名。在 MyEclipse 中，当创建好的.java 文件与所要创建的 public 类名不相符时，可单击 MyEclipse 主窗口中左侧窗格文件列表中对应的文件，按 F2 键对文件进行重命名。

【例 2-3】 定义一个 WelcomeDemo 类，并输出"欢迎来到 Java 的世界…"。

```java
//文件名：WelcomeDemo.java
public class WelcomeDemo {
    public static void main(String[] args){        //主方法
        System.out.println("欢迎来到Java的世界...");
    }
}
```

说明：

（1）public 关键字是访问权限修饰符，声明主方法为 public，使其他的类可以访问这个方法。

（2）static 关键字告知编译器 main 方法是一个静态方法。也就是说，main 方法中的代码是存储在静态存储区的，即当定义了类以后这段代码就已经存在了。如果 main()方法没有使用 static 修饰符，那么编译不会出错，但是如果你试图执行该程序将会报错，提示 main()方法不存在。因为包含 main()的类并没有实例化（即没有这个类的对象），所以其 main()方法也不会存在。而使用 static 修饰符则表示该方法是静态的，不需要实例化即可使用。

（3）void 关键字表明 main()的返回值是无类型的。

（4）参数 String[] args，用于在命令行状态下向 main()方法传递数据。其中，对于 args 参数用户可以任意修改其名称。但缺少 args 参数时，MyEclipse 会提示 main()方法不存在的错误信息。

【例 2-4】 定义一个 ArgsDemo 类，并可将向 main()方法传递的数据值依次输出。

```java
//文件名：ArgsDemo.java
public class ArgsDemo{
    public static void main(String[] args){
        for (int i=0; i<args.length; i++)
            System.out.print(args[i]);
    }
}
```

在命令提示符下，利用 javac ArgsDemo.java 将其编译生成 ArgsDemo.class 后，使用命令 java ArgsDemo a b c，输出结果如下：

```
abc
```

3. 方法的调用

方法的调用，即执行该方法。调用方法的语法格式如下：

方法名（实际参数表）；

【例 2-5】 求矩形的面积。

```java
//文件名：RecArea.java
public class RecArea{
    static int area(int a,int b) {
        int s;
        s = a*b;
        return s;
    }
    public static void main(String[] args){
        int result,x=5,y=6;
        result = area(x,y);
```

```
        System.out.println(result);
    }
}
```

在此例中，实现了实参到形参的数据传递，多个实参之间用逗号分开。要注意实参的个数、顺序、类型和形参要一一匹配。其执行的过程是先将实参传递给形参，然后执行方法，当方法运行结束后，从调用该方法的语句的下一语句处开始执行。

2.2.3 案例分析：一个简单的 Java 程序

1. 案例描述

建立一个完整的程序，要求银行账户类包含用户的账号、户名、密码和账户余额等个人信息，并对各项信息进行初始化和输出的操作。

2. 案例分析

根据案例描述中的信息，本案例建立一个银行账户类，成员属性包含用户的账号、户名、密码和账户余额等个人信息，成员方法包括对信息的初始化和输出。

3. 案例实现

本例的代码如下：

```java
//文件名：CustDemo.java
class Cust {
    String name;
    int ID;
    String PWD;
    int money;

    void initCust(String newName,int newID,String newPWD,int newMoney){
        name = newName;
        ID = newID;
        PWD = newPWD;
        money = newMoney;
    }
    void printCust(){
        System.out.println("户名："+name);
        System.out.println("账号："+ID);
        System.out.println("账户余额："+money);
    }
}

public class CustDemo{
    public static void main(String[] args){
        Cust myCust = new Cust();
        myCust.initCust("Tom",100,"11111",10000);
        myCust.printCust();
    }
}
```

4. 归纳与提高

本案例中，public static void main(String[] args)建立了一个名为 main 的主方法，一个应用程序可以有多个方法，但只能有一个 main()方法，main()方法是程序的入口点，若无此方法，则程序无法运行。

2.3 常量和变量

视频讲解

在程序中存在大量的数据来表示程序的状态，其中有些数据在程序的运行过程中值会发生改变，有些数据在程序运行过程中值不能发生改变，这些数据在程序中分别被称为变量和常量。

在程序中，可以根据数据在程序运行中是否发生改变，来选择应该是使用变量还是常量。

2.3.1 常量

常量的值是固定的、不可改变的。有时利用常量来定义如 π（3.14159…）这样的数学值。另外，也可以利用常量来定义程序中的一些界限，如数组的长度；或者利用常量定义对于应用程序具有专门含义的特殊值。在 Java 中，利用关键字 final 声明常量。

【例 2-6】 使用 final 声明常量。

```java
//文件名：ConstantsExample1.java
public class ConstantsExample1{
    public static void main(String args[]) {
        final double M=2.54;
        double  width=8.5;
        double  height=11;
        System.out.println("paper size in centimeters:"+width*M +"by"+
        height*M);
    }
}
```

关键字 final 表示这个变量只能被赋值一次。一旦被赋值之后，就不能再更改了。习惯上，常量名使用大写字母。

在 Java 中，经常希望某个常量可以在一个类的多个方法中使用，通常将这些常量称为类常量。可以使用关键字 static　final 设置一个类常量。

【例 2-7】 使用 static final 声明类常量。

```java
//文件名：ConstantsExample2.java
public class ConstantsExample2{
    public static final double M=2.54;
    public static void main(string args[]) {
        double  width=8.5;
        double  height=11;
        System.out.println("paper  size  in centimeters:"+width*M +"by"+height*M);
    }
}
```

需要注意，类常量的定义位于 main 方法的外部。因此，在同一个类的其他方法中也可以使用这个常量。而且，如果一个常量被声明为 public，那么其他类的方法也可以使用这个常量。在这个例子中，ConstantsExample2.M 就是这样一个常量。

2.3.2 变量

变量是程序的重点，它存储了数据，所有的运算符都与之相关联。离开了变量，操作也就失去了作用的对象。

一个变量的声明包括两部分：变量的类型和变量名。同时要指明变量的作用范围，即变量在什么范围内有效。Java 所有的变量都必须有一个数据类型，该数据类型决定了变量的性质及能对该变量所做的操作。

习惯上，变量名以 Unicode 字母（国际字符集标准，包括_和$）开头，接下来是任意数量的 Unicode 字母和数字。为了表达清楚，可以用长字符串代表变量的意义，例如：

```
String   name;
int  cardID;
String   passWord;
int  money;
```

Java 的变量命名要遵从如下的 3 条规则：

（1）必须由 Unicode 字符集中的字符组成。

（2）不能与 Java 语言的关键字相同，或命名成布尔值（true 或 false）。

（3）在同一个作用范围内，不能有相同名字的两个变量。这条规则暗示我们，在不同的作用范围中可以有同名的变量存在。所谓的变量的作用范围，是指可以存取变量的代码模块。变量的作用范围同时也决定了变量何时产生，何时消灭。在声明变量的同时，实际上也定义了它的范围。

2.3.3　标识符和关键字

1. Java 标识符

在 Java 语言中，标识符是由字母和数字组成的，只能以字母、下画线（_）或美元符号（$）开头。由于 Java 采用的是 Unicode 字符集（这种字符集不像 ASCII 字符集采用的是 7 位编码，而采用的是 16 位编码，可以包含 65 536 个不同的符号），所以除了常用的 26 个英文字母外，还可以使用各种其他语言的字母作为标识符，如 33 个俄语字母、希腊字母等。

在 Java 语言中标识符的长度没有限制，但是在实际应用中最好不要太长，否则容易产生错误。另外需注意的是，Java 语言是区分大小写的，所以在使用标识符作为变量名时一定要注意书写正确。

2. Java 关键字

Java 语言中有一些特殊的符号，这些符号有特殊的用处，被称为关键字。关键字不能作为标识符使用。目前 Java 语言一共定义了 48 个保留关键字，如表 2-1 所示。这些关键字不能用于变量名、常量名、类名、方法名和接口名的定义。

表 2-1　Java 关键字表

abstract	boolean	break	byte	case
catch	char	class	const	continue
default	do	double	else	extends
final	finally	float	for	goto
if	implements	import	instanceof	int
interface	long	native	new	package
private	protected	public	return	short
static	strictfp	super	switch	synchronized
this	throw	throws	transient	try
void	volatile	while		

关键字 const 和 goto 虽然被保留但未被使用。除了上述关键字，Java 还有以下保留字：

true、false、null，这些词是 Java 定义的值，同样不能用这些词作为标识符。

2.4 数 据 类 型

2.4.1 基本数据类型

在 Java 编程语言中，主要有两种类型的数据：基本类型和引用类型。引用类型是一组基本类型的组合，如数组、类和接口。数组型变量本身不存储实际的值，而是代表了指向内存存放实际数据的位置，这与基本类型有很大差别。

另外，还有一种 null 类型，没有名字，因此不能声明 null 类型的变量，它通常被表达式描述成空类型。

基本数据类型是 Java 编程语言预先定义的、长度固定的、不能再分的类型，数据类型的名字被当作关键字保留。

Java 有 8 个基本类型（primitive type），其中 6 个是数值类型（4 个整数类型和 2 个浮点数类型），还有一个是字符类型（char），用来表示 Unicode 编码字符；另一个是布尔类型（boolean），用来表示逻辑真 true 和逻辑假 false。Java 的基本数据类型如表 2-2 所示。

表 2-2　Java 的基本数据类型

类型	说明	初始值
byte	8 位带符号整数，可表示的数的范围为-128～127	（byte）0
short	16 位带符号整数，可表示的数的范围为-32 768～32 767	（short）0
int	32 位有符号的整数，可表示的数的范围为-2 147 483 648～2 147 483 647	0
long	64 位带符号的整数，可表示的数的范围为-9 223 372 036 854 775 808～ 9 223 372 036 854 775 807	0L
float	32 位单精度浮点数，使用 IEEE754-1985 标准	0.0f
double	64 位单精度浮点数，使用 IEEE754-1985 标准	0.0d
boolean	只有两个值：真（true）和假（false）	false
char	16 位字符，其 ASCII 码的最高位为 0，它所表示的数字是无符号 16 位值，在 0～65 535 之间	'\n0000'

1. 整数类型

整数类型的表现方式有八进制、十进制、十六进制。八进制数通常用来进行位操作。这 3 种表现形式如下所示：

- 八进制数如 0647、0234 等。
- 十进制数如 45、769、1236 等。
- 十六进制数如 0x23f、0x45a、0x45、0xff41 等。

由上面的例子可以看出：八进制表示法是在八进制数值前面加 0；十进制表示法与一般十进制数的写法相同；十六进制的表示法是在十六进制数值前面加 0x 或 0X。

Java 语言声明变量的语法格式与 C/C++相同，例如：

```
byte    bIntege r =3;
short   sInteger=128;
int  money=0xff;
long  CardID=07788;
```

int 整型数据占有 32 位的存储空间，即 4 个字节。假如由于某些原因必须表示一个更大的数，64 位的长整型应该是足够的。

2. 浮点类型

浮点数据用来表示一个带小数的十进制数，例如 11.8 或 9.7。浮点数主要由如下几部分组成：十进制整数、小数点、十进制小数、指数和正负符号。浮点数可用标准形式表示，也可用科学记数法形式表示，例如 3.14159、1.1、6.22436、3.766E8 等。

> 🕮**知识提示** 用科学记数法的形式表示浮点数时，指数必须是整数形式。

Java 有两种浮点数形式，即单精度浮点数和双精度浮点数。单精度浮点数的存储空间为 32 位，也就是 4 个字节；双精度浮点数的存储空间为 64 位。Java 通过在浮点数后面加描述符的方法来指明这两种浮点数。

单精度浮点数如 1.5 或 1.5f 或 1.5F。

双精度浮点数如 1.5d 或 1.5D。

如果一个浮点数没有特别指明后缀，则为双精度浮点数。

【例 2-8】 用双精度浮点型变量计算一个圆的面积。

```
//文件名：Area.java
public class Area {
    public static void main(String args[]) {
        double pi, r, a;
        r=10.8;            //radius of circle
        pi=3.1416;         //pi, approximately
        a=pi*r*r;          //compute area
        System.out.println("Area of circle is"+a);
    }
}
```

3. 布尔类型

布尔类型只有两种值：真和假，通常用关键字 true 和 false 来表示。与 C 语言和 C++ 语言不同的是，Java 的布尔类型只能是真或假，不能代表整数（0 或 1）。

改变布尔变量可以采用直接赋值的方法，如：myBoolean=true；也可以利用其他变量间接赋值，如：yourBoolean=myBoolean；另外，还可以使用等式赋值，如：myBoolean=2>1。

【例 2-9】 布尔类型的使用实例。

```
//文件名：BoolExample.java
public class BoolExample{
    public static void main(String args[]) {
        boolean b;
        b=false;
        System.out.println("b is"+b);
        b=true;
        System.out.println("b is"+b);
        //a boolean value can control the if statement
        if (b){
            System.out.println("This is executed.");
        }
        b=false;
        if (b){
            System.out.println("This is not executed.");
        }
        //outcome of a relational operator is a boolean value
        System.out.println("10>9 is"+(10>9));
    }
```

```
}
```

程序的运行结果如下：

```
b is false
b is true
This is executed.
10>9 is true.
```

关于上例需要注意以下 3 点：

（1）用方法 println()输出布尔值时，显示的是 true 或 false。

（2）布尔变量本身就足以用来控制 if 语句，没有必要将语句写成像下面这样：

```
if (b==true) …
```

（3）关系表达式的运算结果是布尔值，所以表达式 10>9 显示的值是 true。此外，在表达式 10>9 的外侧加上圆括号是因为加号"＋"运算符的优先级比"＞"的优先级要高。

4. 字符类型

字符型数据是由一对单引号括起来的单个字符，如'a'、'b'。Java 使用的是 16 位的 Unicode 字符集。还有一类字符有特殊的意义，被称为"转义字符"（escape characters），引用方法为"\"加上特定的字符序列，如表 2-3 所示。

表 2-3 Java 的转义字符

转义序列	含义	转义序列	含义
\n	回车	\"	双引号
\t	水平制表符	\\	反斜杠
\b	空格	\ddd	ddd 为 3 位八进制数，值
\r	换行		在 0000～0377 之间
\f	换页	\dddd	dddd 为 4 位十六进制数
\'	单引号		

在这里需要指出的是，字符串是用一对双引号括起来的字符序列，是由 String 关键字所定义的。例如：

```
String  name="Jack";
String  passWord="123";
```

【例 2-10】 下面的程序段示范了字符类型和字符串类型的使用区别。

```
//文件名：CharString.java
public class  CharString{
    public static void main(String args[]){
        char  ch1,ch2;
        String  name, password;
        ch1=88;              //code for X
        ch2='Y';
        name="Jack";
        password="abcd123";
        System.out.println("ch1 and ch2:"+ch1+" "+ch2);
        System.out.println("name and password:"+name+" "+password);
    }
}
```

程序的运行结果如下：

```
ch1 and ch2: X  Y
```

name and password: Jack abc123

尽管 char 不是整数，但在许多情况可以对它们进行类似整数的运算操作，如可以将两个字符相加，或对一个字符变量值进行增量操作。

【例 2-11】 字符变量操作实例。

```java
//文件名：CharExample.java
public class  CharExample{
    public static void main(String  args[]) {
        char  ch1;
        ch1 ='X';
        System.out.println("ch1 contains "+ch1);
        ch1 = (char)(ch1+1);                //increment ch1
        System.out.println("ch1 is now "+ch1);
    }
}
```

程序的运行结果如下：

```
ch1 contains X
ch1 is now Y
```

2.4.2　各类型数据间的相互转换

整型、实型、字符型数据可以混合运算。运算时，不同类型的数据先转化为同一类型，然后进行运算。按照优先关系，转换分为两种：自动类型转换和强制类型转换。

1.　自动类型转换

按照优先关系，低级数据要转换成高级数据时，进行自动类型转换。转换规则如表 2-4 所示。

表 2-4　低级数据向高级数据的自动转换规则

操作数 1 类型	操作数 2 类型	转换后的类型
byte 或 short	int	int
byte 或 short 或 int	long	long
byte 或 short 或 int 或 long	float	float
byte 或 short 或 int 或 long 或 float	double	double
char	int	int

其中，操作数 1 类型和操作数 2 类型代表参加运算的两个操作数的类型，转换后的类型代表其中一个操作数自动转换后与另一个操作数达成一致的类型。

【例 2-12】 自动类型转换。

```java
//文件名：AutotypePromot.java
public class AutotypePromot{
    public static void main(String args[]){
        char   c='h';
        byte   b=5;
        int    i=65;
        long   a=465L;
        float  f=5.65f;
        double d=3.234;
        int  ii=c+i;        //char类型的变量c自动转换为与i一致的int类型参加运算
        long  aa=a-ii;      //int类型的变量ii自动转换与a一致的long类型参加运算
        loat  ff=b*f;       //byte类型的变量b自动转换为与f一致的float类型参加运算
```

```
        double  dd=ff/ii+d;
        //int类型的变量ii自动转换为与ff一致的float类型
        //ff/ii计算结果为float类型，然后再转换为与d一致的double类型
        System.out.println("ii="+ii);
        System.out.println("aa="+aa);
        System.out.println("ff="+ff);
        System.out.println("dd="+dd);
    }
}
```

程序的运行结果如下：

```
ii=169
aa=296
ff=28.25
dd=3.401159765958786
```

2. 不兼容强制类型转换

当进行类型转换时要注意使目标类型能够容纳原类型的所有信息，允许的转换包括：

byte→short→int→long→float→double，以及char→int

如上所示，把位于左边的一种类型的变量赋给位于右边的类型的变量不会丢失信息。需要说明的是，当执行一个这里并未列出的类型转换时可能并不总会丢失信息，但进行一个理论上并不安全的转换总是很危险的。

强制类型转换只不过是一种显式的类型变换，它的通用格式如下：

```
(target_type) value
```

其中，目标类型（target_type）指定了要将指定值转换成的类型。例如：

```
int  a;
byte  b;
b=(byte)a ;          //把int型变量a强制转换为byte型
```

上面的程序段将 int 型强制转换成 byte 型。如果整数的值超出了 byte 型的取值范围，那么它的值将会因为对 byte 型值域取模（整数除以 byte 得到的余数）而减少。

当把浮点值赋给整数类型时，它的小数部分会被舍去。例如，如果将值 1.23 赋给一个整数，其结果值只是 1，0.23 被丢弃了。

【例 2-13】 强制类型转换的例子。

```
//文件名：Conversion.java
public class  Conversion{
    public static void main(String args[]){
        byte  b;
        int  i=257;
        double  d=323.142;
        System.out.println("\nConversion of int to byte.");
        b=(byte) i;
        System.out.println("I and b "+i+" "+b);
        System.out.println("\nConversion of double to int.");
        i=(int) d;
        System.out.println("d and I"+d+""+i);
        System.out.println("\nConversion of double to byte.");
        b=(byte) d;
        System.out.println("d and b"+d+" "+b);
    }
}
```

程序的运行结果如下：

```
Conversion of int to byte.
I and b 257 1
Conversion of double to int.
d and I 323.142 323
Conversion of double to byte.
d and b 323.142 67
```

让我们看看每一个类型转换，当值 257 被强制转换为 byte 变量时，其结果是 257 除以 256（256 是 byte 类型的变化范围）的余数 1。当把变量 d 转换为 int 型，它的小数部分被舍弃了。当把变量 d 转换为 byte 型，它的小数部分被舍掉了，而且它的值减少为 256 的模，即 67。

2.5　运算符和表达式

运算符也称为操作符，用于对数据进行计算和处理，或改变特定对象的值。运算符按其操作数的个数来分，可分为一元运算符、二元运算符和三元运算符。按照运算符对数据的操作结果分类，运算符可以分为以下几种。

算术运算符：$+$，$-$，$*$，$/$，$\%$，$++$，$--$

赋值运算符：$=$

扩展赋值运算符：$+=$，$-=$，$*=$，$/=$，$\%=$，$\&=$，$\backslash=$，$\wedge=$，$>>=$，$<<=$，$>>>=$

关系运算符：$<$，$>$，$>=$，$<=$，$==$，$!=$

布尔逻辑运算符：$!$，$\&\&$，$||$

位运算符：$>>$，$<<$，$>>>$，$\&$，$|$，$\wedge$，$\sim$

条件运算符：（$?$ $:$）

其他运算符：包括分量运算符"·"，下标运算符"[ ]"，实例运算符"instance of"，内存分配运算符"new"，强制类型转换运算符（类型），以及方法调用运算符"（ ）"等。

表达式是运算符、常量和变量的组合。Java 的表达式既可以单独组成语句，又可以出现在循环条件测试、变量说明、方法的调用参数等场合。

2.5.1　算术运算符和算术表达式

算术表达式由操作数和算术运算符组成。算术运算符的操作数必须是数字类型。算术运算符不能用在布尔类型上，但是可以用在 char 类型上，因为实质上在 Java 中，char 类型是 int 类型的一个子集。Java 的算术运算符分一元运算符和二元运算符两种。一元算术运算符运算一次只对一个变量进行操作，二元算术运算符运算一次对两个变量进行操作。

1.　一元算术运算符及表达式

一元算术运算符涉及的操作数只有一个，由一个操作数和一元算术运算符构成一个算术表达式。一元算术运算符共有 4 种，如表 2-5 所示。

表 2-5　一元算术运算符

运算符	名称	表达式	功能
$+$	一元加	$+$op	取正值
$-$	一元减	$-$op	取负值
$++$	增量	$++$op, op$++$	加 1
$--$	减量	$--$op, op$--$	减 1

一元加和一元减运算符仅仅表示某个操作数的符号，其操作结果为该操作数的正值或负值。

增量运算符将操作数加 1，如对浮点数进行增量操作，则结果为加 1.0。

减量运算符将操作数减 1，如对浮点数进行减量操作，则结果为减 1.0。

例如：＋＋x 与 x＋＋的结果均为 x＝x＋1。

　　　 －－y 与 y－－的结果均为 y＝y－1。

但是，如果将增量运算与减量运算表达式再作为其他表达式的操作数使用时，i＋＋（i－－）与＋＋i（－－i）是有区别的，解释如下：

i＋＋在使用 i 之后，使 i 的值加 1，因此执行完 i＋＋后，整个表达式的值为 i，而 i 的值变为 i＋1。

＋＋i 在使用 i 之前，使 i 的值加 1，因此执行完＋＋i 后，整个表达式和 i 的值均为 i＋1。

对于 i－－与－－i 的区别有着同样的解释。

例如，假设 a＝5，b＝10，则表达式 c＝（a＋＋）*（－－b）的计算过程为：a 先使用再加 1，b 先减 1 再使用，所以结果为：b＝b－1＝9，c＝a*b＝4，a＝a＋1＝6。若 x＝5，m＝0，x＋＝x＋＋（x＋＋m）的值则为 16。

【例 2-14】 一元算术运算符的使用。

```
//文件名：ArithmaticTest1.java
public class  ArithmaticTest1   {
    public static void main(String  args[] ){
        int  a=9;
        int  b=-a;                      //b=-9
        int  i=0;
        int  j=i++;                     //i=1, j=0
        int  k=++j;                     //j=1, k=1
        System.out.println("a="+a);
        System.out.println("b="+b);
        System.out.println("i="+i);
        System.out.println("j="+j);
        System.out.println("k="+k);
    }
}
```

程序的运行结果如下：

```
a=9
b=-9
i=1
j=1
k=1
```

2. 二元算术运算符及表达式

二元算术运算符涉及两个操作数，由两个操作数和二元算术运算符构成一个算术表达式。二元算术运算符不改变操作数的值，而是返回一个必须赋给变量的值。二元算术运算符如表 2-6 所示。

表 2-6　二元算术运算符

运算符	用法	描述
＋	op1＋op2	加
－	op1－op2	减

运算符	用法	描述
*	op1*op2	乘
/	op1 / op2	除
%	op1％op2	取模(求余)

这些算术运算符适用于所有数值型数据类型。但要注意，如果操作数全为整型，那么，只要其中一个为 long 型，则表达式结果也为 long 型；其他情况下，即使两个操作数全是 byte 型或 short 型，表达式结果也为 int 型；如果操作数为浮点型，那么，只要其中有一个为 double 型，表达式结果就是 double 型；只有两个操作数全是 float 型或其中一个是 float 型而另外一个是整型时，表达式结果才是 float 型。另外，当"／"运算和"％"运算中除数为 0 时，会产生异常。

与 C、C++不同，对取模运算符"%"来说，其操作数可以为浮点数，如 45.4%10=5.4。

【例 2-15】 二元运算符的使用。

```java
//文件名: ArithmaticTest2.java
public class ArithmaticTest2{
    public static void main(String  args[] ){
        int  a=7/2;        //结果为3，两个操作数都为int型，结果也为int型
        double b=7/2.0;  //结果为3.5，其中一个操作数为double型，结果也为double型
        byte  x=5,y=6;
        long  r=90L;
        long  g=r/a;        //结果为30L，其中一个操作数为long型，结果也为long型
        int  c=x*y;        //结果为30，两个操作数都为byte型，结果为int型
        float  z=8.3f,  w=2.9f;
        float  d=z+w;      //结果为11.2f，两个操作数都为float型，结果也为float型
        float  e=c-z;      //结果为21.7f，其中一个操作数为float型，结果也为float型
        double  f=b%a;     //结果为0.5，取模运算，其中一个操作数为double型
    }
}
```

Java 对加运算符进行了扩展，使它能够进行字符串的连接，如"abc"+"de"，得到字符串"abcde"。

2.5.2　案例分析：温度转换

1. 案例描述
编写一个应用程序，它读入一个华氏温度值 F，将其转换为摄氏温度值 C 并显示出结果。

2. 案例分析
根据案例描述中的要求，分析如下：要将华氏温度转换为摄氏温度并显示，需要温度的转换公式 C ＝5.0／9.0＊(F－32)，由此即可得出相应结果。

3. 案例实现
本例的代码如下：

```java
//文件名: DoesHuan.java
import java.util.Scanner;
public class DoesHuan{
    public static void main(String args[]){
        int F;
        double C;
        Scanner input= new Scanner(System.in);
```

```
        System.out.println("请输入一个华氏温度F:");
        F = input.nextInt();
        C = 5.0 / 9.0 * (F - 32);
        System.out.printf("转换成摄氏温度C="+C);
    }
}
```

4. 归纳与提高

本例中，应掌握基本变量的定义和使用。需要注意的是，数据的类型要根据数据存储的值来正确选择。

2.5.3 赋值运算符和赋值表达式

赋值表达式的组成是这样的：在赋值运算符的左边是变量，右边是表达式。表达式值的类型应与左边的变量类型一致或可以转换为左边的变量类型。赋值运算符分为赋值运算符"="和复合赋值运算符两种。

1. 赋值运算符

赋值运算符"="把一个表达式的值赋给一个变量，在赋值运算符两侧的类型不一致的情况下，如果左侧变量类型的级别高，则右侧的数据被转化为与左侧相同的高级数据类型后赋给左侧变量；否则，需要使用强制类型转换运算符。例如：

```
byte b=121;
int j;
j=b+1;          //把表达式b+1的值赋给变量j
```

2. 复合赋值运算符

在赋值运算符"="前加上其他运算符，即构成复合赋值运算符。例如，a+=3 等价于 a=a+3。

表 2-7 列出了 Java 中的复合赋值运算符及等价的表达式。

表 2-7　Java 中的扩展赋值运算符

运算符	表达式	等价表达式
+=	op1+=op2	op1=op1+op2
-=	op1-=op2	op1=op1-op2
*=	op1*=op2	op1=op1*op2
/=	op1/=op2	op1=op1/op2
%=	op1%=op2	op1=op1%op2
&=	op1&=op2	op1=op1&op2
|=	op1|=op2	op1=op1|op2
^=	op1^=op2	op1=op1^op2
>>=	op1>>=op2	op1=op1>>op2
<<=	op1<<=op2	op1=op1<<op2
>>>=	op1>>>=op2	op1=op1>>>op2

复合赋值运算符的特点是可以使程序表达简练，并且还能提高程序的编译速度。

例如：

b%=6 等价于 b=b%6。

a+=a*=b-=(a=6) / (b=2)则包含以下 4 步运算：

第一步，a=6，b=2，a / b=3

第二步，b＝b－a／b＝－1

第三步，a＝a*b＝－6

第四步，a＝a＋a＝－12

【例 2-16】 赋值运算符的例子。

```java
//文件名: OperatorSample.java
public class OperatorSample{
    public static void main(String args[]) {
        byte  a=60;
        short b=4;
        int  c=30;
        long d=4L;
        long result=0L;
        result+=a-8;
        System.out.println("result+=a-8:"+result);
        result*=b;
        System.out.println("result*=b:"+result);
        result/=d+1;
        System.out.println("result/=d+1:"+result);
        result-=c;
        System.out.println("result-=c:"+result);
        result%=d;
        System.out.println("result%=d:"+result);
    }
}
```

程序的运行结果如下：

```
result+=a-8:52
result*=b:208
result/=d+1: 41
result-=c:11
result%=d:3
```

2.5.4 关系运算符和关系表达式

关系运算符用来比较两个操作数，由两个操作数和关系运算符构成一个关系表达式。关系运算符的操作结果是布尔类型的，即结果为真或假。关系运算符都是二元运算符，一共分为 6 种，如表 2-8 所示。

表 2-8 关系运算符

运算符	用法	返回 true 值时的情况
＞	op1＞op2	op1 大于 op2
＜	op1＜op2	op1 小于 op2
＞＝	op1＞＝op2	op1 大于或等于 op2
＜＝	op1＜＝op2	op1 小于或等于 op2
＝＝	op1＝＝op2	op1 等于 op2
!=	op1!=op2	op1 不等于 op2

关系运算的结果返回 true 或 false，而不是 C/C＋＋中的 1 或 0。关系运算符常与逻辑运算符一起使用，作为流程控制语句的判断条件。例如：

```java
if (a>=b&&b!=c)    sum+=3;
```

2.5.5 逻辑运算符和逻辑表达式

逻辑运算符用来连接关系表达式，对关系表达式的值进行逻辑运算，由关系表达式和逻辑运算符构成逻辑表达式。

逻辑运算符共有 3 种，即逻辑与（&&）、逻辑或（||）和逻辑非（!），其操作结果也都是布尔型的，如表 2-9 所示。

表 2-9　逻辑运算符表

关系表达式 1 的值（op1）	关系表达式 2 的值（op2）	op1&&op2	op1||op2	!op1
false	false	false	false	true
false	true	false	true	true
true	false	false	true	false
true	true	true	true	false

&&、||为二元运算符，实现逻辑与、逻辑或。

!为一元运算符，实现逻辑非。

对于布尔逻辑运算，先求出运算符左边表达式的值，若是或运算，其左边表达式的值为 true，则不必对运算符右边的表达式再进行运算，整个表达式的结果为 true；若是与运算，其左边表达式的值为 false，则不必对右边的表达式求值，整个表达式的结果为 false。

【例 2-17】　关系运算符的使用。

```
//文件名：RelationAndConditionTest1.java
public class  RelationAndConditionTest1{
    public static void main(String args[]) {
        int  x=3;
        int  y=6;
        boolean z=x==y;                    //z=false
        System.out.println("x="+x);
        System.out.println("y="+y);
        System.out.println("x==y="+z);
        double  w=0.3e-15;
        //如果w=0，则&&左边表达式值为假，右边不会再计算，不会出现"被零除"错误
        if(w!=0 && (x+y)/w<Double.MAX_VALUE)
            System.out.println("(x+y)/w="+(x+y)/w);
        else                    //分母不为0并且商没有发生溢出时输出表达式的值
            System.out.println("运算结果溢出！");
    }
}
```

程序的运行结果如下：

```
x=3
y=6
x==y=false
(x+y)/w=3.0e+16
```

【例 2-18】　用另一种方法实现上例。

```
//文件名：RelationaAndConditionTest2.java
public  class  RelationaAndConditionTest2 {
    public static void main(String args[]){
        int  x=3;
        int  y=6;
```

```
        boolean  z;                    //z=false
        if (x==y)
            z=true;
        else
            z=false;                   //如果x与y相等，z的值为true，否则为false
        System.out.println("x="+x);
        System.out.println("y="+y);
        System.out.println("x==y="+z);
        double  w=0.3e-15;
        //如果w=0，则||左边表达式值为真，右边不会再计算，不会出现"被零除"错误
        if (w==0  ||(x+y)/w>=Double.MAX_VALUE)
            //商无穷大或超出最大值时显示"运算结果溢出！"
            System.out.println("运算结果溢出！");
        else                   //分母不为0并且商没有发生溢出时输出表达式的值
            System.out.println("(x+y)/w="+(x+y)/w);
    }
}
```

程序的运行结果如下：

```
x=3
y=6
x==y=false
(x+y)/w=3.0e+16
```

可以看出，例 2-17 与例 2-18 的运行结果是一样的。

关系运算符和逻辑运算符的优先级如下：！的优先级最高，其次为＞、＞＝、＜、＜＝，然后是＆＆，最后是||。和算术运算符一样，括号可以改变关系运算符和布尔逻辑运算符的运算顺序，参见例 2-19。

【例 2-19】 关系运算符的优先级示例。

```
//RelationAndConditionTest3.java
public class  RelationAndConditionTest3{
    public static void main(String args[]) {
        int   x=3;
        int   y=6;
        boolean  w=true;
        boolean  z=x<0||x<y&&x>0;
        boolean  u=!w||x<0;
        boolean  v=!w&&y>0;
        System.out.println("x="+x);
        System.out.println("y="+y);
        System.out.println("z="+z);
        System.out.println("w="+w);
        System.out.println("u="+u);
        System.out.println("v="+v);
    }
}
```

程序的运行结果如下：

```
x=3
y=6
z=true
w=true
u=false
v=false
```

2.5.6　条件运算符和条件表达式

条件运算符是三元运算符，用？和：表示。三元条件表达式的一般形式为：

```
expression1?expression2:expression3
```

其中表达式 expression1 应该是关系或布尔逻辑表达式，其计算结果为布尔值。如果说该值为 true，则计算表达式 expression2，并将计算结果作为整个条件表达式的结果；如果为 false，则计算表达式 expression3，并将计算结果作为条件表达式的结果。

例如：

```
a=30;
b=a>16?160:180;
```

等号右边为条件表达式，a>16 的计算结果为 true，所以 b＝160。三元条件运算符可以代替 if-else 语句的功能，上述条件表达式等价于：

```
if (a>16)
    b=160;
else
   b=180;
```

【例 2-20】　条件运算符的例子。

```
//文件名：OperatorSample2.java
public class  OperatorSample2  {
    public static void main(String args[]){
        int  x=0;
        boolean  isFalse=false;
        System.out.println("x="+x);
        x=isFalse?4:7;
        System.out.println("x="+x);
    }
}
```

程序的运行结果如下：

```
x=0
x=7
```

2.5.7　位运算符和移位运算符

使用任何一种整数类型时，可以直接使用位运算符对这些组成整型的二进制位进行操作。这意味着可以利用屏蔽和置位技术来设置或获得一个数字中的单个位或几位，或者将二进制位向右或向左移动。由位运算符和整型操作数组成位运算表达式。

Java 中提供了如表 2-10 所示的位运算符。

表 2-10　位运算符

运算符	功能	表达式
～	按位取反	～op
&	按位与	op1 & op2
|	按位或	op1 | op2

48

运算符	功能	表达式
^	按位异或	op1 ^ op2
>>	op1 按位右移 op2 位	op1>>op2
<<	op1 按位左移 op2 位	op1<<op2
>>>	op1 填零右移 op2 位	op1>>>op2

从表 2-10 可以看出，位运算符中，除～以外，其余均为二元运算符。为了表述方便，把位运算符分为位逻辑运算符（包括～、&、｜和＾）和移位运算符（包括>>、<<和>>>）。

【例 2-21】 位逻辑运算符的举例。

```java
//文件名：LogicOperator.java
public class  LogicOperator {
    public static void main(String args[])  {
        int  a=20,b=14;
        System.out.println("a&b="+(a&b));
        System.out.println("a|b="+(a|b));
        System.out.println("a^b="+(a^b));
        System.out.println("~a="+(~a));
    }
}
```

程序的运行结果如下：

```
a&b=4
a|b=30
a^b=26
~a=-21
```

在进行位逻辑运算时，如果两个操作数的数据长度不同，如 x｜y，x 为 long 型，y 为 int 型（或 char 型），则系统首先会将 y 的左侧 32 位（或 48 位）填满。若 y 为正数，则填满 0，若 y 为负数，则左侧填满 1。这样，位逻辑运算表达式返回两个操作数中数据长度较长的数据类型。

移位运算符有左移（<<）、右移（>>）、无符号右移（>>>）。

1. 左移运算符

左移运算符将比特位依次左移，右端空出来的位填 0，如图 2-2 所示。

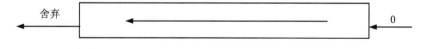

图 2-2　左移运算示意图

例如，假设 a＝00000001b，若

执行 a<<1，则 a=00000010b=2；

执行 a<<2，则 a=00000100b=4；

执行 a<<3，则 a=00001000b=8。

从上述结果可以看出，只要结果不发生溢出，每左移 1 位，相当于 a*2；左移 2 位，相当于 a*4；以此类推，左移 n 位，相当于 $a*2^n$。

既然每次左移都可以使原来的操作数乘 2，那就可以使用这个方法完成快乘 2 的操作。但是需要注意的一点是，如果将 1 移进高位，那么该值将变为负值。

【例 2-22】 位左移运算符的举例。

```
//文件名：MultiByTwo.java
public class  MultiByTwo{
    public static void main(String args[]) {
        int i;
        int  num=0Xfffffffe;
        for (i=0; i<4;i++){
            num=num<<1;
            System.out.println(num);
        }
    }
}
```

程序的运行结果如下：

```
536870908
1073741816
2147483632
-32
```

2. 右移运算符

右移运算符表示右移一位，被移动的数若为正数，最左端填 0；若为负数，则最左端填 1，如图 2-3 所示。也就是说，不论移位的数据是正数还是负数，移位时，符号位保持不变。

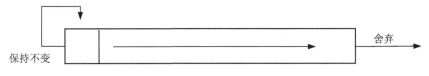

图 2-3　右移运算示意图

例如，a＝＋16=00010000b，若

执行 a＞＞1，a＝00001000b＝＋8；

执行 a＞＞2，a＝00000100b＝＋4；

执行 a＞＞3，a＝00000010b＝＋2。

又如，b＝-16，用 8 位表示，其补码为 11110000b，若

执行 b＞＞1，则其补码为 11111000b，其十进制数结果为-8；

执行 b＞＞2，则其补码为 11111100b，其十进制数结果为-4；

执行 b＞＞3，则其补码为 11111110b，其十进制数结果为-2。

从上面两例可以看出，右移运算实际上是一种补码的右移运算，在运算过程中，操作数的符号位不发生改变，并且，每右移 1 位，相当于 a/2；右移 2 位，相当于 a/4；以此类推。可以利用这个特点将一个整数进行快速的除 2 操作。当然，一定要确保不会将该数原有的任何一位移出。

右移时，被移走的最高位（最左边的位）由原来最高位的数字补充。因此，-1 右移的结果总是-1。

3. 无符号右移运算符

除法的效果，只是在需要移位的时候使用。它用来将一个无符号数的各个二进制位右移若干位，移出的低位被舍弃，高位补 0。即操作对象为无符号数。

例如，如果 a＝11101010，则 a＞＞＞2 的值为 00111010。

下面的程序段说明了无符号右移运算符＞＞＞。在本例中，变量 a 被赋值为－1，用二进制表示就是 32 位全是 1。然后这个值被无符号右移 24 位，当然在它的左边总是补 0。这样得到的值 255 被赋给变量 a。

```
int  a=-1;
a=a>>>24;
```

下面用二进制形式进一步说明该操作：

```
11111111  11111111  11111111  11111111          //int型-1的二进制值
>>>24                                           //无符号右移24位
00000000  00000000  00000000  11111111          //int型255的二进制值
```

由于无符号右移运算符＞＞＞只是对 32 位和 64 位的值有意义，所以在表达式中过小的值总是被自动扩大为 int 型。

📖**知识提示** Java 中没有＜＜＜运算符。

2.5.8　运算符优先级

在对一个表达式进行运算时，要按照运算符的优先顺序从高到低进行运算，运算符的优先级是指同一个表达式中多个运算符被执行的次序。

Java 运算符的优先级与 C＋＋语言的几乎完全一样，圆括号的优先级最高，赋值运算符的优先级最低。在运算过程中，可以使用圆括号改变运算的次序。Java 中运算符的优先级如表 2-11 所示。

表 2-11　Java 中运算符的优先级顺序

优先顺序	运算符	优先顺序	运算符
1	· [ ] （ ）	9	&
2	＋＋ －－ ! ～ instanceof	10	^
3	new (type)	11	|
4	* / %	12	&&
5	＋ －	13	||
6	＞＞ ＜＜ ＞＞＞	14	?：
7	＞ ＜ ＞= ＜=	15	= += －= *= /= %= ^=
8	== !=	16	& = | = ＜＜= ＞＞= ＞＞＞=

另外，运算符还具有结合特性，即左结合特性（从左至右）和右结合特性（从右至左）。对左结合特性很好理解，表达式计算从左至右计算。对于右结合特性，赋值运算符的使用就是个很好的例子。

2.5.9　案例分析：运算符优先级

1. 案例描述

创建一个程序，说明运算符的优先级。

2. 案例分析

根据案例描述的信息，结合运算符的优先级顺序，利用几种运算符的运算规则，体现运算符的优先级的次序。

3. 案例实现

本例的代码如下：

```java
//文件名：OperatorSample3.java
public class  OperatorSample3{
    public static void main(String agrs[]) {
        int a,b;
        boolean d;
        float  c,z,f;
        a=5; b=8;
        c=a++1;
        d=a>b&&b>c;
        z=a+c*b;
        f=(a+c)*b;
        System.out.println("a="+a);
        System.out.println("b="+b);
        System.out.println("c="+c);
        System.out.println("d="+d);
        System.out.println("z="+z);
        System.out.println("f="+f);
    }
}
```

程序的运行结果如下：

```
a=6
b=8
c=6.0
d=false
z=54.0
f=96.0
```

4. 归纳与提高

本例通过利用算术运算符，关系运算符和逻辑运算符的运算规则，借助其优先级的前后次序，进而说明在运算中要注意优先级的顺序，以期达到正确的运算结果。要着重掌握各个运算符的优先级的先后次序，以及运算时的结合次序。

2.6　本章小结

本章是 Java 语言的基础章节，主要概括描述了面向对象的一些基本概念、Java 中类的组成及其定义的方法、Java 语言的常量和变量、Java 的基本数据类型及 Java 语言中的运算符和表达式。

Java 中的类由属性和方法两部分组成，成员属性是具有某种数据类型的变量或常量，成员方法是数行程序代码的集合，用来操作类中的成员属性，其包括方法头和方法体两个部分。

Java 中的数据类型有简单数据类型和引用数据类型两种。其中简单数据类型包括整数类型、浮点类型、字符类型和布尔逻辑类型；引用数据类型包括类、接口和数组。

Java 中的运算符分为算术运算符、逻辑运算符、位运算符、关系运算符、赋值运算符和条件运算符。表达式是由运算符和操作数组成的符号序列，对一个表达式进行运算时，要按运算符的优先顺序从高向低进行，同级的运算符则按从左到右的方向进行。

理论练习题

一、判断题

1. Java 是不区分大小写的语言。（　　）
2. Java 的各种数据类型占用固定长度，与具体的软硬件平台环境无关。（　　　）
3. Java 的 String 类的对象既可以是字符串常量，也可以是字符串变量。（　　　）
4. 在 Java 的方法中定义一个常量要用 const 关键字。（　　　）
5. 强制类型转换运算符的功能是将一个表达式的类型转换为所指定的类型。（　　　）

二、填空题

1. 代码 "int x,a=2,b=3,c=4; x＝＋＋a＋b＋＋＋c＋＋;" 的执行结果是＿＿＿＿。
2. Java 语言中的浮点型数据根据数据存储长度和数值精度的不同，进一步分为＿＿＿＿和＿＿＿＿两种具体类型。
3. 当整型变量 n 的值不能被 13 除尽时，其值为 false 的 Java 语言表达式是＿＿＿＿。
4. Java 的引用数据类型有类、数组和＿＿＿＿。
5. 已知 "boolean b1＝true,b2;"，则表达式 "!b1 ＆＆ b2 ∥b2" 的值为＿＿＿＿。

三、选择题

1. 以下标识符中不合法的是（　　　）。
   A. BigOlLong$223　　　B. utfint　　　　C. $12s　　　　D. 3d
2. 以下代码段执行后的输出结果为（　　　）。

```
int x=3; int y=8;System.out.println(y%x);
```

   A. 0　　　　　　　B. 1　　　　　　C. 2　　　　　　D. 3
3. 以下（　　　）表达式是不合法的。
   A. String x＝"Sky"; int y＝5; x ＋＝ y;
   B. String x＝"Sky"; int y＝5; if(x＝＝y){　}
   C. String x＝"Sky"; int y＝5; x＝x＋y;
   D. String x＝null; int y＝(x!＝null)&&(x.length()＞0)?x.length:0;
4. 以下（　　　）不是 Java 的关键字。
   A. TRUE　　　　　　B. const　　　　C. super　　　　D. void
5. 设有定义 "int i＝6;"，则执行以下语句后，i 的值为（　　　）。

```
i += i - 1;
```

   A. 10　　　　　　B. 121　　　　　C. 11　　　　　D. 100

上机实训题

1. 描述 Java 中基本数据类型的分类情况，并编写一个简单的程序，各声明一个变量，初始化并输出其值。
2. 编写一个程序，把变量 n 的初始值设置为 1678，然后利用除法运算和取余运算把变量的每位数字都提出来并打印，输出结果为：

n=1678
n的每位数字是1，6，7，8

3．使用字符串存储一个英文句子"Java is an object oriented programming language"。并显示该句子。

4．阅读程序，分析程序运行情况。

（1）

```java
public  class Test1{
    public static void main(String[] args){
        char a ='\u0041';
        int b =a;
        float c =b;
        double d =c;
        System.out.println(a+"\t"+b+"\t"+c+"\t"+d);
    }
}
```

（2）

```java
public class Test2{
    public static void main(String[] args){
        double e =65.5;
        float f =(float)e;
        int g = (int)f;
        char h =(char)g;
        System.out.println(e+"\t"+f+"\t"+g+"\t"+h);
    }
}
```

（3）

```java
public  class Test3{
    public static void main(String[] args){
        System.out.println(10 % 3);
        System.out.println(10 % -3);
        System.out.println(-10 % 3);
        System.out.println(-10 % -3);
    }
}
```

第3章 程序流程控制

教学目标：
- ☑ 掌握 Java 语言中的流程控制结构。
- ☑ 掌握 Java 中选择结构的基本原理及使用方法。
- ☑ 掌握 Java 中循环结构的基本原理及使用方法。

教学重点：

流程控制构成了编程语言的逻辑,而对这些控制语句的灵活运用又有助于编程逻辑的清晰和条理性。本章的重点是选择结构中的 if 语句、switch 语句和循环结构中的 for 语句、while 语句、do-while 语句，以及 break 语句和 continue 语句。

3.1 程序的流程控制

与任何程序设计语言一样，Java 使用控制（control）语句来产生执行流，从而完成程序状态的改变。Java 的程序控制语句分为以下 3 类：选择、循环和跳转。

在深入学习控制结构之前，需要先介绍一下块（block）的概念。块（即复合语句）是指由一对花括号括起来的若干条简单的 Java 语句。块定义着变量的作用域（scope）。一个块可以嵌套在另一个块中。下面是在一个语句块中嵌套另一个语句块的例子。

```
public static void main(String args[]){
    int  a;
    …
    {
        int  b;
        …
    }     //变量b的作用域只在块内，到块外便失去作用
    …
}
```

但是，Java 不允许在两个嵌套的块内声明两个完全同名的变量。例如，下面的代码在编译的时候是通不过的。

```
public static void main(String args[]){
    int  a;
    …
    {
        int  b;
        int  a;      //在块内又定义一次变量a，错误
        …
    }
    …
}
```

3.2 选 择 结 构

选择结构提供了这样一种控制机制，它根据条件表达式值的不同，选择执行不同的语句序列，其他与条件值或表达式值不匹配的语句序列则被跳过不执行。选择结构分为条件结构（if 语句）和多分支结构（switch 语句）。

3.2.1 if 语句

1. if 结构

if 语句是 Java 中的条件选择语句。一般语法格式如下：

```
if（条件）
    statement;
```

或者

```
if（条件）
{   block   }
```

格式中的"条件"为关系表达式或逻辑表达式，其值为布尔值。

第一种情况下，在条件为真时，执行一条语句 statement；否则跳过 statement 执行下面的语句。

第二种情况下，在条件为真时，执行多条语句组成的代码块 block；否则跳过 block 执行下面的语句。

if 结构的流程如图 3-1 所示。

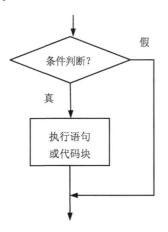

图 3-1 if 结构的流程图

【例 3-1】 输入数据 x，测试其是否小于一个标识符常量。若小于标识符常量，则输出 x 的值。

```
//文件名：InputTest.java
import  java.io.*;            //导入所需要的公用类
public class InputTest{
    public static void main(String args[]) throws IOException {
```

```
            final  int  MAX_NUM=50;                //定义标识符常量MAX_NUM=50
            //下面7行语句的作用是从键盘输入一个整数并存放到变量x中
            InputStreamReaderir;
            BufferedReader  in;
            ir=new  InputStreamReader(System.in);
            in=new  BufferedReader(ir);
            System.out.println("Input x is:");
            String  s=in.readLine();
            int  x=Integer.parseInt(s);
            //下面用if结构判断x的值是否小于MAX_NUM
            if  (x<MAX_NUM){
                System.out.println("x="+x);
            }
        }
}
```

2. if-else 结构

Java 语言中，较常见的条件结构是 if-else 结构。一般语法格式如下：

```
if (条件)
   statement1;或{bolck1}
else
   statement2;或{block2}
```

在条件为真时，执行 statement1 或代码块 block1，然后跳过 else 和 statement2（或代码块 block2）执行下面的语句；在条件为假时，跳过语句 statement1（或代码块 block1）执行 else 后面的 statement2（或代码块 block2），然后继续执行下面的语句。

if-else 结构的流程如图 3-2 所示。

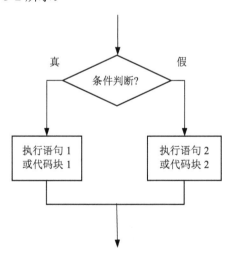

图 3-2　if-else 结构的流程示意图

🖱知识提示　else 子句不能单独作为语句使用，它必须和 if 子句配对使用。

3. if-else if 结构

当需要处理多个分支时，可以使用 if-else if 结构。一般语法格式如下：

```
if (条件1)
    statement1; 或 { block1 }
else if (条件2)
```

```
        statement2;  或{ block2 }
...
else if (条件N)
        statementN;  或{ blockN }
[else
        statementN+1;或{ blockN+1 }]
```

if-else if 结构的流程如图 3-3 所示。

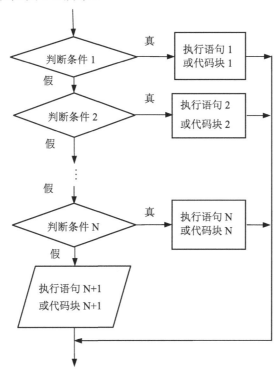

图 3-3   if-else if 结构的流程示意图

其中，else 部分是可选的。else 总是与离它最近的 if 配对。下面举一个例子加以说明。

【例 3-2】 某公司为经销员制定了产品的销售任务，用 task 表示。下面的程序根据经销员实际完成销售值的不同分别输出不同的信息，并发给不同的红利。

```
//文件名：SalesTest.java
import  java.io.*;                          //导入所需要的公用类
public class SalesTest {
    public static void main(String args[]) throws IOException {
        int  task=30;                       //销售任务
        int  bonus;                         //红利
        //从键盘输入实际完成的销售值存放到变量yourSales中
        InputStreamReader ir;
        BufferedReader  in;
        ir=new  InputStreamReader(System.in);
        in=new  BufferedReader(ir);
        System.out.println("Input your Sales is: ");
        String s=in.readLine();
        int yourSales=Integer.parseInt(s);
        //用if-else if结构判断yourSales的大小，决定红利多少并输出不同的信息
        if (yourSales>=2*task) {             //实际销售值达到或超出销售任务的2倍
            bonus=1000;
            System.out.println("Excellent! bonus="+bonus);
```

```
        }
        else if (yourSales>=1.5*task) {        //达到或超出1.5倍，但小于2倍
            bonus=500;
            System.out.println("Fine! bonus="+bonus);
        }
        else if (yourSales>=task) {            //达到或超出销售任务，但小于1.5倍
            bonus=100;
            System.out.println("Satisfactory! bonus="+bonus);
        }
        else {                                 //未完成销售任务
            System.out.println("You're fired");
        }
    }
}
```

程序的运行结果如下：

```
Input your Sales is:
50
Fine! bonus=500
```

再次运行结果如下：

```
Input your Sales is:
20
You're fired
```

【例 3-3】 用 if-else if 结构实现下面的符号函数：

$$y=\begin{cases}1, & x>0 \\ 0, & x=0 \\ -1, & x<0\end{cases}$$

```
//文件名：SignFunction.java
import java.io.*;                              //导入所需要的公用类
public class SignFunction {
    public static void main(String args[]) throws IOException {
        InputStreamReader ir;
        BufferedReader  in;
        ir=new  InputStreamReader(System.in);
        in=new  BufferedReader(ir);
        System.out.println("Input x is:");
        String  s=in.readLine();
        int  x=Integer.parseInt(s);
        int   y;
        //下面用if-else if结构求y的值
        if (x<0){
            y=-1;
        }
        else  if (x==0){
            y=0;
        }
        else {
            y=1;
        }
        System.out.println("x="+x+"y="+y);      // 输出x和y的值
    }
}
```

3.2.2 案例分析：闰年问题

1. 案例描述

创建一个程序，通过输入的年份，判断是否为闰年。

2. 案例分析

根据案例描述中的要求信息，分析如下：因为闰年的年份可被 4 整除而不能被 100 整除，或者能被 400 整除。因此，首先输入年份存放到变量 year 中，如果表达式（year％4＝＝0 && year％100!＝0||year％400＝＝0）的值为 true，则为闰年；否则就不是闰年。

3. 案例实现

本例的代码如下：

```
//文件名：LeapYear.java
import  java.io.*;            //导入所需要的公用类
public class LeapYear {
    public static void main(String args[]) throws IOException {
        //下面7行语句的作用是从键盘输入年份存放到变量year中
        InputStreamReader ir;
        BufferedReader  in;
        ir=new InputStreamReader(System.in);
        in=new BufferedReader(ir);
        System.out.println("Input year is: ");
        String  s=in.readLine();
        int  year=Integer.parseInt(s);
        //下面用if-else结构判断year中的年份是否为闰年
        if (year % 4 ==0 && year % 100 !=0 || year % 400 ==0){
            System.out.println("year"+year+"is a leap year.");
        }
        else{
            System.out.println("year"+year+"is not a leap year.");
        }
    }
}
```

4. 归纳与提高

本例中，应掌握 if-else 定义的形式和方法。需要注意的是，else 语句一定要和 if 语句配对使用，不可单独使用，if 或 else 语句体中的语句若多于一条，则外面需用花括号括起来。

3.2.3 switch 语句

必须在多个备选方案中处理多项选择时，再用 if-else 结构就显得很烦琐，这时可以使用 switch 语句来实现同样的功能。switch 语句基于一个表达式值来执行多个分支语句中的一个，它是一个不需要布尔求值的流程控制语句。switch 语句的一般语法格式如下：

```
switch(表达式) {

    case 值1：语句1；
        break;
    case 值2：语句2；
        break;
    ...
    case 值N：语句N；
        break;
```

```
    [ default: 上面情况都不符合情况下执行的语句; ]
}
```

switch 结构的流程如图 3-4 所示。

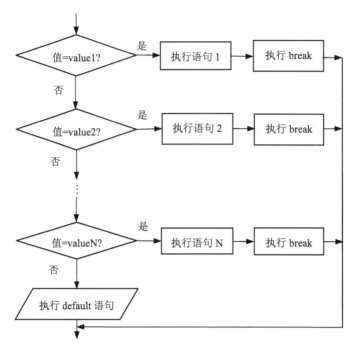

图 3-4　switch 结构的流程示意图

对 switch 结构有以下几点说明：

（1）表达式只能返回这几种类型的值：int、byte、short 和 char。多分支结构把表达式的值依次与每个 case 子句中的值相比较，如果遇到匹配的值，则执行该 case 子句后的语句序列。

（2）case 子句中的值（value）必须是常量，而且所有 case 子句中的值应是不同的。

（3）default 子句是可选择的。当表达式的值与任一一个 case 子句中的值都不匹配时，程序执行 default 后面的语句；如果表达式的值与任一一个 case 子句中的值都不匹配而且没有 default 子句，则程序不做任何操作，而是直接跳出 switch 语句结构。

（4）break 语句用来在执行完一个 case 分支后，使程序跳出 switch 结构，即终止 switch 结构的执行。因为 case 子句只是起到一个标号的作用，用来查找匹配的入口并从此处开始执行。如果没有 break 语句，当程序执行完匹配的 case 语句序列后，后面的 case 子句起不到跳出 switch 结构的作用，程序还会继续执行后面的 case 语句序列。因此应该在每个 case 分支后，用 break 语句终止后面的 case 分支语句序列的执行。

在一些特殊情况下，多个相邻的 case 分支执行一组相同的操作。为了简化程序的编写，相同的程序段只需出现一次，即出现在最后一个 case 分支中。这时为了保证这组 case 分支都能执行正确的操作，只在这组 case 分支的最后一个分支后加 break 语句，组中其他 case 分支则不使用 break 语句。

（5）case 分支中包含多条语句时，可以不用花括号{}括起。

（6）switch 结构的功能可以用 if-else if 结构来实现，但在某些情况下，使用 switch 结构更简练，可读性强，而且程序的执行效率也得到提高。

与 if-else if 结构相比，switch 结构在数据类型上受到了限制，即只能用 int、byte、short 和 char 型。若数据类型是 double 型，便不能用 switch 结构，这是 Java 的不足之处。

【例 3-4】 使用 switch 语句结构输出四月份的季节。

```java
//文件名：SwitchSample.java
public class SwitchSample {
    public static void main(String args[]) {
        int  month=4;
        String  season;
        switch (month){
            case 12:
            case 1:
            case 2:
                season="Winter";
                break;
            case 3:
            case 4:
            case 5:
                season="Spring";
                break;
            case 6:
            case 7:
            case 8:
                season="Summer";
                break;
            case 9:
            case 10:
            case 11:
                season="Autumn";
                break;
            default:
                season="Bogus  Month";
        }
        System.out.println("April is in the "+season+".");
    }
}
```

程序的运行结果如下：

```
April is in the Spring.
```

【例 3-5】 设 x=10，y=5，试用 switch 结构实现当输入字符＋、－、*、／时，分别计算 x、y 的和、差、积、商。

```java
//文件名：Calculator.java
import java.io.*;              //导入所需要的公用类
public class Calculator {
    public static void main(String args[]) throws IOException {
        int x=10, y=5, z;
        char  ch;              //变量ch用来存放从键盘输入的字符
        //下面7行语句的作用是从键盘输入ch的值
        InputStreamReader ir;
        BufferedReader  in;
        ir=new  InputStreamReader(System.in);
        in=new BufferedReader(ir);
        System.out.println("Input ch is:");
        String s=in.readLine();
        ch=s.charAt(0);
        //下面用switch结构实现计算器的功能
        switch (ch) {
```

```
            case '+':
                z=x+y;
                System.out.println("x+y="+z);              // '+'时输出x+y的值
                break;
            case '-':
                z=x-y;
                System.out.println("x-y="+z);              //'-'时输出x-y的值
                break;
            case '*':
                z=x*y;
                System.out.println("x*y="+z);              //'*'时输出x*y的值
                break;
            case '/':
                z=x/y;
                System.out.println("x/y="+z);              //'/'时输出x/y的值
                break;
            default:
                System.out.println("Input Error!");        //输入其他字符时提示出错
        }
    }
}
```

程序的运行结果如下：

```
Input ch is:
+
x+y=15
```

再次运行结果为：

```
Input ch is:
=
Input Error!
```

3.2.4 案例分析：划分成绩等级

1. 案例描述

将学生的考试成绩转换成不同的等级：90 分以上为 A，80 分以上 90 分以下为 B，70 分以上 80 分以下为 C，60 分以上 70 分以下为 D，E 表示不及格。

2. 案例分析

根据案例描述中的信息，本案例通过键盘输入学生成绩，由于学生成绩数据较为分散，若直接用 switch 结构判断成绩是哪个等级不具备可行性，因此可以利用除法操作来辅助。例如：90 分以上的成绩为 A，若用变量 score 来存储分数，则可令 score=score / 10，由于除法操作只保留商值，舍弃余数，所以 90 分以上的分数经过除法运算之后，其值是 9；80～90 之间的成绩，经除法后，其值为 8；70～80 之间的成绩，经除法后，其值为 7，以此类推，完全可以用 switch 语句结构来实现。

3. 案例实现

本例的代码如下：

```
//文件名：GradeDevide.java
import java.io.*;
public class GradeDevide {
    public static void main(String args[]) throws IOException{
        int ch;
```

```
//下面7行语句的作用是从键盘输入ch的值
InputStreamReader ir;
BufferedReader  in;
ir=new  InputStreamReader(System.in);
in=new BufferedReader(ir);
System.out.println("Input ch is:");
String  s=in.readLine();
ch=Integer.parseInt(s);
char grade;
ch=ch/10;
switch(ch)  {
    case 9: grade='A';break;
    case 8: grade='B';break;
    case 7: grade='C';break;
    case 6: grade='D';break;
    default: grade='F';
}
System.out.println("grade= "+grade);
    }
}
```

4. 归纳与提高

本例中，应掌握 switch 语句的定义形式和方法。在定义 switch 语句时，注意 case 语句后的变量值一定是唯一的，而且不重复。对于本例，也可以利用 if-else-if 语句实现，从而进一步熟悉 switch 语句及 if 语句的使用方法。

3.3   循 环 结 构

在程序设计中，有时需要反复执行一段相同的代码，直到满足一定条件为止。为简化程序结构，与其他任何计算机语言一样，Java 也提供了循环结构。一个循环结构一般包含 4 部分内容。

（1）初始化部分（initialization）：用来设置循环控制的一些初始条件，如设置计数器等。

（2）循环体部分（body）：这是反复执行的一段代码，可以是单一的一条语句，也可以是复合语句（代码块）。

（3）迭代部分（iteration）：用来修改循环控制条件，常常在本次循环结束，下一次循环开始前执行，例如，使计数器递增或递减。

（4）判断部分（termination）：也称终止部分。是一个关系表达式或布尔逻辑表达式，其值用来判断是否满足循环终止条件。每执行一次循环都要对该表达式求值。

Java 中提供了 3 种循环结构：for 循环、while 循环和 do-while 循环。

3.3.1   for 语句

当事先知道循环会被重复执行多少次时，可以选择 for 循坏结构。for 循环的一般语法格式如下：

```
for (初始化;条件;变化的步长)
{
    语句;
}
```

for 循环结构的流程如图 3-5 所示。

程序流程控制

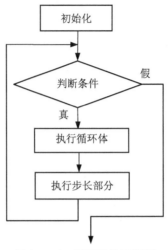

图 3-5　for 循环结构流程图

具体说明如下：

（1）for 循环执行时，首先执行初始化操作，然后判断条件是否为真，如果满足，则执行循环体中的语句，最后执行改变步长部分。完成一次循环后，重新判断条件。

（2）可以在 for 循环的初始化部分声明一个变量，它的作用域为整个 for 循环。

（3）for 循环通常用于循环次数确定的情况，但也可以根据循环条件用于循环次数不确定的情况。

（4）在初始化部分和步长部分可以使用逗号语句来进行多个操作，逗号语句是用逗号分隔的语句序列。例如：

```java
for (a=1, b=4; a<b; a++, b--) {
    System.out.println("a="+a);
    System.out.println("b="+b);
}
```

> 🖙知识提示　在 C/C++中，逗号是一个运算符，能在任何有效的表达式中使用。但是在 Java 中，逗号仅仅是一个分隔符，只适用于 for 循环。

（5）初始化、终止以及步长部分都可以为空语句（但分号不能省），三者均为空的时候，相当于一个无限循环。

【例 3-6】　for 循环举例。

```java
//文件名：ForTick.java
public class  ForTick {
    public static void main(String args[]){
        int  n;
        for (n=10; n>0; n--)
            System.out.println("tick"+n);
    }
}
```

3.3.2　案例分析：计算平均成绩 1

1. 案例描述

编写程序实现以下功能，以学生的各科成绩为输入，利用 for 循环计算其平均成绩。

2. 案例分析

根据案例描述中的信息，本案例创建一个程序，求学生各科的平均成绩。不妨假设，需计算 5 个科目的平均成绩，利用 for 循环实现，每次循环输入一个数值，先计算成绩总和，最后除以科目数 5，得到各科平均成绩。

3. 案例实现

本例的代码如下：

```
//文件名：AverageGrade.java
import java.io.*;
public class AverageGrade {
    public static void main(String args[]) throws IOException{
        int score,sum;
        float  avg;
        sum=0;
        InputStreamReader ir;
        BufferedReader  in;
        for (int i=0; i<5; i++) {
            //下面7行语句的作用是从键盘输入score的值
            ir=new  InputStreamReader(System.in);
            in=new BufferedReader(ir);
            System.out.println("Input score is:");
            String s=in.readLine();
            score=Integer.parseInt(s);
            sum=sum+score;
        }
        avg=sum/5;
        System.out.println("Average="+avg);
    }
}
```

4. 归纳与提高

本例中，应掌握 for 循环的定义的形式和方法。在使用 for 循环时，通常循环次数已知。

3.3.3 while 语句

当不清楚循环会被重复执行多少次时，可以选择 while 循环和 do-while 循环。

while 语句首先测试一个表达式，如果表达式的值为真，则会重复执行下面的语句体，直到表达式的值为假。其一般语法格式如下：

```
while（表达式）
{
语句体；
}
```

表达式可以是任何表达式。如果语句体内只有一条语句，花括号可省略。

while 循环首先计算表达式的值，当值为真时才去执行循环体中的语句；若首次表达式的值为假，则语句体一次都不会被执行。

while 循环结构的流程图如图 3-6 所示。

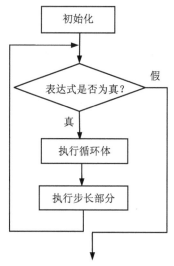

图 3-6　while 循环结构流程图

【例 3-7】　求自然数 1～10 之和。

```java
//文件名: NumAdd.java
public class NumAdd {
    static final int MAX_INDEX=10;          //定义静态常量
    public static void main(String args[]) {
        int  n=MAX_INDEX;
        int  sum=0;
        while (n>0) {                       //n>0时，累加求和；否则结束循环
            sum+=n;                         //将自然数n的值加到sum中
            n--;                            //n的值减1成为下一个自然数
        }
        System.out.println("1+2+...+10="+sum);  //输出和
    }
}
```

程序的运行结果如下：

```
1+2+...+10=55
```

3.3.4　案例分析：计算平均成绩 2

1. 案例描述

创建一个程序，实现计算学生各科成绩的平均成绩。要求利用 while 循环实现此案例。

2. 案例分析

根据案例描述中的信息，本案例需利用 while 循环实现，当前学生的科目总数未知，即循环输入数据的次数未知，故需设定一个循环的结束条件，即在输入最后一科成绩后，输入一个特殊字符$，以此作为输入数据的结束符。同时，须在循环内设定一个计数器 count，每输入一科成绩，计数器值加 1。结束循环后，各科成绩的总分存放在 sum 变量中，科目总数存放在计数器 count 中，利用 sum/count 即可计算出学生的平均成绩。

3. 案例实现

本例的代码如下：

```
//文件名：AverageGrade2.java
import  java.io.*;
public class  AverageGrade2{
    public static void main(String args[]) throws IOException{
        int score=0, sum,count=0;
        String score =null;
        float avg;
        sum=0;
        InputStreamReader ir;
        BufferedReader  in;
        ir=newInputStreamReader(System.in);
        in=newBufferedReader(ir);
        System.out.println("Input score is:");
        score =in.readLine();
        while (!score.equals('$')){
        //下面7行语句的作用是从键盘输入score的值
            score=Integer.parseInt(score);
            sum=sum+score;
            count++;
            System.out.println("Input score is:");
            score =in.readLine();
        }
        if(count! =0){
            avg=sum/count;
            System.out.println("Average="+avg);
        }else
            System.out.println("No numbers here");
    }
}
```

4. 归纳与提高

本例中，应掌握 while 循环的定义形式和方法。在使用 while 循环时，由于循环次数未知，我们需在 while 循环的条件处设置退出循环的条件，在这一点上与 for 循环是不同的。在此例中，需要熟悉两种循环语句使用上的区别。

3.3.5　do-while 语句

while 循环从顶部开始测试，因此，若初始条件为假，则循环体中的代码永远也得不到执行。如果想让循环体至少执行一次，则需要在循环结构底部进行循环条件测试。do-while 语句可以实现"直到型"循环，其一般语法格式如下：

```
do
{
    语句体；
} while (表达式)；
```

do-while 循环结构的流程如图 3-7 所示。关于 do-while 循环结构有以下几点说明：

（1）do-while 结构首先执行循环体，然后终止条件，若结果为 true，则循环执行花括号中的语句或代码块，直到布尔表达式的结果为 false。

（2）与 while 结构不同的是，do-while 结构的循环体至少被执行一次，这是"直到型"循环的特点。

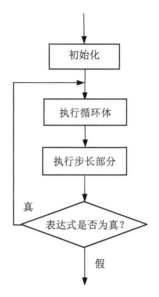

图 3-7　do-while 循环结构的流程示意图

【例 3-8】　输入一个正整数，将各位数字反转后输出。

分析：将一正整数反转输出，即先输出个位，然后输出十位、百位……可采用不断除以 10 取余数的方法，直到商数等于 0 为止，是一个循环过程。由于无论整数是几，至少要输出一个个位数，因此可以使用 do-while 循环结构。

```java
//文件名：IntTurn.java
import java.io.*;
public class IntTurn{
    public static void main(String args[]) throws IOException  {
        int  x;          //x用来存放由键盘键入的正整数
        //下面7行语句的作用是从键盘输入x的值
        InputStreamReader ir;
        BufferedReader  in;
        ir=new InputStreamReader(System.in);
        in=new BufferedReader(ir);
        System.out.println("Input x is:");
        String s=in.readLine();
        x=Integer.parseInt(s);
        //下面用do-while循环结构进行反转输出
        do{
            System.out.print(x%10);       //除以10取余数输出
            x/=10;                         //将x刷新为除以10的商
        }while (x!=0);                     //如x(商数)为0则结束循环
        System.out.print("\n");
    }
}
```

程序的运行结果如下：

```
Input x is:
1893
3981
```

3.4 跳 转 语 句

Java 语言有 3 种跳转语句，分别是 break 语句、continue 语句和 return 语句。

3.4.1 break 语句

在 Java 中，break 语句有两种作用：一是在 switch 语句中被用来终止一个语句序列；另一种是在循环结构中用来退出循环。

当使用 break 语句直接强行退出循环时，忽略循环体中的任何其他语句和循环条件测试。在循环中遇到 break 语句时，循环被终止，程序控制转到循环后面的语句重新开始。

【例 3-9】 break 语句使用举例。

```java
//文件名：BreakLoop1.java
public class BreakLoop1{
    public static void main(String args[]) {
        for(int i=0; i<100; i++){
            if (i==2)
                break;                     //如果i=10，终止循环
            System.out.println("i: "+i);
        }
        System.out.println("Loop complete. ");
    }
}
```

程序的运行结果如下：

```
i: 0
i: 1
Loop complete.
```

在多重循环中使用 break 语句时，它仅能终止其所在的循环层。

【例 3-10】 break 语句在多重循环中的应用。

```java
//文件名：BreakLoop2.java
public class BreakLoop2{
    public static void main(String args[]) {
        for (int i=0; i<3; i++){
            System.out.print("Pass "+i+": ");
            for (int j=0; j<100; j++) {
                if (j==10)
                    break;                 //如果j=10，终止循环
                System.out.print( j+" ");
            }
            System.out.println();
        }
        System.out.println("Loops complete.");
    }
}
```

程序的运行结果如下：

```
Pass 0: 0 1 2 3 4 5 6 7 8 9
Pass 1: 0 1 2 3 4 5 6 7 8 9
Pass 2: 0 1 2 3 4 5 6 7 8 9
Loops complete.
```

可以看出，在内部循环中的 break 语句仅仅终止了该循环，外部的循环不受影响。

3.4.2　continue 语句

break 语句用来退出循环，而 continue 语句则跳过循环体中尚未执行的语句，回到循环体的开始处继续下一轮的循环。当然，在下一轮循环开始前，要先进行终止条件的判断，以决定是否继续循环，对于 for 语句，在进行终止条件的判断前，还要先执行步长迭代语句。

【例 3-11】　打印乘法九九表。

```java
//文件名：MultiList.java
public  class  MultiList{
    public static void main(String args[]){
        for (int i=1;i<=9;i++){
            for(int j=1;j<=i;j++){
                System.out.print(j+"*"+i+"="+j*i+" ");
                if (i==j){
                    System.out.print("\n");
                    //如果i=j则跳转到外层循环的起始(continue要换成break)
                    continue;
                }
            }
        }
    }
}
```

程序的运行结果如下：

```
1*1=1
1*2=2  2*2=4
1*3=3  2*3=6  3*3=9
1*4=4  2*4=8  3*4=12 4*4=16
1*5=5  2*5=10 3*5=15 4*5=20 5*5=25
1*6=6  2*6=12 3*6=18 4*6=24 5*6=30 6*6=36
1*7=7  2*7=14 3*7=21 4*7=28 5*7=35 6*7=42 7*7=49
1*8=8  2*8=16 3*8=24 4*8=32 5*8=40 6*8=48 7*8=56 8*8=64
1*9=9  2*9=18 3*9=27 4*9=36 5*9=45 6*9=54 7*9=63 8*9=72 9*9=81
```

3.4.3　return 语句

return 语句的主要功能是从一个方法返回到另一个方法。也就是说，return 语句使程序控制返回到调用它的方法。因此将它分类为跳转语句。

【例 3-12】　return 语句应用举例。

```java
//文件名：ReturnExample.java
public class ReturnExample{
    public static void main(String args[]) {
        boolean  t=true;
        System.out.println("Before the return.");
        if (t)
            return;
        System.out.println("This won't execute.");
    }
}
```

程序的运行结果如下：

```
Before the return.
```

正如程序结果所示，程序最后的 println()语句没有被执行。一旦 return 语句被执行，程序控制被传递到它的调用者。

3.5　本 章 小 结

本章主要学习了 Java 语言流程控制语句的使用方法。

Java 的选择语句主要有两种：分别是 if 语句和 switch 语句。在 Java 中，if 语句是一个基本判定工具，它在给定的逻辑表达式为 true 时选择执行一个语句块。当逻辑表达式为 false 时，通过使用 else 关键字选择执行另一个语句块。当一个条件表达式的值有多个时，可以使用 switch 语句从多个固定的选项中选择。

Java 的循环控制语句主要有 3 种，分别是适用于循环次数已知的 for 循环、循环次数未知的 while 循环和 do-while 循环，其中 do-while 循环结构比 while 循环至少多执行一次语句体。

Java 语言的跳转语句有 3 种：continue 语句能让控制流程跳转到包含该语句的循环的下次迭代开始处执行；break 语句能让控制流程退出循环或者是退出它所在的语句块；return 语句可以控制流程返回到调用此方法的语句处。

本章需要重点掌握 Java 语言选择结构、Java 语言的循环控制方法。

理论练习题

一、判断题

1．default 在 switch 选择结构中是必需的。（　　　）

2．break 语句在 switch 选择结构中是必需的。（　　　）

3．while 循环中循环体至少执行一次。（　　　）

4．break 语句只用于循环语句中，它起到终止本次循环的作用。（　　　）

5．continue 语句只用于循环语句中，它起到终止本次循环，返回到循环开始处的作用。
（　　　）

二、填空题

1．顺序结构、选择结构和_____是结构化程序设计的 3 种基本流程控制结构。

2．每一个 else 子句都必须和一个距离它最近的_____子句相对应。

3．在 switch 语句中，break 语句的作用是：执行完一个_____分支后跳出语句。

4．循环语句包括 for 循环、_____和_____。

5．_____语句的功能是：跳过循环体内部下面未执行的语句，回到循环体开始位置，继续下次循环。

三、选择题

1．当条件为真和条件为假时，（　　　）控制结构可以执行不同的动作。

　　A．switch　　　　　　B．while　　　　　　　　C．for　　　　　　　　　D．if/else

2．下面程序片段输出的是（　　　）。

```
int  a=3;
int  b=1;
if(a=b)
    System.out.println(" a= " +a);
```

A． a=1　　　　　　　　　　　　B． a=3

C． 编译错误，没有输出　　　　　D． 正常运行，但没有输出

3．能构成多分支的语句是（　　）。

A． for 语句　　　B． while 语句　　　C． switch 语句　　　D． do-while 语句

4．下列语句序列执行后，k 的值是（　　）。

```
int m=3, n=6, k=0;
while( (m++) < ( -- n) )
    ++k;
```

A． 0　　　　　　B． 1　　　　　　C． 2　　　　　　D． 3

5．下列语句执行后，x 的值是（　　）。

```
int x=2;
do{
    x+=x;
}while(x<17);
```

A． 4　　　　　　B． 16　　　　　　C． 32　　　　　　D． 256

上机实训题

1．编写 Java 程序，接受用户输入的 1～12 之间的整数，若不符合条件则重新输入，利用 switch 语句输出对应月份的天数。

2．用一段代码检测两个 double 型的数 x 和 y 是否相等。代码应能分辨这两个数是否是无穷大或是否为空。如果它们相等，代码能正确显示这两个数。

3．编写一段代码来计算正方形的面积和周长。

4．编写 Java 程序实现：1～100 的自然数的累加求和。（要求：用 3 种循环结构分别实现。）

第 4 章 　　　　　　　　　　　数　　组

教学目标:

☑ 掌握 Java 中一维数组、二维数组的创建和使用。

☑ 掌握 Java 中字符串的使用方法。

☑ 掌握 Java 中数组作为方法参数的使用方法。

教学重点:

本章的重点是掌握 Java 中的数组概念、声明、创建、初始化与使用,以及数组编程方法;掌握 Java 中字符串的概念;掌握数组在方法中作为参数进行传递的含义及使用。

4.1　一　维　数　组

前面学习的整数类型、字符类型等都是基本的数据类型,通过一个变量表示一个数据,这种变量被称为简单变量。但在实际中,经常需要处理具有相同性质的一批数据,这时可以使用 Java 中的数组,即用一个变量表示一组性质相同的数据。数组是任何一种编程语言不可缺少的数据类型。

数组是相同数据类型变量的集合,可以用一个统一的数组名和下标来唯一地确定数组中的元素。数组的数据类型可以是前面介绍的任何基本数据类型,也可以是引用数据类型。

另外,在 Java 编程语言中,数组(array)是一个可以动态创建的对象,还可以定义数组的数组,从而实现多维数组的支持。

4.1.1　数组的声明

当声明一个数组变量时,并不是一定要建立数组本身。数组变量和实际的数组是完全不同的。

数组的声明包含两个部分:数组类型和数组的名字。数组类型是指数组中各元素的类型,它可以是任意的 Java 类型。数组的名字必须是合法的 Java 标识符。声明数组变量的方法与声明一般变量的方法相似,只不过在变量名或类型名后面增加一对方括号。数组声明的语法格式如下:

```
type  数组名[] ; 或  type []  数组名;
```

例如:

```
char  c[];            或char[]  c;
long  number[];       或long []  number;
float  salarly[];     或float []  salary;
double  doubledata[]; 或double[]  doubledata;
```

但是,如果像下例这样创建数组,将会产生一个编译错误。

```
int  name[50];      //将产生一个编译错误
```

与 C/C++不同，Java 在数组定义时只是建立了一种数组的引用，并没有对数组元素分配内存、生成实例，数组元素内存分配由 new 语句或静态初始化完成；对数组元素进行初始化后，才能引用数组的元素。

4.1.2　数组的创建

声明数组类型的变量并不实际地创建数组对象或为数组分配任何空间，为了使用数组还需要创建数组。创建之后的数组，当它不用时，和其他对象一样，并不需要在程序中显式地释放，而是由 Java 的垃圾收集器自动回收所占的空间。

创建数组有两种方法：一种是用运算符 new，另一种是用静态的初始化方法创建数组。

在声明数组后，采用 new 操作符创建数组的语法格式如下：

```
数组名=new  type[n];
```

其中 type 是任意的数据类型，但应与声明的类型保持一致；n 为数组元素的存储空间长度。例如，"s=new int[5];"语句为数组 s 创建有 5 个整型元素的存储空间。也可以在声明数组时直接创建数组，例如：

```
char  s[]=new  char[10];
```

或

```
char [] s=new  char[10];
```

对于创建后的各种数据类型的数组元素都具有默认值，其默认初始值如表 4-1 所示。

表 4-1　数组元素默认初始值

类型	初始化值	类型	初始化值
char	\u0000	double	0.0d
int	0	boolean	false
long	00	复合类型	null
float	0.0f		

例如：

```
int  number[]=new int[50];      //number数组的 50个int型分量初始化值为0
char  s[]=new char[20];         //数组s的20个char分量初始化值为\u0000
Date  datearray[]=new Date[10]; //datearray被分配10个Date类型数据并初始化为null
```

用静态的初始化方法创建数组的语法格式如下：

```
type  数组名={a1,a2,...,an};
```

这种初始化方式适用于元素个数不多，且初始元素可以穷举的情况，而且不必预先给出数组的大小，系统会自动按照所给的初值个数算出数组的长度，并为数组及其元素分配相应的空间。例如，"int primes[]={1,3,5,7,11,13,15};"语句定义了一个含 7 个元素的 int 型数组并为 7 个元素分别赋了初值。

如果只为数组的其中一些元素赋值，就应该对每个元素使用一条赋值语句。例如：

```
int  primes[]=new int[100];
primes[0]=3;
```

```
primes[1]=3;
```

第一条语句声明并创建一个含有 100 个元素的整型数组，它们的初始值都为 0。其后的两条赋值语句为数组的前两个元素赋值。

当然也可以用一个已经存在的数组初始化另一个数组。例如，声明下列数组变量：

```
long  even[]={2L,4L,6L,8L,10L};
long  value[]=even;
```

在声明语句中，数组 even 用来初始化数组 value。在这里虽然建立了两个数组变量 even 和 value，但实际上只有一个数组对象空间。两个数组变量引用同一组数据元素，并且可以通过任意一个变量名访问数组元素。例如，even[2]和 value[2]将引用同一个元素。这种方式可用在两个变量的引用数组需要相互切换的时候。假如现要对一个数组内容进行排序，需要在两个数组之间重复地传递元素，即将源数组复制到目标数组中。例如，声明数组变量如下：

```
double  inputArray[]=new double[100];   //Array1 to be sorted
double[]  outputArray=new double[100];  //re-ordered array
double  temp[];                         //temporary array reference
```

当希望将 outputArray 引用的数组转换成一个输入数组时，可以这样编写：

```
temp=inputArray;                //save referened to inputarray in temp
inputArray=outputArray;         //set inputarray to refer to outputarray
outputArray=temp;               //set outputarray to refer to what was inputarray
```

在这里，没有任何数组元素被移动，只是它们在内存中的地址被交换，所以运行起来非常快。当然，如果要复制一个数组，就必须创建一个具有同样大小和相同类型的新数组，然后分别将数组中的每个元素复制到新数组中。

4.1.3 数组的访问

当定义了一个数组，并为数组及其元素分配空间和初始化后，就可以访问数组中的每一个元素了。访问数组中元素的格式如下：

```
数组名[index];
```

其中 index 是数组下标。下标的下界为 0，上界为数组元素的个数减 1。例如，数组 a 有 5 个元素，其元素分别为 a[0]、a[1]、a[2]、a[3]、a[4]。在 Java 语言中，一个数组的大小一般是通过访问数组的 length 成员变量得到的。

在对数组元素进行访问时，任何使用小于 0 或者大于等于数组长度的下标进行访问的操作都将产生 IndexOutOfBoundsException（下标越界异常）。

【例 4-1】 利用一维数组求前 100 个素数。

```
//文件名：PrimeNum.java
public class PrimeNum{
    public static void main(String args[]) {
        System.out.println("前100个素数是：");
        int  n[]=new int[100];       //存储素数
        int  p=1, cn=1;
        n[0]=2;                      //第一个素数
        System.out.print(" "+n[0]);
        for (int  k=1; k<100; ){
        //求出其余的素数
```

```
        p+=2;
        int  j=0;
        boolean  flag=true;
        while (flag && n[j]*n[j]<=p){
        //判断p是否是素数
            if (p%n[j]==0)  flag=false;
            j++;
        }
        if (flag==true){
            System.out.print(" "+p);    //p是素数时保存并输出
            n[k++]=p;
            cn++;
            if (cn==10) {               //控制一行输出10个素数
                System.out.println();
                cn=0;
            }
        }
    }
  }
}
```

4.2　多　维　数　组

在 Java 语言中，并没有一般程序设计语言中的多维数组，但可以实现与多维数组相应的功能，它是把多维数组看成数组的数组。例如，二维数组是一个特殊的一维数组，其每一个元素又是一个一维数组。由于在 Java 中，需要为数组元素分配相应的空间，分配空间可在定义数组的同时进行，也可用 new 操作符为数组元素分配内存地址，就造成多维数组中每维数组的长度可以不同，数组空间也不是连续分配的（当然一维数组的空间仍然是连续分配的）。

本节将以二维数组为例说明多维数组的使用方法。

4.2.1　二维数组声明与初始化

二维数组声明的语法格式如下：

数组类型多维数组名[][];

或

数组类型[][] 多维数组名;

其中，数组类型可以是 Java 中任意的数据类型；数组名为一个合法的标识符。例如，"int array[][];"或"int [][] array;"都是合法的声明方式。

与一维数组一样，声明二维数组时也没有对数组元素分配内存空间，同样要使用运算符 new 来分配内存，然后才可以访问每一个数组元素。当给多维数组分配内存时，只需指定第一个（最左边）维数的内存即可。分配内存空间有下面几种方法。

（1）直接为每一维分配空间，例如：

int array[][]=new int[2][3];

（2）从最高维开始，分别为每一维分配内存空间，例如：

```
int  array[][]=new int[2][];
array[0]=new  int[3];
array[1]=new  int[3];
```

此例完成与上例相同的功能。这点与 C/C++语言不同，在 C/C++语言中必须一次指明每一维的长度。

再如：

```
int myarray[][]=new int[3][];       //生成含3个一维数组的数组myarray
myarray[0]=new int[2];              //生成myarray的第0维的一维数组
                                    //myarray[0]含2个int型分量值初始化为0
myarray[1]=new int[4];             //生成myarray的第1维的一维数组
                                    //myarray[1]含4个int型分量值初始化为0
myarray[2]=new  int[2];            //生成myarray的第2维的一维数组
                                    //myarray[2]含2个int型分量值初始化为0
```

其内存分配如图 4-1 所示。

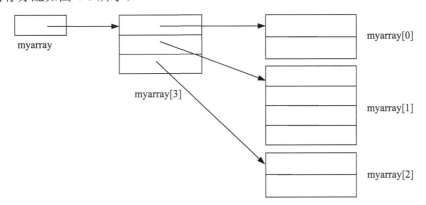

图 4-1　多维数组内存分配示意图

在 Java 语言中，从最高维至低维分配空间。分配时当前最高维必须指定长度，其余低维可不指定长度；但不允许最高维不指定长度而其余低维指定长度。

例如：

```
int  array=new  int[2][];        //正确的方法
int  array=new  int[2][3];       //正确的方法
int  array=new  int[][4];        //不正确的方法
```

在声明多维数组的同时可以对数组元素进行初始化，例如：

```
int  array[][]={{1,2},{3,4,5},{6,7}};
```

这里不必指出数组每一维的大小，系统会根据初始化的初值个数算出数组每一维的大小，并为数组及其元素分配相应的空间。

4.2.2　二维数组元素的引用

访问二维数组中的每一个元素的语法格式如下：

```
数组名称[index1][index2];
```

其中，index1 和 index2 为数组下标，可以是整型常数或表达式。例如，"Myarray[0][5*i+1];"。同样，每一维的下标只能从 0 开始到该维的长度减 1。

【例 4-2】 两个矩阵相加，是指对应行列值的位置数据相加。在这里，矩阵用二维数组存储。

```java
//文件名: MatrixAddition.java
public  class  MatrixAddition{
    public static void main(String args[]){
        int i,j;
        //动态初始化一个二维数组
        int a[][]=new int [3][4];
        //静态初始化一个二维数组
        int b[][]={{1,5,2,8},{5,9,10,-3},{2,7,-5,-18}};
        //动态初始化一个二维数组
        int c[][]=new int[3][4];
        for (i=0;i<3;i++)
            for (j=0; j<4 ;j++)
                a[i][j]=(i+1)*(j+2);
        for (i=0;i<a.length;i++)
            for (j=0;j<a[i].length;j++)
                c[i][j]=a[i][j]+b[i][j];
        //打印Matrix C标记
        System.out.println("*******Matrix C*******");
        for(i=0;i<c.length;i++){
            for (j=0;j<c[i].length;j++)
                System.out.print(c[i][j]+"");
            System.out.println();
        }
    }
}
```

程序的运行结果如下：

```
*******Matrix C*******
3 8 6 13
9 15 18 7
8 16 7 -3
```

4.3 字 符 数 组

所谓字符数组，是指数组中的每个元素都是字符类型的数据。字符数组是编程中常用的数据类型，如可以利用字符数组来存储标题、名称、地址等数据。

4.3.1 字符数组与字符串

字符串是字符组成的序列，如"china"是一个字符串，其可以使用如下字符数组表示：

```java
char[] country = { 'c', 'h', 'i', 'n', 'a'};
```

字符串中所包含的字符的个数称为字符串长度，如字符串"china"的长度为 5。也可以根据字符串的长度来自己定义字符数组的大小，例如：

```java
char[] country = new char[100];
```

这种定义方法在数组元素很多时，使用起来很不方便，可以使用 Java 提供的 String 类，通过建立 String 类的对象来使用字符串。

4.3.2 字符串

字符串与其他的基本数据类型一样，也分为变量和常量，字符串常量是指位于一对双引号之间的字符序列，如在输出语句中使用的字符串常量：

```
System.out.println("china");
```

其中的"china"就是字符串常量。

1. 字符串变量的声明

可以通过 String 类来实现字符串变量，具体语法格式如下：

```
String 字符串变量;
字符串变量 = new String();
```

或

```
String 字符串变量 = new String();
```

2. 字符串赋值

声明了字符串变量后，便可以为其赋值。既可以对其赋值一个字符串常量，也可以将另一个字符串变量的值赋给它。

【例 4-3】 字符串的应用。

```
//文件名：StringDemo.java
public  class  StringDemo{
    public static void main(String[] args){
        String s1,s2,s3;
        s1 = new String("hello ");
        s2 = new String("world!");
        s3 = s1+s2;
        System.out.println(s1);
        System.out.println(s2);
        System.out.println(s3);
    }
}
```

程序的运行结果如下：

```
hello
world!
hello world!
```

4.3.3 字符串数组

如果要表示一组字符串，可以通过字符串数组来实现。例如，可以用字符串组来表示春夏秋冬四季的英文名称。

【例 4-4】 输出字符数组中的春夏秋冬四季的英文名称。

```
//文件名：StringArrDemo.java
public  class  StringArrDemo{
    public static void main(String[] args){
        int i;
        String[] season = new String[4];
        season[0] = "spring";
        season[1] = "summer";
```

```
        season[2] = "autumn";
        season[3] = "winter";
        System.out.println("season is:");
        for(i=0;i<season.length;i++){
            System.out.print(season[i]+" ");
        }
    }
}
```

程序的运行结果如下：

```
season is:
spring summer autumn winter
```

4.4 数组作为方法的参数

在 Java 中，可以使用数组作为方法的参数来传递数据。在使用数组参数时，应注意以下事项：

（1）在形参列表中，数组名后的括号不能省略，括号的个数和数组的维数要相同，但在括号中可以不给出数组元素的个数。

（2）在实参列表中，数组名后不需要括号。

（3）数组名作为实参时，传递的是地址，而不是具体的数组元素值，即实参和形参具有相同的存储单元。

【例 4-5】 计算给定数组的各元素的平均值。

```
//文件名：ArrayDemo.java
public class ArrayDemo{
    static float AverageArray(float a[]){
        float average=0;
        int i;
        for(i=0;i<a.length;i++){
            average = average+a[i];
        }
        return average/a.length;
    }
    public static void main(String[] args){
        float average,a[]={1,2,3,4,5};
        average = AverageArray(a);
        System.out.println("average="+average);
    }
}
```

程序的运行结果如下：

```
average=3.0
```

4.5 本 章 小 结

本章主要介绍 Java 语言中的数组部分，主要讲解了一维数组、多维数组、字符数组和字符串以及数组作为方法参数时的用法。数组的使用过程分为声明、创建、初始化和访问。数组的声明只是对数组的定义过程，并不分配任何的存储空间，一定要在对数组初始化之后才可以访问数组中的数据元素。

理论练习题

一、判断题

1. Java 中数组元素只能是简单数据类型。（　　　）

2. Java 中数组元素下标总是从 0 开始，下标可以是整型或整型表达式。（　　　）

3. 说明或声明数组时不分配内存大小，创建数组时分配内存大小。（　　　）

4. 若执行 "char[] chrArray={ 'a', 'b', 'c', 'd', 'e', 'f', 'g'};char chr=chrArray[6];"，则不会出现错误提示。（　　　）

5. 整型数组可以定义为：（　　　）

int[] intArray[60];

二、填空题

1. Java 中声明数组包括数组的名字，数组包含的元素的_____。

2. 数组声明后，必须使用_____运算符分配内存空间。

3. 在 Java 中，所有的数组都有 length 属性，这个属性存储了该数组的_____。

4. 声明数组仅仅是给出了数组名字和元素的数据类型，要想真正地使用数组还必须为它_____。

5. 设有数组定义：

int a[] = { 1 ,2 , 3 , 4 , 5 , 6 , 7 , 8 , 9 };

则执行下列几个语句后的输出结果是_____。

```
for (int i = 0 ; i <a.length ; i ++ )
    if( a[i] %3==0 )
        System.out.print(a[i]+" ");
```

三、选择题

1. 下列有关数组的叙述中，错误的是（　　　）。

    A．在同一个环境下，数组与内存变量可以同名，两者互不影响

    B．可以用一维数组的形式访问二维数组

    C．在可以使用简单内存变量的地方都可以使用数组元素

    D．一个数组中各元素的数据类型可以相同，也可以不同

2. 完成以下代码 "int[] x = new int[5];" 后，以下说明中（　　　）是正确的。

    A．x[4]为 0　　　　B．x[4]未定义　　　　C．x[5]为 0　　　　D．x[0]为空

3. 若已定义 "byte[ ] x= {1, 2, 3, 4};"，其中 0≤k≤3，则对 x 数组元素错误的引用是（　　　）。

    A．x[5-3]　　　　B．x[k]　　　　C．x[k+5]　　　　D．x[0]

4. 设 i、j 为 int 型变量名，a 为 int 型数组名，以下选项中，正确的赋值语句是（　　　）。

    A．i = i + 2　　　　B．a[0] = 7;　　　　C．i++ = --j;　　　　D．a(0) = 66;

5. 设数组定义 "int[] Array = new int[10];"，则数组的第一个元素正确引用方法为（　　　）。

    A．Array[1]　　　　B．Array[0]　　　　C．Array[]　　　　D．Array

上机实训题

1. 某班级有 30 名学生参加英语考试，试用一维数组实现班级学生英语考试成绩的存储

并统计其班级平均分。要求英语成绩是利用 Math 类中的 random()方法随机生成，分数的范围为 0～100 分。

2．利用二维数组实现以下图形的输出。

```
    *
   ***
  *****
 *******
*********
 *******
  *****
   ***
    *
```

3．要求利用不等长数组实现以下图形的输出。

```
*
**
***
****
*****
******
```

第5章

类 和 对 象

教学目标：

☑ 掌握类的构造方法的定义、作用，以及如何实现类的构造方法。

☑ 掌握如何创建类对象、如何使用类对象。

☑ 掌握静态成员和实例成员的使用方法，以及二者之间的区别。

☑ 掌握类成员的访问权限的设置方法以及使用原则。

教学重点：

本章首先要求读者掌握对象的定义和引用的方法，在此基础上深入理解静态成员和实例成员的定义及其应用、方法重载及其作用，类的封装和访问控制权限。

5.1 对象的定义和引用

视频讲解

从程序设计角度来看，可以把类看成一个数据类型，这种数据类型就是对象类型，简称为类。定义一个对象变量和定义基本数据类型变量的格式是一样的，假设以前述定义的 Cust 类为例，Cust 就是对象类型，就像 int 一样，现在来定义 Cust 对象类型变量，如有定义："Cust myCust;"，则 myCust 就是 Cust 类的对象变量。但对象类型和基本数据类型有着本质上的区别，声明对象变量之后，还不能使用对象，必须先用操作符 new 创建对象实体，之后才能使用对象。new 关键字的作用有以下几点：

（1）为对象分配内存空间。

（2）调用类的构造方法。

（3）为对象返回一个引用。

5.1.1 构造方法

构造方法是 Java 的一个重要概念。可以设想若每次创建一个类的实例都去初始化它的所有变量是很烦琐的。如果一个对象在被创建时就完成了所有的初始化工作，将是简单和简洁的。因此，Java 在类里提供了一个特殊的成员方法，叫做构造方法（Constructor）。构造方法必须以类名作为方法的名称，且不返回任何值，也就是说，构造方法是以类名为名称的特殊方法。

【例 5-1】 定义"银行账户"类的构造方法，实现对银行账户属性变量的赋值操作。

```
//文件名：Cust.java
Cust(String newName, int newID, String newPWD, int newMoney){
    name = newName;
    ID = newID;
    PWD = newPWD;
    money = newMoney;
}
```

构造方法的作用是确保对象在使用之前经过正确的初始化过程。当用户实例化一个对象时，此对象的构造方法被调用，它将初始化一个对象的内部状态。

> 🔲**知识提示** 构造方法没有任何返回类型，即使是 void 类型也没有。

用 new 操作符创建一个实例后，就会得到一个可用的对象，然后用户才能在这个对象上执行其他操作。也就是说，对象在被实例化之前是不能被使用的。

在 Java 类中，最少要有一个构造方法。类的构造方法可以显式定义，也可以隐式定义。显式定义的意思是说在类中已经写好了构造方法的代码；隐式定义是指如果在一个类中没有定义构造方法，那么系统在解释时会分配一个默认的构造方法，这个构造方法只是一个空壳子，没有参数，也没有代码，类的所有属性系统将根据其数据类型赋默认值。所以说类的构造方法是必需的，但其代码可以不编写。总之，如果在类中已经实现了构造方法，系统不会分配构造方法；如果没有实现，系统就会分配。

系统使用默认的构造方法来初始化对象时，会将类中的变量自动初始化为该类型的默认值。例如，整型初始化为 0，浮点型初始化为 0.0，字符型初始化为'\u0000'，逻辑型初始化为 false，类对象初始化为 null 等。

在一个类中可以存在多个构造方法，这些构造方法都采用相同的名字。只是形式参数不同。Java 语言可根据构造对象时的参数个数及参数类型来判断调用哪个构造方法。

> 🔲**知识提示** 构造方法是一个特殊的方法，其具有以下特点：
> （1）构造方法必须与类同名。
> （2）构造方法没有返回类型，也不能定义为 void。
> （3）构造方法的主要作用是完成对象的初始化工作，它能够把定义对象时的参数传给对象的成员。
> （4）构造方法不能由编程人员调用，而由系统调用。
> （5）一个类可以定义多个构造方法，即构造方法可以重载。如果没有定义构造方法，则编译系统会自动插入一个无参数的默认构造方法，这个默认构造方法没有任何代码。

5.1.2 对象的创建

为了在程序中使用对象，首先要声明和创建一个对象，然后给它发送消息，即调用它的方法。

前面定义的类 Cust 仅提供该类的类型定义，定义好类之后，可以在声明中将其用作一种类型使用。例如：

```
Cust  myCust;
```

其中，类名 Cust 是一个类型名称，myCust 为该类型的变量，我们称之为对象变量或对象引用。但执行这条语句时，系统没有调用任何构造方法，这是因为上述的语句并没有生成对象，生成的只是变量 myCust，其默认值为 null。这个变量可以用来存储一个已经生成的 Cust 对象的引用，即 Cust 实例对象的地址。生成对象可以使用 new 操作符，用其初始化对象。例如：

```
myCust = new Cust("Tom",100,"12345",10000);
```

下面两种创建对象的方法是等效的。

```
Cust   myCust ;
```

```
myCust = new Cust("Tom",100,"12345",10000);
```

等效于：

```
Cust  myCust = new Cust("Tom",100,"12345",10000);
```

当系统执行上述语句时，new 操作符将创建一个 Cust 类型的对象，即给这个 Cust 对象分配空间，并调用类 Cust 的构造方法，将参数传给对象的变量 name、ID、PWD 和 money，然后将此对象的内存首地址返回给 myCust，这样就创建了对象 myCust。所以创建一个类的对象时，对象名本身代表的实际上是一个引用地址，通过它可以操作管理对象所拥有的内容。对象的内存模型和对象的赋值过程如图 5-1 所示。

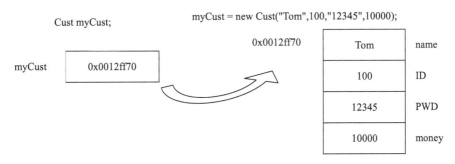

图 5-1　对象的内存模型和对象的赋值示意图

◀》注意：对象变量声明与对象创建的不同，例如：

```
Cust  myCust;
```

此语句执行后，系统并未创建 Cust 对象，而只是分配了一个能存放 Cust 对象地址（存储位置）的变量 myCust。只有使用 new 操作符创建一个对象后，JVM 才会给该对象分配空间，将该地址空间的起始地址写入对象变量。引用类型变量没有值时，我们称之为"空引用"，当变量 myCust 存储了一个对象的地址时，我们说"变量指向一个对象"或"变量引用一个对象"。类、引用变量和对象之间的关系如图 5-2 所示。

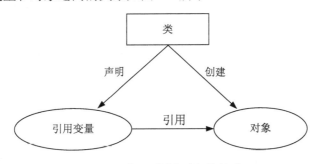

图 5-2　类、引用和对象的关系

类作为同一类对象的模板，使用 new 操作符及其后面跟随的构造方法的调用，可以生成多个不同的对象，这些对象将被分配不同的内存空间。因此，尽管这些对象的变量可能有相同的值，但内存地址不同，是不同的对象。

如果一个对象变量没有被初始化，则该对象变量为 null，表示不指向任何内存地址的引用。如果一个对象变量赋给另一个对象变量，则两个对象变量的引用地址相同，它们实际指向同一个对象，只是引用对象的变量具有不同的名称。

5.1.3 对象的使用

当创建了一个对象之后，这个对象就拥有所属类的成员变量（实例变量）和方法，就可以引用该对象的成员变量，调用其成员方法。

在类的作用域中，一个类中声明的成员变量和方法可由类中的所有方法访问，并可用它的名称进行引用。

在类的作用域外部，类中声明的成员变量和方法的存取必须通过该类或该类的对象和点操作符（称为类成员存取操作符）来存取，在类的外部调用成员变量和成员方法的语法格式如下：

对象名.成员变量名;
对象名.方法名(形参列表);

例如：

```
Cust  myCust = new Cust("Tom",100,"11111",10000);
myCust.setMoney(5000);
```

> **知识提示**　在调用方法时，即使没有参数，圆括号也不能省略。如果有参数，那么每个参数必须有确定的值。方法名称后括号中的参数称为"实际参数"，简称"实参"。

5.1.4 对象的销毁

通过 new 操作符实例化对象时，系统为对象分配所需的存储空间，存放其成员属性的值。但内存空间是有限的，不能存放无限多的对象。为此，Java 提供了资源回收机制，自动销毁无用的对象，收回其所占用的空间。一般情况下，用户不需要专门设计释放对象的方法。

但如果需要主动释放对象，或在释放对象时需要执行特定的操作，例如，编程者的类对象使用的资源是操作系统提供的一些图形、字体等非 Java 语言环境的资源时，则在类中可以定义 finalize()方法。当系统销毁对象时，将自动执行 finalize()方法。对象也可以调用 finalize()方法来销毁自己。

finalize()方法没有参数，也没有返回值。一个类只能有一个 finalize()方法，其方法定义形式如下：

```
protected  void  finalize() {
    方法体;
}
```

5.2 案例分析：银行账户对象的创建

1. 案例描述

视频讲解

建立一个银行账户类，要求能够存放用户的账号、户名、密码和账户余额等个人信息，并包含存款、取款、查询余额和修改账户密码等操作，并用此类创建对象，对象的账号为 100，户名为 Tom，密码为 11111，账户余额为 10000。

2. 案例分析

建立银行账户类 Cust 之后，通过 new 操作符调用类的构造方法，将各项成员属性信息传给对象，并在主方法中调用类的成员方法。

3. 案例实现

本例的代码如下：

```java
//文件名：MainDemo.java
class Cust {
    String name;
    int ID;
    String PWD;
    int money;

    Cust(String newName,int newID,String newPWD,int newMoney){
        name = newName;
        ID = newID;
        PWD = newPWD;
        money = newMoney;
    }
    void getMoney(int getMoney){
        money = money - getMoney;
    }
    void setMoney(int saveMoney){
        money = money + saveMoney;
    }
    void search(){
        System.out.println("户名："+name);
        System.out.println("账号："+ID);
        System.out.println("账户余额："+money);
    }
    void changePWD(String newPWD){
        PWD = newPWD;
    }
}

public class MainDemo{
    public static void main(String[] args){
        Cust myCust = new Cust("Tom",100,"11111",10000);
        myCust.setMoney(5000);
        myCust.getMoney(3000);
        myCust.changePWD("Tom");
        myCust.search();
    }
}
```

4. 归纳与提高

对于创建的类，主要是通过创建该类的对象来访问其成员属性或成员方法。创建对象主要通过 new 操作符完成，当执行 new 操作时，系统会根据类名后的参数类型及个数来确定所调用的构造方法。

5.3 静态成员与实例成员

Java 的类中可以包含两种成员：实例成员和静态成员。

简单来说，类是一种类型而不是具体的对象，一般在类中定义的成员是每个由此类产生的对象都拥有的，因此可以称之为实例成员或对象成员。只有创建了对象之后，才能通过对象访问实例成员变量、调用实例成员方法。

如果需要让类的所有对象在类的范围内共享某个成员，而这个成员不属于任何由此类产生的对象，那么它是属于整个类的，这种成员称为静态成员或类成员。例如，Math 类中的 pow()方法就是一个静态方法。静态方法不向对象施加任何操作。我们用 Math.pow(x,y)调用 Math 类的 pow 方法计算幂 x^y，它并不使用任何一个 Math 对象来执行此任务，也没对任何对象施加操作。

5.3.1 静态属性与实例属性

用 static 修饰符声明的成员属性为静态属性。一个静态属性只标识一个存储位置。无论创建了多少个类实例，静态属性永远都在同一个存储位置存放其值，静态属性是被共享的。因此，当某个对象修改了静态属性的值之后，所有对象都将使用修改的静态属性值。

没有 static 修饰的属性为实例属性。每个对象分别包含一组该类的所有实例属性。创建类的对象时，都会为该对象的属性创建新的存储位置，也就是说，类的每个对象的实例属性的存储位置是不相同的。因此修改一个对象的实例属性值，对另一个对象的该实例属性的值没有影响。

例如，在前述的 Cust 类中，增加类的成员属性 bankName，表示账户所属的银行，由于所有账户都是同一个银行，它不属于某个单独账户，因此，应将其定义为静态属性，还可以给每个 Cust 类添加一个流水编号和账户总编号，并将账户总编号定义为静态属性。当创建一个 Cust 对象时，按创建 Cust 对象的顺序自动给该对象的账户编号设置一个值。

```
class Cust {
    …
    static String bankName="中国农业银行";
    int selfNum=0;
    static int allNum=0;
    Cust(String newName,int newID,String newPWD,int newMoney)  {
        …
        allNum++;
        selfNum=allNum;
    }
    …
}
```

5.3.2 静态方法与实例方法

静态方法是不向调用它的对象施加操作的方法，因为静态方法并不操作调用它的对象，所以不能用静态方法来访问实例属性，使用"类名.方法名"来调用静态方法，尽管如此，我们通过对象来调用静态方法是合法的，不会发生错误。由于静态方法计算或操作的结果和调用它的任何对象都没有关系，所以用对象调用静态方法很容易让人迷惑。因此要求使用"类名.方法名"来调用静态方法。在以下两种情况下使用静态方法：

（1）该方法不需要访问对象的状态，其所需的参数都通过类的显示参数提供（如 Math.pow()方法）。

（2）该方法只需要访问类的静态属性。

5.3.3 静态成员与实例成员的特征

类的成员或者是静态成员，或者是实例成员。一般来说，将静态成员看作属于类，而将实例成员看作属于对象（类的实例）。

1. 静态成员的特征

当成员变量或成员方法包含 static 修饰符时，即被声明为静态成员。静态成员具有下列特征：

（1）当以 E.M 形式引用静态成员时，E 必须是成员 M 的类型。

（2）一个静态属性只标识一个存储位置。无论创建了多少个类的实例，永远都只有静态属性的一个副本。

（3）静态方法不在某个特定对象上操作，在这样的方法中引用 this 是错误的。

2. 实例成员的特征

当成员属性、成员方法、构造方法的声明中不包含 static 修饰符时，声明为实例成员，实例成员也可称为非静态成员。实例成员具有下列特征：

（1）当以 E.M 形式引用实例成员时，E 是成员 M 的类型的对象。

（2）类的每个对象分别包含一组该类的所有实例属性。类的每个对象都为每个实例属性建立一个副本。也就是说，类的每个对象的实例属性的存储位置是不相同的。

（3）实例方法在类的给定对象上操作，此对象可以作为 this 访问。

> 知识提示 因为静态方法并不操作对象，所以不能用静态方法来访问实例属性，但静态方法可以访问自身类的静态属性。静态成员与实例成员归纳如下：
> （1）静态方法可以访问静态成员变量，不可以访问实例成员变量。
> （2）实例方法可以访问静态成员变量，也可以访问实例成员变量。

为了进一步明确静态方法与实例方法的区别，现举例说明。

【例 5-2】 静态方法与实例方法的区别。

```
//文件名：StaticDemo.java
public class StaticDemo {
    static double pi=3.14;              //静态变量,类变量
    double pix=3.14;                    //实例变量,对象变量
    double getArea(){                   //实例方法
        return pi*3*3;                  //类变量,实例方法能用类变量
    }
    static double getArea1(){
        return pi*3*3;                  //类方法能用类变量
    }
    double getArea2(){
        return pix*3*3;                 //实例方法能用实例变量
    }
    //static double getArea3(){
    //return pix*3*3;                   //类方法不能用实例变量
    //}
}
```

【例 5-3】 静态成员的加法运算。

```
//文件名：HasStatic.java
public class HasStatic{
    private static int x = 100;
    public static void main(String args[]){
        HasStatic hs1 = new HasStatic();
        HasStatic hs2 = new HasStatic();
        hs1.x++;
```

```
        hs2.x++;
        hs1.x++;
        System.out.println("x="+x);
    }
}
```

程序的运行结果如下：

```
x=103
```

视频讲解

5.3.4 关键字 this 的使用

每个对象都有一个名为 this 的引用，它指向当前对象本身，主要有如下 4 个方面的应用：

（1）this 调用本类中的属性，也就是类中的成员变量。

通过 this 引用成员变量的格式如下：

```
this.成员变量名;
```

当成员方法中没有与成员变量同名的参数时，this 可以省略。但当成员方法中存在与成员变量同名的参数时，引用成员变量其名前的 this 不能省略，因为成员方法中默认的是引用方法中的参数，而不是成员变量。

例如，在前述的方法 setMoney 中，根据其参数名字的不同，可以有两种写法。

```
//方法一：
void setMoney(int saveMoney)        //成员方法中变量名与成员变量名不同
{
    money = money + saveMoney;
}
//方法二：
void setMoney(int money)            //成员方法中变量名与成员变量名相同
{
    this.money = this.money + money;
}
```

（2）this 调用本类中的其他方法。

通过 this 调用成员方法的格式如下：

```
this.成员方法名（参数表）;
```

其中，成员方法名前的 this 可以省略。

（3）this 调用本类中的其他构造方法。

在构造方法中，可以通过 this 调用本类中具有不同参数表的构造方法，其调用的格式如下：

```
this（参数表）;
```

【例 5-4】 为 Cust 类编写两个构造方法：一个构造方法为无参构造方法，利用 this 关键字调用有参构造方法；另一个为有参构造方法，参数分别为户名、账号、密码及余额。

```
Cust(){
    this("Tom",100,"12345",10000);
}
Cust(String newName,int newID,String newPWD,int newMoney){
    name = newName;
    ID = newID;
    PWD = newPWD;
```

```
    money = newMoney;
}
```

在构造方法中使 this 关键字表示调用类中的构造方法。Java 编译器会根据所传递的参数数量的不同，来判断该调用哪个构造方法。

不过如果要使用这种方式来调用构造方法，有一个语法上的限制。一般来说，利用 this 关键字来调用构造方法，只能在无参数构造方法的第一句使用 this 调用有参数的构造方法；否则编译的时候就会提示错误信息。

（4）返回对象的值。

在代码中，可以使用 return this 返回某个类的引用。此时这个 this 关键字就代表类的名称。如在上面这个 Cust 类中，return this 的含义就是 return Cust。可见，this 关键字除了可以引用变量或者成员方法之外，还可以作为类的返回值。

5.4　方法的重载

5.4.1　成员方法的重载

每一成员方法都有其签名，方法的签名由方法的名称及它的形参的数量、每个形参的类型组成。具体来说，方法签名不包含返回类型。

在类中如果声明有多个同名的方法但它们的签名不同，则称为方法的重载。当方法对不同数据类型进行操作时，方法的重载非常有用，因为方法的重载提供了对可用数据类型的选择，从而使方法的使用更为容易。

5.4.2　构造方法的重载

类定义中含有两个以上参数个数或类型不同的构造方法时，称为构造方法重载。构造方法实际上是对对象进行实例化时调用的方法。如希望创建一个可以以多种方式构造对象的类，就需要重载构造方法。

和一般的方法重载一样，重载的构造方法具有不同个数或不同类型的参数，编译器就可以根据这一点判断出用 new 关键字产生对象时，该调用哪个构造方法。

【例 5-5】　重载 Cust 类的构造方法：一个为无参构造方法，实现成员变量的初始化；另一个为有参构造方法，实现形参到成员变量的赋值。

```
Cust(){
    name = "";
    ID = 0;
    PWD = "";
    money = 0;
}
Cust(String newName,int newID,String newPWD,int newMoney){
    name = newName;
    ID = newID;
    PWD = newPWD;
    money = newMoney;
}
```

在创建对象时，可以根据需要用不同的方式创建对象，对对象完成不同的初始化操作，例如执行如下的两条语句：

```
Cust st1 = new Cust("Tom",100,"11111",10000);
Cust st2 = new Cust();
```

此时，系统将创建对象 st1、st2，但对象 st1 是通过参数对其成员属性进行了初始化，而对象 st2 则通过无参构造方法的调用，将其成员属性初始化为各类型的默认值。

5.5 案例分析：银行账户类构造方法的重载

1. 案例描述

建立一个银行账户类，要求能够存放用户的账号、户名、密码、账户余额、账号流水号等个人信息，以及所在银行名称、总账户数等公共信息，功能方面要包含存款、取款、查询余额、修改账户密码等操作，要求采用不同的构造方法来构造实例对象。

2. 案例分析

根据案例描述中的信息，分别创建类的成员属性和成员方法，对构造方法进行重载。对此案例可以设计一个无参构造方法，以对创建的银行账户对象的各个成员属性初始化；另一个为有参构造方法，以实现将参数赋值给对象成员属性。

3. 案例实现

本例的代码如下：

```
//文件名：CustDemo1.java
class Cust {
    String name;
    int ID;
    String PWD;
    int money;
    static String bankName="中国农业银行";
    int selfNum=0;
    static int allNum=0;

    Cust(){
        name = "";
        ID = 0;
        PWD = "";
        money = 0;
        allNum++;
        selfNum=allNum;
    }
    Cust(String newName,int newID,String newPWD,int newMoney){
        name = newName;
        ID = newID;
        PWD = newPWD;
        money = newMoney;
        allNum++;
        selfNum=allNum;
    }
    void getMoney(int getMoney){
        money = money - getMoney;
    }
    void setMoney(int saveMoney){
        money = money + saveMoney;
    }
    void search(){
        System.out.println("所属银行:"+Cust.bankName);
        System.out.println("您是本银行的"+allNum+"个顾客中的第"+
```

```
                  selfNum+"个顾客");
            System.out.println("户名："+name);
            System.out.println("账号："+ID);
            System.out.println("账户余额："+money);
        }
        void changePWD(String newPWD){
            PWD = newPWD;
        }
        void setInfo(String newName,int newID,String newPWD,int newMoney){
            name = newName;
            ID = newID;
            PWD = newPWD;
            money = newMoney;
        }
    }
    public class CustDemo1 {
        public static void main(String[] args){
            Cust st1 = new Cust("Tom",100,"11111",10000);
            Cust st2 = new Cust();

            st1.setMoney(5000);
            st1.getMoney(3000);
            st1.changePWD("Tom");
            st1.search();

            st2.setInfo("Jerry", 200, "22222", 10000);
            st2.setMoney(10000);
            st2.getMoney(5000);
            st2.changePWD("Jerry");
            st2.search();
        }
    }
```

4. 归纳与提高

在 Java 中，每个类至少需要一个构造方法（可以有多个），它用于构造类的对象。在 Java 中构造方法必须与类名相同。构造方法可以不带有参数，也可以带有参数。不带有参数的构造方法被称为无参构造方法。如果我们不给类提供构造方法，那么编译器会自动提供一个无参构造方法。换句话说，一个类至少有一个构造方法，而且默认程序员可以不写的构造方法，但是最好的习惯是加上默认构造方法。

当构造方法的形参和成员变量同名时，成员变量一定要加上 this 强调当前对象，如果没有，并没有对成员变量赋值，只是形参的赋值运算而已，输出的成员变量也只是系统赋予的默认值为 0，所以构造方法中的初始化都要加上 this 强调是当前对象。

5.6 类的封装和访问控制

5.6.1 类的封装

封装性是面向对象的核心特征之一，它提供了一种信息隐藏技术。类的封装性的含义是将数据和对数据的操作组合起来构成类，类是一个不可分割的独立单位。类中既要提供与外部联系的接口，同时又要尽可能隐藏类的实现细节。封装性为软件提供了一种模块化的设计机制，设计者提供标准化的类模块，使用者根据实际需求来选择所需要的模块，通过组装模块实现大型软件系统。

类的设计者和使用者考虑问题的角度不同，设计者需要考虑如何定义类中的成员变量和方法，如何设置其访问权限等问题；而类的使用者只需要知道有哪些类可以选择，每个类有哪些功能，每个类中有哪些可以访问的成员变量和成员方法等，而不需要了解其实现细节。

5.6.2 访问控制

按照类的封装性原则，类的设计者既要提供类与外部的联系方式，又要尽可能地隐藏类的实现细节。这就要求设计者应根据实际需要，为类和类中的成员变量和成员方法分别设置合理的访问权限。

Java 为类中的成员变量和成员方法设置了 4 种访问权限，为类本身设置了 2 种访问权限。

1. 类成员的访问权限

Java 提供的 4 种访问权限分别为：public（公有）、protected（保护）、默认和 private（私有）。具体含义如下：

1）public

被 public 修饰的成员变量和成员方法可以在所有的类中被访问。所谓在某类中访问某成员变量，是指在该类的方法中给该成员变量赋值、输出其值、在表达式中应用其值等；所谓在某类中访问成员方法，是指在该类的方法中调用该成员方法。因此在所有类的方法中都可以使用被 public 修饰的成员变量，调用被 public 修饰的成员方法。

2）protected

被 protected 修饰的成员变量和成员方法可以在声明它们的类中被访问，或在该类的子类中被访问，也可以被与该类位于同一个包中的类访问，但不能被其他包中的非子类访问（子类和包的知识详见第 6 章）。

3）默认

默认是指不使用任何权限修饰符。被默认修饰的成员变量和成员方法可以被声明它们的类访问，也可以被与该类在同一包中的类访问，但不能被位于其他包中的类访问。默认权限以包为界划分访问权限的范围，使成员可以被与其所属的类位于同一包中的类访问，而不能被该包之外的类访问。

4）private

被 private 修饰的成员变量和成员方法只能在声明它们的类中被访问，而不能被其他类，甚至其子类所访问。被 private 修饰的成员，其被访问的权限范围最小，对所有其他类都隐藏信息。

对 4 种访问权限修饰符的总结如表 5-1 所示。

表 5-1 访问权限

比较项目	public	protected	默认	private
本类	√	√	√	√
本类所在包	√	√	√	—
其他包中的子类	√	√	—	—
其他包中的非子类	√	—	—	—

不能用访问权限修饰符修饰成员方法中声明的变量或形式参数，因为方法中声明的变量或形式参数的作用域仅限于该方法，在方法之外是不可见的，在其他类中更无法访问。

2. 类的访问权限

声明一个类，可以使用的权限修饰符只有 public 和默认两种，不能使用 protected 或 private。

【例 5-6】 创建不同的包，并在包内创建不同的类，实现不同包间类的访问。

在 MyEclipse 某一工程中创建如图 5-3 所示的目录结构，这里主要创建 lession3 包及 lession3.otherpackage 包，用来存放非同一目录的类。

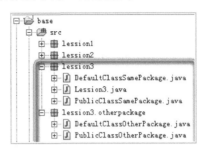

图 5-3 工程目录结构示意图

在 lession3 包中的主文件 Lession3.java 代码如下：

```
//文件名：Lession3.java
package lession3;
//注意，我们使用了其他package的类，所以需要import进来
//注意：路径必须为完整的路径
import lession3.otherpackage.PublicClassOtherPackage;

//public的类，可以被任何类在任何地方访问
//默认权限的类(即没写任何访问描述符的类)只能在当前package访问，不能被其他package的类
//访问
public  class  Lession3 {
    public static void main(String[] args) {
        //调用同一package下的public访问权限类
        System.out.println (new PublicClassSamePackage().toString());
        //调用同一package下的默认访问权限类
        System.out.println (new DefaultClassSamePackage().toString());
        //调用不同package下的public访问权限类
        System.out.println (new PublicClassOtherPackage().toString());
        //调用不同package下的默认访问权限类
        //System.out.println(new DefaultClassOtherPackage().toString());
    }
}
```

在 lession3 包中 PublicClassSamePackage.java 代码如下：

```
//文件名：PublicClassSamePackage.java
package lession3;
/**
* 相同package的公开访问权限类
*/
public  class  PublicClassSamePackage {
    public String toString() {
        return "相同package的公开类";
    }
}
```

在 lession3 包中 DefaultClassSamePackage.java 代码如下：

```
//文件名: DefaultClassSamePackage.java
package lession3;
/**
* 相同package的默认访问权限类
*/
public  class  DefaultClassSamePackage {
    public String toString() {
        return "相同package的默认类";
    }
}
```

在 lession3.otherpackage 包中 PublicClassOtherPackage.java 代码如下：

```
//文件名：PublicClassOtherPackage.java
package lession3.otherpackage;
/**
* 不同package的公开访问权限类
*/
public  class  PublicClassOtherPackage {
    public String toString() {
        return "不同package的公开类";
    }
}
```

在 lession3.otherpackage 包中 DefaultClassOtherPackage.java 代码如下：

```
//文件名：DefaultClassOtherPackage.java
package lession3.otherpackage;
/**
* 不同package的默认访问权限类
*/
public  class  DefaultClassOtherPackage {
    public String toString() {
        return " 不同package的默认类";
    }
}
```

程序的运行结果如下：

相同package的公开类
相同package的默认类
不同package的公开类

调用不同包下的默认访问权限类，如果把 Lession3.java 中的被注释掉的代码恢复，则会产生编译错误，如图 5-4 所示。

图 5-4 编译错误示意图

可见，一个类如果想直接访问另一个单独的类，有两种情况：

（1）和自己在一个包中，无论其是否为 public。

（2）和自己不在一个包中，且必须为 public。

> **知识提示**　在一个 Java 源程序文件中，可以包含多个类，但只能有一个类使用 public 修饰符，该类的名字必须与源程序文件的名字相同。另外，当程序中创建多个类时，必须运行包含 main()方法的类，否则将会出错。

5.7　案例分析：简单的银行账户管理程序

1．案例描述

建立一个银行账户类，要求能够存放用户的账号、户名、密码、账户余额、账号的流水号等个人信息，以及所在银行名称、总账户数等公共信息，功能方面要包含存款、取款、查询余额、修改账户密码等操作，要求采用键盘输入数据的方式，并用不同的构造方法来构造实例对象。

2．案例分析

根据案例描述中的信息，可以设计 Cust 类的无参构造方法和有参构造方法，在构造方法中主要实现各个成员变量的赋值运算、账户流水号及总账户数的计算。Cust 类中还要实现存款方法 saveMoney()、取款方法 getMondy()、查询方法 search()、修改密码方法 changePWD()、获取账号方法 getID()。在主类 Demo 中，主方法 main()要实现各操作的选择菜单，实现基本的账户管理操作。

此外，还可以设计一个 KB 类，主要实现从键盘输入数据。在 KB 类中有 scan()方法，利用 Java 的输入流实现数据输入。在 scan()方法中用到的 System.in 是 java.lang 包中 System 类预定义的属性，是 InputStream 抽象类的一个实例变量。InputStream 类是表示字节输入流的所有类的超类，InputStreamReader 是字节流通向字符流的桥梁，它使用指定的字符集读取字节并将其解码为字符。BufferedReader 类用于从缓冲区中读取内容，所有的输入字节数据都将放在缓冲区中以提高读取效率。关于输入输出流的具体内容将在第 8 章中给出详细介绍。

3．案例实现

本例的代码如下：

```java
//文件名：CustDemo2.java
import java.io.BufferedReader;
import java.io.InputStreamReader;

class KB{
    public static String scan(){
        String str = "";
        try {
            BufferedReader buf = new BufferedReader(new InputStreamReader
            (System.in));
            str = buf.readLine();
        }
        catch (Exception e){  }
            return str;
    }
}
```

```
class Cust{
    private String name;
    private int ID;
    private String PWD;
    private int money;
    static String bankName="中国农业银行";
    private int selfNum=0;
    static int allNum=0;

    Cust(String newName,int newID,String newPWD,int newMoney){
        name = newName;
        ID = newID;
        PWD = newPWD;
        money = newMoney;
        allNum++;
        selfNum=allNum;
    }
    void getMoney(){
        System.out.print("请输入要取出的金额：");
        int n = Integer.parseInt(KB.scan());
        money = money-n;
    }
    void saveMoney(){
        System.out.print("请输入要储蓄的金额：");
        int n = Integer.parseInt(KB.scan());
        money = money+n;
    }
    void search(){
        System.out.println("所属银行:"+Cust.bankName);
        System.out.println("您是本银行"+allNum+"个顾客中的第"+selfNum+"个顾客");
        System.out.println("户名："+name);
        System.out.println("账号："+ID);
        System.out.println("账户余额："+money);
    }
    void changePWD(){
        System.out.print("请输入用户密码：");
        String p=KB.scan();
        PWD=p;
    }
    int getID(){
        return ID;
    }
}

public class CustDemo2{
    public static void main(String[] args){
        Cust st = new Cust("Tom",100,"12345",10000);
        System.out.print("请输入您的ID：");
        int ID = Integer.parseInt(KB.scan());
        if(ID == st.getID()){
            while (true){
                System.out.print("1 存款   ");
                System.out.print("2 取款   ");
                System.out.print("3 修改密码   ");
                System.out.print("4 查询   ");
                System.out.print("5 退出");
                int n=Integer.parseInt(KB.scan());
                switch (n){
                case 1:
                    st.saveMoney(); break;
```

```
                case 2:
                    st.getMoney();  break;
                case 3:
                    st.changePWD(); break;
                case 4:
                    st.search();break;
                case 5:
                    System.exit(1);
                }
            }
        else{
            System.out.print("您输入的ID错误！");
            }
        }
}
```

4. 归纳与提高

观察上述代码，发现主程序段中关于用户操作选择的部分使得主方法段显示过于繁杂，是否可以将此部分功能抽象出来，形成一个独立的方法呢？

对于案例代码修改如下：

```
//文件名：CustDemo2_2.java
import java.io.BufferedReader;
import java.io.InputStreamReader;

class KB{
    //此部分代码与前述代码段相同
}

class Cust {
    //此部分代码与前述代码段相同
}
public class CustDemo2_2{
    public static void main(String[] args){
        Cust st = new Cust("Tom",100,"12345",10000);
        System.out.print("请输入您的ID：");
        int ID = Integer.parseInt(KB.scan());
        if(ID == st.getID()){
            run(ID);
        }
        else{
            System.out.print("您输入的ID错误！");
            }
        }
    static void run(Cust st){
        while (true){
            System.out.print("1 存款  ");
            System.out.print("2 取款  ");
            System.out.print("3 修改密码  ");
            System.out.print("4 查询  ");
            System.out.print("5 退出");
            int n=Integer.parseInt(KB.scan());
            switch (n){
                case 1:
                    st.saveMoney(); break;
                case 2:
```

```
                    st.getMoney();  break;
            case 3:
                    st.changePWD(); break;
            case 4:
                    st.search();break;
            case 5:
                    System.exit(1);
            }
        }
    }
}
```

在主方法段中抽象出的 run() 方法中具有一个 Cust 类的形参，说明当有多个 Cust 类的对象时，对象要作为参数在方法间进行传递，这使得方法间的关联关系（也可称为耦合度）增强，这是软件设计过程中应该尽量避免的问题。

每一个到银行存取款的顾客都要进行菜单选择，所以可以把菜单选择看成是 Cust 类对象的一种行为，因此可以把菜单选择操作的方法 run() 从主方法中提取出来，放置到 Cust 类中，作为 Cust 类的成员方法。由于 run() 是 Cust 类的成员方法，所以不用再将 Cust 类的对象作为参数传递，而且在主方法中要采用"对象.方法名"的形式访问方法。

修改代码如下：

```
//文件名：CustDemo2_3.java
import java.io.BufferedReader;
import java.io.InputStreamReader;

class KB{
    //此部分代码与前述代码段相同
}

class Cust {
    //此部分代码与前述代码段相同
    //下述代码为菜单操作方法
    void  run(){
        while (true){
            System.out.print("1 存款  ");
            System.out.print("2 取款  ");
            System.out.print("3 修改密码  ");
            System.out.print("4 查询  ");
            System.out.print("5 退出");
            int n=Integer.parseInt(KB.scan());
            switch (n){
                case 1:
                    saveMoney();    break;
                case 2:
                    getMoney(); break;
                case 3:
                    changePWD();    break;
                case 4:
                    search();break;
                case 5:
                    System.exit(1);
            }
        }
    }
```

```
}
public class CustDemo2_3{
    public static void main(String[] args){
        Cust st = new Cust("Tom",100,"12345",10000);
        System.out.print("请输入您的ID: ");
        int ID = Integer.parseInt(KB.scan());
        if(ID == st.getID()){
            st.run();
        }
        else{
            System.out.print("您输入的ID错误! ");
        }
    }
}
```

当银行账户数较多时，不能采用 st1、st2、st3 等变量去存储对象的引用，可以考虑用对象数组实现。Java 中的数组中既能存储基本数据类型的值，也能存储对象。对象数组和基本数据类型数组在使用方法上几乎是完全一致的，唯一的差别在于对象数组容纳的是对象的引用，而基本数据类型数组容纳的是具体的值。

引入对象数组存储 4 个银行账户的信息，修改代码如下：

```
//文件名：CustDemo2_4.java
import java.io.BufferedReader;
import java.io.InputStreamReader;

class KB{
    //此部分代码与前述代码段相同
}

class Cust {
    //此部分代码与前述代码段相同
}
public class CustDemo2_4{
    public static void main(String[] args){
        int i,j=0;
        Cust st[]=new Cust[4];
        st[0]=new Cust("Mike",1000,"111",111);
        st[1]=new Cust("Bob",2000,"222",222);
        st[2]=new Cust("cindy",3000,"333",333);
        st[3]=new Cust("ruby",4000,"444",444);

        boolean flag=false;        //用于判断是否是合法的账户
        while (true){
            System.out.println("请输入您的ID: ");
            int ID=Integer.parseInt(KB.scan());
            for ( i=0;i<4;i++){
                if (ID==st[i].ID){
                    flag=true;
                    j=i;
                }
            }
            if (flag){
                st[j].run();
            }
            else{
                System.out.println("您输入的账号不正确，请重新输入! ");
```

```
                continue;
            }
            System.out.println("是否还有顾客，没有请按N");
            String str=KB.scan();
            if (str.equals("N")||str.equals("n")){
                break;
            }
        }
    }
}
```

在 Java 中，为了数据的安全性往往不直接改动成员变量的值，而是通过声明对象来调用对象的 set()、get()方法，这充分体现出了面向对象的封装特性，对类的内部数据进行隐藏。Java 程序一般将 A 类的属性修饰符设置为 private，要想在 B 类中引用该属性，就可以在 A 类中定义修饰符为 public 的 set()、get()方法以设置和获取 private 型的属性值。读者可以考虑在案例代码中增加 set()、get()方法来设置和获取属性值。

5.8 本 章 小 结

本章主要以银行账户的相关内容为主线，介绍了面向对象的基本概念、构建类的方法、对象的定义及引用方法、静态成员与实例成员的定义方法及区别、方法的重载、类的封装与访问控制等内容。

类主要包括属性和方法：

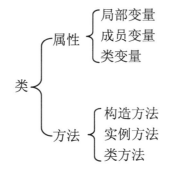

1. 属性

（1）局部变量：只有离定义的局部变量最近的一对 { } 中的语句可以使用该变量，局部变量为方法和语句块的内部变量，例如：

```
public static void main(){
    int a =0;
}
```

（2）成员变量：也叫全局变量或实例变量，位于方法的外部，是类内部定义的变量，不一定需要赋初值，所有的实例方法都可以使用，例如：

```
public class Hello{
    String str="大家好" ;
    public static void main(String[] args){
        System.out.println(str);
    }
}
```

（3）类变量：用 static 来声明的可供所有对象共享的变量，通过"类名.属性名"调用，例如：

```java
public class Hello{
    static String str="大家好" ;
    public static void main(String[] args){
        System.out.println(Hello.str);
    }
}
```

2. 方法

（1）构造方法：构造方法主要对变量初始化，相当于给变量赋值。使用构造方法应注意以下几点：

① 构造方法的名字和类的名字要一模一样。

② 构造方法无返回值，也无须写 void。

③ 使用时用 new 操作符调用，创建对象。

当构造方法同名，但参数不同时，称为构造方法的重载。当我们在调用方法的时候，虚拟机会自动寻找参数相同的方法。不同的参数主要体现在以下几种形式：

① 参数个数不同。

② 参数类型不同。

③ 参数的顺序不同。

（2）类方法和实例方法的区别。

用 static 修饰的方法是类方法，也称为静态方法，目前我们接触到的 main()方法是一个类方法。静态方法只能调用静态成员变量和方法，一个类的静态方法可以不创建该类的对象而通过"类名.方法名"的形式进行调用。因为静态方法是属于类的方法，不属于某个具体对象，所以静态方法不能访问非静态成员。

实例方法也称为非静态方法，不用 static 修饰，需要创建类的对象后，用"对象名.方法"的方式调用方法。

Java 中的访问控制符的作用是说明被声明的内容（类、属性、方法和构造方法）的访问权限。就像发布的文件一样，在文件中标注机密，就是说明该文件只可以被某些人阅读。

访问控制在面向对象技术中处于很重要的地位，合理地使用访问控制符，可以通过降低类和类之间的耦合性（关联性）来降低整个项目的复杂度，也便于整个项目的开发和维护。具体的实现就是通过访问控制符将类中会被其他类调用的内容开放出来，而把不希望别人调用的内容隐藏起来，这样一个类开放的信息变得比较有限，从而降低了整个项目开放的信息；另外因为不被别人调用的功能被隐藏起来，在修改类内部隐藏的内容时，只要最终的功能没有改变，即使改变功能的实现方式，项目中其他的类也不需要更改，这样可以提高代码的可维护性，便于项目代码的修改。

在 4 种访问控制中，public 一般称作公共权限，其限制最小，也可以说没有限制。使用 public 修饰的内容可以在其他所有位置访问，只要能访问到对应的类，就可以访问到类内部 public 修饰的内容。一般在项目中开放的方法和构造方法使用 public 修饰，开放给项目使用的类也使用 public 修饰。protected 一般称作继承权限，使用 protected 修饰的内容可以被同一个包中的类访问，也可以被不同包内部的子类访问，一般用于修饰只开放给子类的属性、方法和构造方法。无访问控制符一般称作包权限，无访问控制符修饰的内容可以被同一个包中的类访问，一般用于修饰项目中一个包内部的功能类，这些类的功能只是辅助其他的类实现，而为包外部的类提供功能。private 一般称作私有权限，其限制最大，类似于文件中的绝密，使用 private 修饰的内容只能在当前类中访问，而不能被类外部的任何内容访问，一般修饰不开放给外部使用的内容，修改 private 的内容一般对外部的实现没有影响。

理论练习题

一、判断题

1．Java 源程序由类定义组成，每个程序可以定义若干个类，但只有一个主类。（　　）

2．即使一个类中未显式定义构造方法，也会有一个默认的构造方法，默认的构造方法是无参的，方法体为空。（　　）

3．Java 语言中的数组元素只能是基本数据类型而不能为对象类型。（　　）

4．构造方法用于创建类的实例对象，构造方法名应与类名相同，返回类型为 void。（　　）

5．可以用 new 来创建一个类的实例，即"对象"。（　　）

6．Java 中类的构造方法只能有一个。（　　）

7．类变量在内存中只有一个副本，被该类的所有对象共享。每当创建一个实例，就会为实例变量分配一次内存，实例变量可以在内存中有多个副本，互不影响。（　　）

8．类中说明的方法可以定义在类体外。（　　）

9．实例方法中不能引用类变量。（　　）

10．创建对象时系统将调用适当的构造方法给对象初始化。（　　）

11．使用运算符 new 创建对象时，赋给对象的值实际上是一个引用值。（　　）

12．对象赋值实际上是同一个对象具有两个不同的名字，它们都有同一个引用值。（　　）

13．对象可作方法参数，对象数组不能作方法参数。（　　）

14．class 是定义类的唯一关键字。（　　）

15．类的 public 类型的成员变量不可以被继承。（　　）

二、填空题

1．类的修饰符分为_____、_____。

2．程序中定义类使用的关键字是_____，每个类的定义由类头定义、类体定义两部分组成，其中类体部分包括_____和_____。

3．main 方法的声明格式是_____。

4．创建一个类的对象的运算符是_____。

5．java 源文件中最多只能有一个_____类，其他类的个数不限。

6．类方法不能直接访问其所属类的_____变量和_____方法，只可直接访问其所属类的_____变量和_____方法。

7．类成员的访问控制符有_____、_____、_____和默认 4 种。

8．protected 类型的类成员可被同一_____、同一包中的_____和不同包中的_____的代码访问引用。

9. 下面是一个类的定义：

```
public class _____ {
  int x, y;
  Myclass ( int i, _____) {      // 构造方法
    x=i;
    y=j;
  }
}
```

10. 下面程序的运行结果是_____。

```
public class D{
    public static void main(String args[]){
        int d=21;
        Dec dec=new Dec( );
        dec.decrement(d);
        System.out.println(d);
    }
}
class Dec{
    public void decrement(int decMe){
        decMe = decMe - 1;
    }
}
```

11. 下面程序的运行结果是_____。

```
public class Q6{
    public static void main(String args[ ]){
        Holder h=new Holder( );
        h.held=100;
        h.bump(h);
        System.out.println(h.held);
    }
}
class Holder{
    public int held;
    public void bump(Holder theHolder){
        theHolder.held --;
    }
}
```

三、选择题

1. 以下关于 application 的说明，正确的是（   ）。

```
1 public class StaticStuff {
2     static int x=15;
3     static { x*=3; }
4     public static void main(String args[]) {
5         System.out.println("x="+x);
6     }
7     static {x/=3;}
8 }
```

    A．3 号行与 7 号行不能通过编译，因为缺少方法名和返回类型
    B．7 号行不能通过编译，因为只能有一个静态初始化器

    C．编译通过，执行结果为：x=15

    D．编译通过，执行结果为：x=3

2．类 Text1 定义如下：

```
public class Test1{
    public float aMethod(Float a, float b){ }
      ***
}
```

将以下（　　）方法插入行 ******* 是不合法的。

    A．public float aMethod(float a,float b,float c){ }

    B．public float aMethod(float c,float d){ }

    C．public int aMethod(int a,int b){ }

    D．public float aMethod(int a,int b,int c){ }

3．以下关于构造方法的描述错误的是（　　）。

    A．构造方法的返回类型只能是 void 型

    B．构造方法是类的一种特殊方法，它的方法名必须与类名相同

    C．构造方法的主要作用是完成对类的对象的初始化工作

    D．一般在创建新对象时，系统会自动调用构造方法

4．在 Java 中，一个类可同时定义许多同名的方法，这些方法的形式参数个数、类型或顺序各不相同，传回的值也可以不相同。这种面向对象程序的特性称为（　　）。

    A．隐藏　　　　　　B．覆盖　　　　　　C．重载　　　　　　D．Java 不支持此特性

5．假设 A 类有如下定义，设 a 是 A 类的一个实例，下列语句调用错误的是（　　）。

```
public class  A {
    int  i;
    static  String  s;
    void  method1()  {   }
    static  void  method2()  {    }
}
```

    A．System.out.println(a.i);　　　　　　B．a.method1();

    C．A.method1();　　　　　　D．A.method2();

6．设 x、y 为已定义的类名，下列声明 x 类的对象 x1 的语句中正确的是（　　）。

    A．static x x1;　　　　　　B．public x x1=new x(int 123);

    C．y x1;　　　　　　D．x x1=x( );

7．已知有下列类的说明，下列语句正确的是（　　）。

```
public class Test{
    private float f = 1.0f;
    int m = 12;
    static int n=1;
    public static void main (String args[ ]) {
      Test t = new Test( );
    }
}
```

    A．t.f;　　　　　　B．this.n;　　　　　　C．Test.m;　　　　　　D．Test.f;

上机实训题

1．创建 MyProject3 项目并创建 Person 类，设置 name、sex 及 age 成员域。设置带参构造方法及无参构造方法，设置 toString（该名称可自定义）方法将类的 3 个成员域转化成字符串便于显示输出。创建主类 CreatPerson，通过 Person 类创建对象，显示输出该对象的各种属性。

2．创建 MaxArray 类，并利用该类的对象求一维数组中的最大值。

3．创建 Circle 类并添加静态属性 r（成员变量），并定义一个常量 PI=3.142，在类 Circle 中添加两种方法，分别计算周长和面积；编写主类 CreatCircle，利用类 Circle 输出 r=2 时圆的周长和面积。

第6章　类和对象的扩展

教学目标：

☑ 掌握类的继承关系，明确父类及子类间的转型。

☑ 掌握方法的重写与重载的区别，掌握 super 与 this 的区别。

☑ 掌握抽象类的定义方法，明确抽象类与抽象方法的关系。

☑ 明确包的作用，掌握创建包的方法。

☑ 掌握接口的定义方法与作用。

☑ 掌握 Java 中的异常处理分类及处理方法。

教学重点：

本章首先介绍了类的继承的相关内容，父类与子类间的相互转型；然后阐述了抽象类的声明与抽象方法的声明，介绍了包的创建与引用方法，接口的定义及使用方法；最后介绍了 Java 中的异常处理机制。本章中的继承与多态、接口、异常处理是 Java 面向对象的重点内容，也是难点内容，在使用中应注意使用包、类、接口来解决实际问题。

6.1　类　的　继　承

视频讲解

继承性是面向对象的核心特征之一，是从已有类创建新类的一种机制。利用继承机制，可以先创建一个具有共性的一般类，从一般类再派生出具有特殊性的新类，新类继承一般类的属性和方法，并根据需要增加它自己的新的属性和新的方法。类的继承机制是面向对象程序设计中实现软件重用的重要手段。

继承使得软件开发人员可以充分利用已有的类来创建自己的类，例如，Java 类库中丰富而且有用的类，可根据自己的需要进行扩展。Java 通过继承机制很好地实现了类的可重用性和扩展性。

6.1.1　继承的引入

在现实世界中，一些事物之间存在着 IS-A 的关系，其在面向对象的程序设计中，就称为继承关系。例如，把水果、苹果、瓜、西瓜、哈密瓜等比作 Java 中的类，显然西瓜是一种瓜，瓜又是一种水果；苹果也是一种水果。这就是类之间的 IS-A 关系，其关系可用图 6-1 表示。

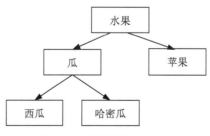

图 6-1　水果的 IS-A 关系

图 6-1 中的箭头表示它们是继承关系，即水果类是瓜类的父类，瓜类是水果类的子类或派生类；而瓜类又是西瓜类的父类，西瓜是瓜类的子类或派生类等。

从图 6-1 中可以看出，这是一种有层次的可分类的结构，其中最顶层的类称为基类或根类，即水果类是各种不同水果（如西瓜、哈密瓜、苹果等）的基类，如果抽象出所有水果的共同特性并定义为水果类，则定义瓜类时只需要说明瓜所具有的特征就可以了，而作为水果的一般特征不必重复。同理，定义西瓜类时只需要在瓜类的基础上扩充。

类的继承也称类的派生。通常，将被继承的类称为父类或超类，派生出来的类称为子类。从一个父类可以派生出多个子类，子类还可以派生出新的子类，这样就形成了类的层次关系。

在 Java 中，一个类只能继承一个超类，称为单继承。但一个超类却可以派生出多个子类，每个子类作为超类又可以派生出多个子类，从而形成具有树形结构的类的层次体系。位于树中较高层次的类称为祖先类，位于较低层次的类称为后代类，父类也称为直接祖先类。

Java 提供了一个最顶层的根类 Object（java.lang.Object），它是所有类的祖先类。在 Object 类中定义了所有对象都具有的基本状态和行为，如定义了比较两个对象的方法 equals() 等。在定义类的时候，即使没有指定父类，Java 也会自动将其定义为 Object 的子类。

在面向对象程序设计中，继承增强了软件的可扩充性，提高了软件的可维护性。后代类继承了祖先类的成员，使得祖先类的优良特性得以代代相传。如果更改了祖先类中的成员，后代类中继承下来的成员自动更改，无须维护。后代类还可以增加自己的成员，以此来扩充自己的功能。所以一般将通用性好的成员设计在祖先类中，而将特殊性的成员设计在后代类中。

通过设计好类层次结构，利用类间的继承关系可以明显地提高程序代码的重用性和程序的可扩充性，实现软件的重用，降低软件的复杂性，缩短软件的开发周期。

6.1.2 子类的定义和使用

1. 子类定义的格式

在 Java 语言中，用 extends 关键字创建一个子类，其语法格式如下：

```
[修饰符] class 子类名 extends 父类名
{
    成员属性的定义;
    成员方法的定义;
}
```

其中，修饰符用来说明类的访问权限（如 public 等）、是否为抽象（abstract）等。注意继承的父类只能有一个。例如，从类 A 派生出类 B 的定义如下：

```
public class A{
    int  x;
    void  fx(){}
}
public class B extends A{
    int  y;
    void  fy(){
        fx();
    }
}
```

此处，类 A 是超类，类 B 是子类。由于类 B 继承了类 A，则类 B 自然拥有了类 A 的成员属性和成员方法，所以在类 B 中的 fy() 方法中可以直接调用类 A 中的 fx() 方法。

> 🖐️**知识提示**　在 Java 中，继承只能是单继承，也就是说，一个子类只可以有一个父类，因此形如 class A extends B,C,D{}是非法的。若要实现类似多继承的效果，则要用后面介绍的接口。

2. 父类成员的访问权限

子类可以继承父类中的成员属性和除构造方法以外的成员方法，但不能继承父类的构造方法。而且，并不是对父类的所有成员属性和成员方法都具有访问权限，即并不是在子类声明的方法中能够访问父类中所有的成员属性或成员方法。Java 中子类访问父类成员的权限如下：

（1）子类对父类的 private 成员没有访问权限，既不能直接引用父类中的 private 成员属性，也不能调用父类中的 private 成员方法，如果需要访问父类的成员，可以通过父类中的非 private 成员方法来引用父类的成员。

（2）子类对父类的 public 或 protected 成员具有访问权限。

（3）子类对父类的默认权限成员的访问分为两种情况：一是对同一包中父类的默认权限成员具有访问权限；二是对其他包中父类的默认权限成员没有访问权限。

在类层次结构中，这种访问权限的设定体现了类封装的信息隐蔽原则，即如果类中成员仅限于该类使用，则声明为 private；如果类中的成员允许子类使用，则声明为 protected；如果类中成员允许所有类使用，则声明为 public。

3. 子类成员的性质

继承的目的是为了扩展父类，满足需要并增强类的功能。如果子类仅仅继承了父类，则其和父类一样，使得继承毫无意义。因此，子类中通常需要添加其特有的属性和方法，即在子类中加入自己的变量和方法，所以从类成员的多少来看，子类比其父类大。但由于其成员增加，约束条件增多，变得更具特殊性。因此，继承的真正目的是给定义的子类添加功能，或者将其从父类继承来的某些功能进行修改和补充。

6.1.3　成员变量的隐藏

类的继承使得子类从父类中既继承来了有用的成员属性，也会继承一些不需要或不恰当的成员属性。

当父类中的属性不适合子类需要时，子类可以对从父类继承来的成员属性进行重新定义。由于在子类中也定义了与父类中名字相同的成员变量，因此父类中的成员变量在子类中就不可见了，这就是成员变量的隐藏。这时，在子类中若想引用父类中的同名变量，可以用关键字 super 作前缀加圆点操作符来引用父类中同名变量，即：

```
super.变量名
```

例如，由类 A 派生出类 B 的定义如下：

```
public class A{
    int  x;
    void  fx(){}
}
public class B extends A{
    int  x;
    void  fy(){
        x = 8;
    }
}
```

此处，父类 A 和子类 B 中都包含有整型变量 x，根据成员变量的隐藏原则，在类 B 中的 fy()方法中引用的 x 是类 B 的变量，而非类 A 的变量。若要引用类 A 的变量，则使用 super.x 访问。

6.1.4 方法的覆盖

与成员变量的继承一样，父类中的非私有成员方法也可以被子类继承，但当继承过来的成员方法不能满足子类功能的要求时，子类也可以重写该方法。把从父类继承来的方法重写，称为方法覆盖。

子类方法覆盖父类的方法时，方法头要与父类一样，即两个方法要具有完全相同的方法名、返回类型、参数表。方法体要根据子类的需要重写，从而满足子类功能的要求。与子类中使用父类被隐藏的成员属性类似，如果子类中需要调用被覆盖的父类中的同名方法，那么可以通过 super 关键字作前缀加圆点运算符来实现调用，即：

```
super.方法名()
```

例如，由类 A 派生出类 B 的定义如下：

```
public class A{
    int  x;
    void  fx(){  }
}
public class B extends A{
    int  y;
    void  fx(){  }

    void  fy(){
        fx();
    }
}
```

此处，父类 A 和子类 B 中都包含有方法 fx()，根据方法覆盖的原则，在类 B 中的 fy()方法中调用的方法 fx()是类 B 的方法，而非类 A 的。

这里要注意，方法重载和方法覆盖是两个不同的概念。

（1）方法重载（overloading method）是指同一个类中定义多个同名的方法，它们的参数列表不同。重载方法调用时根据其参数的类型、个数和顺序来区分。注意，Java 的方法重载要求同名的方法必须有不同的参数表，仅有返回类型不同是不足以区分两个重载的方法的。

（2）方法覆盖（overiding method）也称为方法重写，是指子类把继承来的方法重新定义，方法头一样，但方法体不同，即方法实现的功能不同。若子类中的方法与父类中的某一方法具有相同的方法名、返回类型和参数表，则新方法将覆盖原有的方法。 如需父类中原有的方法，可使用 super 关键字，该关键字引用了当前类的父类。

【例 6-1】 定义人类 Human 及其子类 Child。其中 Human 具有姓名 name、年龄 age 成员属性，具有无参构造及有参构造方法 Human(String name,int age)，其他方法有 walk()。Child 子类还具有 schoolName 成员属性及其有参构造方法，具有 study()方法，且重写父类方法 walk()。

```
//文件名：Demo1.java
class Human {
        String name;
        int age;
```

```
            Human(){}
            Human(String name,int age){
                this.name=name;
                this.age=age;
            }
            void walk(){
                System.out.println(name+"慢慢走");
            }
    }

class Child extends Human{
    String schoolName;
    Child(String name,int age,String school){
        super(name,age);
        this.schoolName=school;
    }
    void study(){
        System.out.println(name+"写数学作业");
    }
    void walk(){
        System.out.println(name+"蹦蹦跳跳地走");
    }
}

public  class  Demo1{
    public static void main(String[] args){
        Human h=new Human("小明爸爸",35);
        h.walk();

        Child c=new Child("小明",8,"实验小学");
        c.study();
        c.walk();
    }
}
```

6.1.5 super 关键字

我们知道，在类中可以直接通过变量名来使用类中的变量，直接通过方法名调用类中的方法。类的成员也可以通过 this 作前缀来引用，关键字 this 代表类对象自身。

与 this 相似，Java 用关键字 super 表示父类对象，因此在子类中使用 super 作前缀可以引用被子类隐藏的父类的变量和被子类覆盖的父类的方法。

1．引用父类的成员变量

调用格式如下：

super.成员变量名；

当子类中没有声明与父类同名的成员变量时，引用父类的成员变量可以不使用 super；但当子类中声明了与父类中的同名的成员变量名时，为了引用父类的成员变量，必须使用 super，否则引用的是子类中的同名成员变量。

2．调用父类的成员方法

调用格式如下：

super.成员方法名（参数表）；

与引用父类中的成员变量相似，当子类中没有声明与父类中的同名的成员方法时，调用父类的成员方法可以不使用 super；但当子类中声明了与父类中的同名、同参数且同返回值的成员方法时，为了调用父类的成员方法，必须使用 super，否则调用的是子类中的同名成员方法。

3. 调用父类的构造方法

调用格式如下：

```
super(参数表);
```

此处的参数表由父类构造方法的参数表决定，并且 super(参数表)调用必须是子类构造方法体中的第一条语句。

> 📖知识提示　子类构造方法中的 this()和 super()调用只能有一个，不能同时使用。

6.1.6　final 关键字

在 Java 中，有一个很重要的关键字 final，既可以用它修饰类，也可以用它修饰类中的成员方法和成员变量。用 final 修饰的类不能被继承，用 final 修饰的成员方法不能被覆盖，用 final 修饰的成员变量不能被修改。

1. final 类

如果一个类没有必要再派生子类，或者出于安全性考虑其不应该再被继承时，通常将该类用 final 关键字修饰，以表明该类是一个最终类。最终类处在类层次结构中的最底层。一般应用如下：

（1）具有固定作用，用来完成某种标准功能的类。例如，Java 中的 Math 类、String 类等都被定义为 final 类。

（2）类的定义很完善，不需要再生成其子类。final 类的声明语法格式如下：

```
final class 类名{
    类体
}
```

如果一个类被声明为 final 类便不能被继承，因此类中的方法不能被覆盖，类中的变量也不能被隐藏。若继承 final 类，将会产生编译错误。因此，一般情况下，用户自己定义的类没有必要声明为 final 类，否则它将因不能被继承而失去作用。

2. final()方法

出于安全性考虑，有些方法不允许被覆盖，可以对其使用 final 关键字，变成 final()方法。使用 final()方法，可以保证调用的是正确的、原始的方法，而不是在子类中被重新定义的方法。

3. final 成员变量

如果一个变量被声明为 final，则其值便不能被改变，成为一个常量。例如：

```
final int px=90;
static final int py=80;
```

6.2　案例分析：VIP 银行账户类的创建

视频讲解

1. 案例描述

建立一个银行账户类，要求能够存放用户的账号、户名、密码和账户余额等个人信息，并包含存款、取款、查询余额和修改账户密码等操作。并从此银行账户类派生出 VIP 账户类，此 VIP 用户可以进行透支，额度为 3000 元，可以转账。以此来创建对象并应用。

2. 案例分析

在银行账户类 Cust 基础上，利用继承关系派生出 VIPCust 类，并重写取款方法。

3. 案例实现

本例的代码如下：

```java
//文件名：Cust.java
public class Cust{
    String name;
    int ID;
    String PWD;
    int money;
    Cust(String name,int ID,int money,String PWD){
        this.name=name;
        this.ID=ID;
        this.money=money;
        this.PWD=PWD;
    }
    void getMoney(){
        System.out.println("请输入取款金额：");
        int m=Integer.parseInt(KB.scan());
        if (m>=money){
            System.out.println("不能透支！");
        }
        else
            money-=m;
    }
    boolean getMoney(int m) {
        if (m>=money){
            System.out.println("不能透支！");
            return false;
        }
        else{
            money-=m;
            return true;
        }
    }
    void saveMoney(){
        System.out.println("请输入存款金额：");
        int m=Integer.parseInt(KB.scan());
        this.money+=m;
    }
    void saveMoney(int m){
        this.money+=m;
    }
    void changePWD(){
        System.out.println("请输入新密码：");
        String p=KB.scan();
        PWD=p;
    }
    void search(){
        System.out.println("name="+name);
        System.out.println("ID="+ID);
        System.out.println("money="+money);
    }
    boolean checkPWD(){
        System.out.println("请输入密码：");
```

```
        for (int i=0;i<3 ;i++ ) {
            String p=KB.scan();
            if (p.equals(this.PWD)) {
                return true;
            }
            else{
                System.out.println("密码错误，请重新输入！");
            }
        }
        return false;
    }
    void run(){
        if (checkPWD()==false){
            System.out.println("密码错误三次，欢迎下次光临！");
            return;
        }
        boolean flag=true;
        while (flag){
            System.out.println("******************");
            System.out.println("取款请按\t1");
            System.out.println("存款请按\t2");
            System.out.println("查询请按\t3");
            System.out.println("改密请按\t4");
            System.out.println("退出请按\t5");
            System.out.println("******************");
            int cmd=Integer.parseInt(KB.scan());
            switch (cmd){
                case 1:getMoney();  break;
                case 2:saveMoney(); break;
                case 3:search();    break;
                case 4:changePWD(); break;
                case 5:flag=false;  break;
            }
        }
    }
}
//文件名：VIPCust.java
public class VIPCust extends Cust{
    VIPCust(String name,int ID,int money,String PWD){
        super(name,ID,money,PWD);
    }
    void getMoney(){
        System.out.println("请输入取款金额：");
        int m=Integer.parseInt(KB.scan());
        if (m-3000>=money){
            System.out.println("不能透支超过3000元！");
        }
        else
            money-=m;
    }
    boolean getMoney(int m) {
        if (m-3000>=money){
            System.out.println("不能透支超过3000元！");
            return false;
        }
        else{
            money-=m;
            return true;
        }
    }
```

```
    }
//文件名：KB.java
import java.io.*;
public class KB {
    public static String scan() {
        String str="";
        try{
            BufferedReader buf=new BufferedReader(new InputStreamReader
            (System.in));
            str=buf.readLine();
        }
        catch (Exception e){
        }
        return str;
    }
}
//文件名：CustDemo3.java
public class CustDemo3{
    public static void main(String[] args) {
        Cust c=new Cust("Tom",111,1000,"111");
        VIPCust v=new VIPCust("Jerry",1111,1000,"1111");
        while (true){
            System.out.println("请输入账号：");
            int id=Integer.parseInt(KB.scan());
            if (id==c.ID){
                c.run();
            }
            else if(id==v.ID){
                v.run();
            }
            System.out.println("是否退出系统(Y/N)？");
            String str=KB.scan();
            if (str.equals("Y")||str.equals("y")){
                break;
            }
        }
    }
}
```

4. 归纳与提高

方法的重载的研究范围是在同一个类中，而方法重写研究的范围是父类和子类之间。当子类对象调用方法时，若子类重写了父类中的该方法，则调用子类中的方法；若要调用父类中的同名方法，则要用 super 关键字。

6.3　多　　态

6.3.1　多态的概念

多态性是面向对象的核心特征之一，类的多态性提供类中成员设计的灵活性和方法执行的多样性。

多态（polymorphism）意为一个名字可具有多种语义。在程序设计语言中，多态性是指"一种定义，多种实现"。在程序运行时，系统根据调用方法的参数或调用方法的对象自动选择一个方法执行。例如，运算符"＋"作用在两个整型数上时是求和，而作用在两个字符型量时则是将其连接在一起。

在 Java 语言中，多态性体现在两个方面：由方法重载实现的静态多态性（编译时多态）和由方法重写实现的动态多态性（运行时多态）。

1. 编译时多态

在编译阶段，具体调用哪个被重载的方法，编译器会根据参数的不同来静态确定调用相应的方法。

2. 运行时多态

由于子类继承了父类所有的属性（私有的除外），所以子类对象可以作为父类对象使用。程序中凡是使用父类对象的地方，都可以用子类对象来代替。一个对象通过引用子类的实例来调用子类的方法称为向上转型。

6.3.2　向上转型

我们在现实生活中常常这样说：这个人会表演。在这里，我们并不关心这个人是男人还是女人，是成人还是孩子，也就是说，我们更倾向于使用抽象概念"人"。再例如，麻雀是鸟类的一种（鸟类的子类）。我们也经常这样说：麻雀是鸟。这两种说法实际上就是所谓的向上转型，通俗地说，就是可以将子类转型成父类。

【例 6-2】有哺乳动物类 Mammal，将其作为父类，从其派生出子类猫 Cat 和子类狗 Dog，基类中有方法 speak()。

```java
//文件名：Demo2.java
class  Mammal{
    void speak(){
        System.out.println("Mammal speak.");
    }
}
class  Dog  extends Mammal{
    void speak(){
        System.out.println("wangwang.");
    }
}
class  Cat  extends  Mammal{
    void speak( ){
        System.out.println("miaomiao.");
    }
}
public  class  Demo2 {
    public static void main(String[] args){
        Mammal m;
        m = new Mammal();
        m.speak();

        m = new Dog();
        m.speak();

        m = new Cat();
        m.speak();
    }
}
```

可以看出，向上转型体现了类的多态性，增强了程序的简洁性。

6.3.3　向下转型

子类转型成父类是向上转型，反过来说，父类转型成子类就是向下转型。但是，向下转型可能会带来一些问题：我们可以说麻雀是鸟，但不能说鸟就是麻雀。

【例 6-3】 创建向上转型和向下转型的对象，并调用相应的方法。

```java
//文件名：Demo3.java
class A{
    void  aMethod(){
        System.out.println("A method");
    }
}
class  B  extends  A{
    void  bMethod1(){
        System.out.println("B method1");
    }
    void  bMethod2(){
        System.out.println("B method2");
    }
}
public  class  Demo3{
    public static void main(String[] args){
        A a1 = new B(); //向上转型
        a1.aMethod();    //调用父类aMthod()
        B  b1 = (B)  a1;  //向下转型，编译无错误，运行时无错误
        b1.aMethod();    //调用父类A方法
        b1.bMethod1();   //调用B类方法
        b1.bMethod2();   //调用B类方法

        A a2 = new A();
        B b2 = (B)  a2;  //向下转型，编译无错误，运行时将出错
        b2.aMethod();
        b2.bMethod1();
        b2.bMethod2();
    }
}
```

程序的运行结果如下：

```
A method
A method
B method1
B method2
Exception in thread "main" java.lang.ClassCastException: A cannot be cast to
B  at demo.main(demo.java:24)
```

从上面的代码可以得出这样一个结论：向下转型，即将父类对象转换为子类对象时，必须使用强制类型转换。转换的语法格式如下：

（子类名）父类对象

为什么前一句向下转型代码可以，而后一句代码却出错？这是因为 a1 指向一个子类 B 的对象，所以子类 B 的实例对象 b1 当然也可以指向 a1；而 a2 是一个父类对象，子类对象 b2 不能指向父类对象 a2。

6.4 抽 象 类

在面向对象概念中，所有的对象都是通过类来描绘的，但是反过来却不是这样。并不是所有的类都用来描绘对象。如果一个类中没有包含足够的信息来描绘一个具体的对象，这样

的类就是抽象类。

抽象类往往用来表征在对问题领域进行分析、设计时得出的抽象概念，是对一系列看上去不同，但是本质上相同的具体概念的抽象。例如，如果进行一个图形编辑软件的开发，就会发现问题领域存在着圆、三角形这样一些具体概念，它们是不同的，但是它们又都属于形状这一概念。形状这个概念在问题领域是不存在的，它是一个抽象概念，所以用于表征抽象概念的抽象类是不能够实例化的。

抽象类提供了方法声明与方法实现分离的机制，使各子类表现出共同的行为模式。抽象方法在不同的子类中表现出多态性。

6.4.1 抽象方法的声明

声明抽象方法使用关键字 abstract 修饰，语法格式如下：

[权限修饰符] abstract 方法返回值类型 方法名（参数列表）；

说明：

（1）抽象方法声明只需给出方法头，不需要方法体，直接以"；"结束。

（2）构造方法不能声明为抽象方法。

6.4.2 抽象类的声明

声明抽象类使用关键字 abstract 修饰 class，语法格式如下：

```
[权限修饰符] abstract class 类名
{
    类体
}
```

说明：

（1）在抽象类体中，可以包含抽象方法，也可以不包含抽象方法。但类体中包含抽象方法的类必须要声明为抽象类。

（2）抽象类不能实例化，即使抽象类中没有声明抽象方法，也不能实例化。

（3）抽象类的子类只有给出每个抽象类方法的方法体，即覆盖父类的抽象方法后，才能创建子类，如果有一个抽象方法未在子类中被覆盖，该子类也必须被声明为抽象类。

6.4.3 抽象类的使用

抽象类有些类似于产品的模具，用于对象高度抽象的需要，因此一般情况下抽象类仅需定义共享的属性和方法的通用形式，而具体的细节问题，则让其子类来完成。

例如，在教学管理系统中的教师、教学管理人员和学生，就可以定义一个抽象类 Person，而 Teacher、Manager、Student 则继承 Person 类，继承关系如图 6-2 所示。

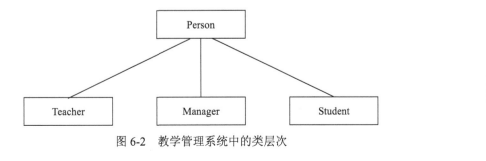

图 6-2　教学管理系统中的类层次

类和对象的扩展

　　对于教师、教学管理人员和学生来说，都有 ID 号、用户名、密码、成绩处理等共性的内容。对于 ID 号、用户名、密码来说，其处理方法是一致的。而对于成绩处理来说，3 种用户的处理是不同的，教师可以输入、打印成绩，教学管理人员可以添加学生信息、查询所有学生的成绩，而学生只能查询自己的成绩。因此，定义 Person 类，抽象出共性的内容，至于具体实现细节，则由子类来重写。

　　【例 6-4】 设计抽象类 Person 及其抽象方法 procScore 和其他非抽象方法，并设计教学管理系统中教师、教学管理人员及学生子类实现抽象类 Person 中的抽象方法。

```java
//文件名：Demo4.java
abstract class Person{
    private int id;                //ID号
    private String username;       //用户名
    private String password;       //密码
    abstract void procScore();  //成绩处理
    public int getId(){
        return id;
    }
    public void setId(int id){
        this.id = id;
    }
    public String getUsername() {
        return username;
    }
    public void setUsername(String username){
        this.username = username;
    }
    public String getPassword() {
        return password;
    }
    public void setPassword(String password){
        this.password = password;
    }
}
class Manager extends Person{
    void procScore(){
        System.out.println("添加学生信息、查询所有学生成绩。");
    }
}
class Student extends Person{
    void procScore(){
        System.out.println("查询自己的成绩。");
    }
}
class Teacher extends Person{
    void procScore(){
        System.out.println("输入成绩、打印成绩。");
    }
}
public class Demo4{
    public static void main(String[] args){
        Teacher t = new Teacher();
        Student s = new Student();
        Manager m = new Manager();
        t.procScore();
        s.procScore();
        m.procScore();
    }
}
```

在这个抽象类 Person 中，赋予了 getId()、setId()等几个方法的默认（共性）行为，同时声明了 procScore()方法的抽象行为。教师、管理人员和学生通过覆盖 Person 类的 procScore()方法，以定义各自的行为来实现类的多态性。当然，各子类可以扩展自己的新方法。另外，这几个类都自动拥有抽象类的 getId()、setId()等方法，因此抽象类也增强了代码的复用性。

6.5　内部类与外部类

在 Java 中，允许在一个类的内部定义另一个类，这种类称为嵌套类（Nested Class），它有两种类型：静态嵌套类和非静态嵌套类。静态嵌套类使用很少，而非静态嵌套类，即没有使用 static 修饰符修饰的嵌套类被称为内部类（Inner Class），包含嵌套类定义代码的类则称为外部类（Outer Class）。对于那些类定义不嵌套在其他类定义中的类，称为顶层类（Top-level Class）。顶层类不能被其他类包含，我们前面所介绍的类，很多都是顶层类。

内部类是定义在另一个类体中的类，也可以包含属性和方法。在某些情况下，使用嵌套类是有益处的，例如，有一个只在类 A 中才会用到类 B，而其他类都不会用到类 B，或者不允许其他类使用类 B，这时使用嵌套类就不失为一个比较好的选择。

内部类与外部类中的其他成员属性一样，也是外部类的成员之一，因此可以直接访问外部类的所有成员（包括 private 成员）。但是反过来，外部类不能直接访问内部类的成员，必须要创建内部类的实例，然后使用对象名作前缀来访问内部类的成员。

【例 6-5】 内部类和外部类成员间的相互访问。

```java
//文件名：Demo5.java
class Outer{                              //外部类Outer
    private String outStr;
    Outer(String s) {
        outStr = s;
    }
    public void outMethod(){              //外部类中访问内部类成员的方法
        Inner in = new Inner();          //创建内部类实例
        System.out.println("outMethod访问:"+in.inStr);
        in.inMethod();
    }
    class Inner{
        public String inStr="内部类的变量";
        public void inMethod(){
            System.out.println("inMethod访问:"+outStr);
        }
    }
}

public class Demo5{
    public static void main(String[] args){
        Outer o = new Outer("外部类的变量");
        o.outMethod();

        Outer.Inner i = o.new Inner();
        System.out.println("其他类访问："+i.inStr);
        System.out.print("其他类访问：");
        i.inMethod();
    }
}
```

程序的运行结果如下：

```
outMethod访问:内部类的变量
inMethod访问:外部类的变量
其他类访问：内部类的变量
其他类访问：inMethod访问:外部类的变量
```

视频讲解

6.6　包

随着项目复杂度的增加，一个项目中需要实现的类和接口的数量也将快速增长，为了方便这些代码的使用和管理，需要将这些类和接口按一定规则分类，这就是程序设计中命名空间（name space）概念出现的原因。在 Java 语言中，为了对同一个项目中多个类和接口进行分类和管理，专门设计了包（package）的概念，使用包管理类和接口。

包的概念最开始产生的原因是避免类名重复，如各个公司会为某一个功能实现一套类，这些类名之间存在重复，使用包的概念就可以很方便地解决类名重复的问题。

那么包到底是什么呢？其实包是一个逻辑的概念，就是给类名加了一个前缀，就像上海路这个路名，长春和南京都有，再说这个路名时，就可以使用长春市上海路和南京市上海路进行区分，这里的上海路就相当于类，而前面的前缀，如长春市或南京市，就相当于包名。

包是由.class 文件组成的一个集合，在物理上包被转换成一个文件夹，包中还可以再有包，形成一种层次结构。声明类所在的包，就像保存文件时要说明文件保存在哪个文件夹一样。

一般情况下，功能相同或者相关的类组织在一个包中，以方便使用。例如，Java 本身提供了许多包，如 java.jo 和 java.lang，它们存放了一些基本类，如 System 和 String。

既然 Java 类是存放在目录下的，那么 Java 是如何找到所需要的类呢？我们在前面安装 JDK 时接触过 CLASSPATH 环境变量，这个环境变量包括了一系列的路径名。我们可以将存放 Java 类文件的包所对应的目录添加到 CLASSPATH 中。这样一来，系统将按照路径出现的先后顺序逐个搜索，来寻找包中的某个类。

6.6.1　包的创建

打包的作用就是将声明的类放入包中，也就是为类指定包名。在实际的项目中，一般根据类的功能来设定包，如设置界面类包、逻辑类包、网络类包等结构。打包的语法格式如下：

```
package 包名1[.包名2[.包名3…]];
```

在该语法中，包名可以设置多个，包名和包名之间使用 "." 分隔，包名的个数没有限制。其中前面的包名包含后面的包名。按照 Java 语言的编码规范，包名所有字母都小写，由于包名将转换为文件夹的名称，所以包名中不能包含特殊字符。例如：

```
package example;
package demo.cust;
package game.battleplane.ui;
```

在示例中的最后一个包 package game.battleplane.ui 中，该包名将转换为路径 \game\battleplane\ui，也就是前面的包名是后面包名的父目录。

需要特别注意的是：

（1）打包的语句必须是程序代码中的第一行可执行代码，也就是说，打包语句的上面只能包含空行或注释。

（2）打包的语句最多只有一句。

（3）如果在代码中没有书写 package 语句，则该类将被放置到默认包中，默认包无法被其他的包引用。

通过包的创建，可以为每个类增加一个前缀，也就是说，以前使用类时只要使用类名即可，有了包概念后，类的全名则变为包名.类名了。通过在类名前面加入包名，可以使不同包中存在相同的类名，但是一般不建议一个项目中的类名存在重复。

当一个类有了包名以后，在编译和运行时将产生一些变化，下面介绍 JDK 和 MyEclipse 中相关操作的变化。

1. JDK 编译和运行打包的源文件

指定类文件所在包的编译源文件的命令格式如下：

```
javac -d 类文件路径 源文件名称
```

例如：

```
javac -d d:\demo\PackageCust Cust.java
```

该命令的作用是将 Cust.java 中的类编译成 class 文件，并将生成的 class 文件存储到 D 盘的 demo\PackageCust 目录下，则 class 文件的存储路径是：d:\demo\PackageCust\Cust.class，使用该命令编译时自动将包名转换为文件夹。

如果想将编译生成的 class 文件存储在源代码所在的目录，则可以使用如下命令格式：

```
javac -d . 源文件名
```

这里的源文件名可以使用*.java 代表当前目录下的所有源文件，且执行 javac 命令必须将目录切换到源文件所在的目录。

运行类文件的命令格式如下：

```
java 包名.类名
```

例如：

```
java demo.PackageCust.Cust
```

该命令的作用是运行该类，按照上面的编译命令，运行该程序时，不应该切换到 class 文件所在的目录，而是切换到最顶层的包名所在的目录，所以执行以上命令时，在控制台下面只需要切换到 D 盘根目录即可。

2. MyEclipe 编译和运行打包的源文件

在新建源代码时，可以在新建类向导中，在 package 栏中添加包名，则在 MyEclipse 编译时会自动生成包名结构。运行带包名的代码也和以前的运行步骤一样，这里不再详述。

需要特别注意的是，在 MyEclipse 中，源代码的组织也要求将包名转换为文件夹，否则将出现语法错误，这点在复制代码到 MyEclipse 项目中时需要特别小心。

📖知识提示

（1）建议将类放在包中，而不要使用无名包。

（2）包名采用"域名的倒写.项目名.模块名"的形式，以确保包名的唯一性，例如 cn.edu.hust。

类和对象的扩展

6.6.2 包的引用

当类进行打包操作以后，同一个包内的类默认引入，当需要使用其他包中的类时，需要

在程序的开头写上 import 语句，指出要导入哪个包中的哪些类，然后才可以使用这些类。引入包的语法格式如下：

```
import 包名1[.包名2[.包名3…]].类名|*;
```

在该语法中，import 关键字后面是包名，包名和包名之间使用 "." 分隔，最后为类名或 "*"。如果书写类名，则代表只引入该类；如果书写星号，则代表引入该包中的所有类、接口、异常和错误等。例如：

```
import example.*;
import java.io.*;
import demo.PackageCust;
```

引入包的代码书写在类声明语句的上面，打包语句的下面，import 语句在一个代码中可以书写任意多句，例如：

```
package example;
import java.io.*;
import java.net.*;
public class Test{
    //其他代码
}
```

其中 java.io 包和 java.net 包都是 JDK 中提供的包名。

每引入一个类或接口，将在内存中占有几十个字节的空间，所以使用星号引入一个包中所有的类或接口虽然编写起来比较简单，却浪费了一些内存，因此可以一个一个地引入类名。

> 🖐知识提示　使用 MyEclipse 中 source|Orgnize Imports 菜单项可以将星号的引用转换为对类名的引用，或按 Ctrl+Shift+O 快捷键。在实际编译时，Java 并不会真正导入星号所代表的全部类。编译器会自动导入那些真正需要的类。

最后需要特别注意的是，import 只引入当前包下面的类，而不引入该包下面的子包里面的类。

【例 6-6】　包的引用示例。

```
//文件名：A.java
package a;
public class A{}

//文件名：B.java
package a.b;
public class B{}

//文件名：Test.java
import a.*;
public class Test{
    public static void main(String[] args){
        B b = new B();        //语法错误，B类未引入
    }
}
```

在该示例的 Test 类中，使用"import a.*;"引入了包 a 中的所有类，也就是类 A，而包 a 的子包 a.b 中的类将不会被引入，所以在 Test 类中使用 B 类将出现语法错误。

6.7 案例分析：改进的银行账户管理程序

1. 案例描述

在 6.2 节的案例基础上，增加对象数组存储 Cust 类对象及 VIPCust 类对象，增加上下转型对象，引入包来存储不同的代码段。

2. 案例分析

创建 Cust 类的对象数组 st 来存储对象的引用，调用对象方法时可采用"数组名[下标].方法名"的方式调用方法。创建的 VIPCust 类对象可以存储在 st 对象数组中，由于 st 对象数组为 Cust 类，将 VIPCust 类对象的引用存储于数组中将用到上转型的知识内容。此外，将 Cust 类及 KB 类等分属到不同包中，练习包的使用方法。

3. 案例实现

本例的代码如下：

```java
//文件名：Cust.java
package Cust;
import KB.KB;

public class Cust{
    String name;
    int ID;
    String PWD;
    int money;
    public Cust(String name,int ID,int money,String PWD){
        this.name=name;
        this.ID=ID;
        this.money=money;
        this.PWD=PWD;
    }
    public int getID(){
        return ID;
    }
    void getMoney(){
        System.out.println("请输入取款金额：");
        int m=Integer.parseInt(KB.scan());
        if (m>=money){
            System.out.println("不能透支！");
        }
        else
            money-=m;
    }
    boolean getMoney(int m){
        if (m>=money){
            System.out.println("不能透支！");
            return false;
        }
        else{
            money-=m;
            return true;
        }
    }
```

类和对象的扩展

```java
    void saveMoney(){
        System.out.println("请输入存款金额：");
        int m=Integer.parseInt(KB.scan());
        this.money+=m;
    }
    void saveMoney(int m){
        this.money+=m;
    }
    void changePWD(){
        System.out.println("请输入新密码：");
        String p=KB.scan();
        PWD=p;
    }
    void search(){
        System.out.println("name="+name);
        System.out.println("ID="+ID);
        System.out.println("money="+money);
    }
    boolean checkPWD(){
        System.out.println("请输入密码：");
        for (int i=0;i<3 ;i++ ) {
            String p=KB.scan();
            if (p.equals(this.PWD)) {
                return true;
            }
            else{
                System.out.println("密码错误，请重新输入！");
            }
        }
        return false;
    }
    public void run(Cust st[]){
        if (checkPWD()==false){
            System.out.println("密码错误三次，欢迎下次光临！");
            return;
        }
        boolean flag=true;
        while (flag){
            System.out.println("******************");
            System.out.println("取款请按\t1");
            System.out.println("存款请按\t2");
            System.out.println("查询请按\t3");
            System.out.println("改密请按\t4");
            System.out.println("退出请按\t5");
            System.out.println("******************");
            int cmd=Integer.parseInt(KB.scan());
            switch (cmd){
                case 1:getMoney();break;
                case 2:saveMoney();break;
                case 3:search();break;
                case 4:changePWD();break;
                case 5:flag=false;break;
            }
        }
    }
}
//文件名：VIPCust.java
package Cust;
import KB.KB;
```

```java
public class VIPCust extends Cust{
    public VIPCust(String name,int ID,int money,String PWD){
        super(name,ID,money,PWD);
    }
    void getMoney(){
        System.out.println("请输入取款金额：");
        int m=Integer.parseInt(KB.scan());
        if (m-3000>=money){
            System.out.println("不能透支超过3000元！");
        }
        else
            money-=m;
    }
    public boolean getMoney(int m){
        if (m-3000>=money){
            System.out.println("不能透支超过3000元！");
            return false;
        }
        else{
            money-=m;
            return true;
        }
    }
    void zhuanzhang(Cust st[])  {
        System.out.println("请输入要转入的账号：");
        int m=Integer.parseInt(KB.scan());
        for (int i=0;i<st.length ;i++ ) {
            if (m==st[i].ID){
                System.out.println("请输入转账金额：");
                int n=Integer.parseInt(KB.scan());
                if (n>=0){
                    if (this.getMoney(n)){
                        st[i].saveMoney(n);
                    }
                }
                else{
                    if (st[i].checkPWD()==true) {
                        if(st[i].getMoney(-n)){
                            this.saveMoney(-n);
                        }
                    }
                    else{
                        System.out.println("密码错误，不能转账！");
                    }
                }
                return;
            }
        }
        System.out.println("没有此顾客！");
    }
    public void run(Cust st[]){
        if (checkPWD()==false){
            System.out.println("密码错误三次，欢迎下次光临！");
            return;
        }
        boolean flag=true;
        while (flag){
            System.out.println("*****************");
            System.out.println("取款请按\t1");
```

```
                    System.out.println("存款请按\t2");
                    System.out.println("查询请按\t3");
                    System.out.println("改密请按\t4");
                    System.out.println("转账请按\t5");
                    System.out.println("退出请按\t6");
                    System.out.println("******************");
                    int cmd=Integer.parseInt(KB.scan());
                    switch (cmd){
                        case 1:getMoney();break;
                        case 2:saveMoney();break;
                        case 3:search();break;
                        case 4:changePWD();break;
                        case 5:zhuanzhang(st);break;
                        case 6:flag=false;break;
                    }
                }
            }
        }
//文件名：KB.java
package KB;
import java.io.*;

public class KB{
    public static String scan(){
        String str="";
        try{
            BufferedReader buf=new BufferedReader(
                new InputStreamReader(System.in));
            str=buf.readLine();
        }
        catch (Exception e){
        }
        return str;
    }
}
//文件名：CustDemo4.java
import Cust.Cust;
import Cust.VIPCust;
import KB.KB;
public class CustDemo4{
    public static void main(String[] args){
        Cust st[]=new Cust[8];
        st[0]=new Cust("Tom",111,1000,"111");
        st[1]=new Cust("Jerry",222,2000,"222");
        st[2]=new Cust("Mary",333,3000,"333");
        st[3]=new Cust("Linda",444,4000,"444");
        st[4]=new VIPCust("Tom",1111,1000,"1111");
        st[5]=new VIPCust("Jerry",2222,2000,"2222");
        st[6]=new VIPCust("Mary",3333,3000,"3333");
        st[7]=new VIPCust("Linda",4444,4000,"4444");
        while (true){
            System.out.println("请输入账号：");
            int id=Integer.parseInt(KB.scan());
            for (int i=0;i<st.length ;i++ ){
                if (id==st[i].getID()){
                    st[i].run(st);
                    break;
                }
            }
```

```
        System.out.println("是否还有用户，N:退出系统？");
        String str=KB.scan();
        if (str.equals("N")||str.equals("n")){
            break;
        }
        }
    }
}
```

4. 归纳与提高

若要存放多个对象的信息，可以采用对象数组，且对象数组元素可以作为一个方法的参数进行引用传递。上转型对象将方便地使用父类中的方法，若子类中重写了父类中的方法，则上转型对象将调用子类中的方法。

为了便于管理大型软件系统中数目众多的类，解决类命名冲突的问题，Java 引入了包（package）。在使用许多类时，类和方法的名称很难决定。有时需要使用与其他类相同的名称，包基本上避免了名称上的冲突。

在 Java 编程中，包类似于文件系统中的文件夹。包的作用如下：

（1）允许类组成较小的单元（类似文件夹），易于找到和使用相应的文件。

（2）更好地保护类、数据和方法。

（3）防止命名冲突。

视频讲解

6.8　接　　口

接口（interface）在 Java 中应用非常广泛，能很好地体现 Java 面向对象编程思想。接口的目的在于对象的抽象处理。

例如，有哺乳动物 IMammal、猫 Cat 和狗 Dog，则可以将哺乳动物 IMammal 设计成接口，并在其中设计相应的 speak 方法，但不指定这个方法的具体实现内容，因为这是设计阶段的事情，也就是说，由实现了 IMammal 接口的类去具体实现猫或狗的叫声。在这里，接口可以使得设计与实现相分离。

接口的另一个重要作用是弥补 Java 只支持单继承的不足。单继承性使得 Java 简单，易于管理程序，更安全可靠，但是现实应用中还是需要使用多重继承功能的。在 Java 中，一个类可以实现多个接口，这样既实现了多重继承的功能，同时又避免了 C++中因多重继承而存在的隐患。

6.8.1　接口的定义

接口定义的方法与类的定义相似，具体定义的语法格式如下：

```
interface 接口名
{
    接口体
}
```

例如：

```
public interface IMammal
{
    public void speak();
    public void eat();
```

类和对象的扩展

```
    public void sleep();
}
```

声明了一个接口 IMammal。如果接口没有使用修饰符，则表示仅对与其在同一包中的类
可用。接口中的方法只有定义没有实现，所以接口方法本质上是抽象方法，接口是一种特殊
形式的抽象类。

在定义接口时要注意以下几点：

（1）可以在抽象类中定义方法的默认行为，但是接口的方法不能拥有默认行为。

（2）如果没有指定接口方法和变量的 public 访问权限，则 Java 将其隐式地声明成 public。

（3）建议将接口名的第一个字母设置为 I，以代表 Interface 之意。

（4）extends 表示的是一种单继承关系，而一个类却可以实现多个接口，表示的是一种多
继承关系。

（5）如果要表示的两类事物在本质上是相同的，则使用继承；如果要表示的两类事物在
本质上是不同的，则使用接口。也就是说，接口并不要求接口的实现者和接口的定义者在本
质上是一致的，接口的实现者仅仅是实现了接口的定义者定义的方法而已。如果你愿意，小
狗也可以实现汽车接口。

（6）接口中定义的成员属性即使不加 static final 也默认为常量。

6.8.2 接口的实现与使用

要实现一个接口，可以在一个类定义中使用 implements 关键字。一个类通过使用
implements 关键字声明自己使用一个或多个接口。如果使用多个接口，应该用逗号分隔接口
名。例如：

```
public class Dog implements IMammal        //类Dog实现接口IMammal
{
...
}
public class Cat extends Animal implements IEatable,ISleepable
//类Cat实现接口IEatable、ISleepable
{
...
}
```

> **知识提示** 如果一个类使用了某个接口，那么这个类必须实现该接口的所有方法，即
为这些方法提供方法体。

【例 6-7】 定义接口及实现接口方法示例。

```
//文件名：Demo6.java
interface IMammal{
    public abstract void speak();
    public abstract void eat();
    public abstract void sleep();
}

class Dog implements IMammal{
    public void speak() {
        System.out.println("汪汪叫.");
    }
    public void eat(){
        System.out.println("爱吃肉骨头.");
```

```
    }
    public void sleep(){
        System.out.println("晚上睡觉.");
    }
}

class Cat implements IMammal{
    public void speak(){
        System.out.println("喵喵叫.");
    }
    public void eat(){
        System.out.println("爱吃小鱼.");
    }
    public void sleep(){
        System.out.println("白天睡觉.");
    }
}

public class Demo6 {
    public static void main(String[] args){
        Dog d = new Dog();
        System.out.println("狗的特点：");
        d.speak();
        d.eat();
        d.sleep();

        Cat c = new Cat();
        System.out.println("猫的特点：");
        c.speak();
        c.eat();
        c.sleep();
    }
}
```

6.8.3 接口的继承

一个接口通过关键字 extends 也可以继承另一个接口。类只能是某一个类的子类，但一个接口却可以继承多个接口。

【例 6-8】 接口的继承示例。

```
//文件名：Demo7.java
interface IMotocar{
    void method1();
}
interface ICar extends IMotocar{
    void method2();
}
interface ITruck extends IMotocar{
    void method3();
}
interface IStation_waggon extends ICar, ITruck{ //继承多个接口
    void method4();
}
class Mycar implements IStation_waggon{
    public void method1(){
        System.out.println("实现method1()");
    }
    public void method2(){
```

```
            System.out.println("实现method2()");
        }
        public void method3(){
            System.out.println("实现method3()");
        }
        public void method4(){
            System.out.println("实现method4()");
        }
}
public class Demo7{
    public static void main(String[] args) {
        Mycar m = new Mycar();
        m.method1();
        m.method2();
        m.method3();
        m.method4();
    }
}
```

📖**知识提示** Mycar 类必须实现多个接口的所有方法。

6.8.4 嵌套接口

与嵌套类相似，接口也可以声明成一个类或其他接口的成员，即定义在其他类（接口）内部的接口。嵌套的接口可以声明成 public、private 或 protected。例如：

```
public class A{
    public interface INested {      //嵌套接口
        void method();
    }
}
```

其他类就可以实现 A 类的 INested 接口，例如：

```
public class B implements A.INested{
    public void method(){
        System.out.println("实现嵌套接口的method()方法。");
    }
}
```

6.9 Java 异常处理机制

在实际的项目中，程序执行时经常会出现一些意外的情况。例如，用户输入错误、除数为 0、数组下标越界等。这些意外的情况会导致程序出错或者崩溃，从而影响程序的正常执行。因此良好的程序除了具备用户所需要的基本功能外，还应具备预见并处理可能发生的各种错误的功能。

对于这些程序执行时出现的意外情况，在 Java 语言中称之为异常（Exception），出现异常时相关的处理称为异常处理。计算机系统对异常的处理通常有两种方法：一种是计算机系统本身直接检验程序中的错误，遇到错误时给出错误信息并终止程序的执行；另一种是由程序员在程序中加入异常处理的功能。

Java 语言中的特色之一是提供异常处理机制，恰当使用异常处理可以使整个项目更加稳定，也使项目中正常的逻辑代码和错误处理的代码实现分离，便于代码的阅读和维护。

6.9.1 异常处理概述

在实际的项目中，并不是所有的情况都是那样理想，如不可能有使用不尽的内存，也不一定有熟练的软件使用人员等，这就会导致项目在执行时会出现各种各样不可预料的情况。如果这些情况处理不好，则会导致程序崩溃或者中止执行，如 Windows 操作系统的蓝屏。

这些程序执行时出现的不可预料的情况，也就是执行时的意外情况，在 Java 语言的语法中称作异常。

其实简单地进行异常处理在很多程序设计语言中都是可以实现的，就是根据情况判断，对不同的情况做出不同的处理。Java 语言的异常处理机制的最大优势之一就是可以将异常情况在方法调用中进行传递，通过传递可以将异常情况传递到合适的位置再进行处理。这种机制就类似于现实中你发现了火灾，你一个人是无法扑灭大火的，那么你就将这种异常情况传递给 119，然后 119 再将这个情况传递给附近的消防队，消防队及时赶到进行灭火。使用这种处理机制，使得 Java 语言的异常处理更加灵活。

另外，使用异常处理机制，可以在源代码级别将正常执行的逻辑代码和进行异常情况处理的代码相分离，这更加便于代码的阅读。

当然，异常处理机制也存在一些弊端，如使用异常处理将降低程序的执行效率、增加语法的复杂度等。

【例 6-9】 一个执行时将出现异常的示例代码。

```
//文件名：ExceptionDemo.java
public class ExceptionDemo {
    public static void main(String[] args) {
        String s = null;
        int len = s.length();
    }
}
```

程序的运行结果如下：

```
Exception in thread "main" java.lang.NullPointerException
at ExceptionDemo.main(ExceptionDemo.java:3)
```

从这个程序执行时的输出可以看出，提示在 main 线程（thread）中出现了异常，异常的类型为 java.lang.NullPointerException，异常出现在 ExceptionDemo 的 main 方法中，出现异常的代码在 ExceptionDemo.java 代码中的第 3 行。这里出现该异常是因为对象 s 没有创建造成的。将程序中的"String s = null;"代码替换为"String s = "abc";"，即可避免出现该异常。

6.9.2 异常分类

在 Java 语言以前，代表各种异常情况一般使用数字，如常见的浏览器中的 404 错误以及 Windows 中的错误编号等，使用这些数字可以代表各种异常情况，但是最大的不足在于这些数字不够直观，无法很直接地从这些数字中知道异常出现的原因。

所以在 Java 语言中代表异常时，不再使用数字来代表各种异常情况，而是使用一个专门的类来代表一种特定的异常情况，在系统中传递的异常情况就是该类的对象，所有代表异常的类组成的体系就是 Java 语言中的异常类体系。

为了方便对于这些可传递对象的管理，在 Java API 中专门设计了 java.lang.Throwable 类，只有该类子类的对象才可以在系统的异常传递体系中进行。该类的两个子类分别是 Error 类和 Exception 类。

1. Error 类

该类代表错误，指程序无法恢复的异常情况。对于所有错误类型以及其子类，都不要求程序进行处理。常见的 Error 类如内存溢出 StackOverflowError 等。

2. Exception 类

该类代表异常，指程序有可能恢复的异常情况。该类就是整个 Java 语言异常类体系中的父类。使用该类，可以代表所有异常的情况。

在 Java API 中，声明了几百个 Exception 的子类，分别来代表各种各样的常见异常情况，这些类根据需要代表的情况位于不同的包中，这些类的类名均以 Exception 作为类名的后缀。如果遇到的异常情况在 Java API 中没有对应的异常类进行代表，也可以声明新的异常类来代表特定的情况。

在这些异常类中，根据是否是程序自身导致的异常，将所有的异常类分为两种：

（1）RuntimeException 及其所有子类。

该类异常属于程序运行时异常，也就是由于程序自身的问题导致的异常，如数组下标越界异常 ArrayIndexOutOfBoundsException 等。该类异常在语法上不强制程序员必须处理，即使不处理这样的异常也不会出现语法错误。

（2）其他 Exception 子类。

该类异常属于由程序外部的问题引起的异常，也就是由于程序运行时某些外部问题产生的异常，如文件不存在异常 FileNotFoundException 等。该类异常在语法上强制程序员必须进行处理，如果不进行处理则会出现语法错误。

熟悉异常类的分类，将有助于后续语法中的处理，也使得在使用异常类时可以选择恰当的异常类类型。由于异常类的数量非常多，所以在实际使用时需要经常查阅异常类的文档，下面列举一些常见的异常类，如表 6-1 所示。

表 6-1 常见异常类

异常类	功能说明
java.lang.NullPointerException	空指针异常，调用 null 对象中的非 static 成员变量或成员方法时产生该异常
java.lang.ArithmeticException	数学运算异常，如除 0 运算时产生该异常
java.lang.ArrayindexOutofBoundsException	数组下标越界异常，数组下标数值小于 0 或大于等于数组长度时产生异常
java.lang.IllegalArgumentException	非法参数异常，当参数不合法时产生该异常
java.lang.IllegalAccessException	没有访问权限异常，当应用程序要调用一个类，但当前的方法没有对该类的访问权限，便会出现这个异常

6.9.3 异常的处理

异常处理的方式有两种：第一种是 try-catch-finally 结构对异常进行捕获和处理；第二种方式是通过 throw 或 throws 抛出异常。

1. try–catch–finally 结构

在 Java 中，可以通过 try-catch-finally 构成对异常进行捕获和处理，其形式如下：

```
try{
    //可能抛出异常的代码
```

```
}
catch(ExceptionType1  e1){
    //抛出异常ExceptionType1时的异常处理代码
}
catch(ExceptionType2  e2){
    //抛出异常ExceptionType2时的异常处理代码
}
finally{
    //无论是否抛出异常，都会执行的代码
}
```

说明：

（1）在 try 语句块中是可能抛出异常的代码，如果该块内的代码没有出现异常，后面的各 catch 块不起任何作用。但如果该块中的一条语句抛出了异常，则其后续语句不再继续执行，而是转到 catch 块进行异常类型匹配。

（2）一个 try 块可以对应多个 catch 块，用于对多个异常类进行捕获，即 catch 语句块负责捕获指定类型的异常并进行处理。如果要捕获的各异常类之间没有继承关系，则各个 catch 块的顺序无关紧要；但如果它们之间有继承关系，则应将子类的 catch 块放在父类的 catch 块之前。因此，Exception 这个异常的根类一定要放在最后一个 catch 块中。在 catch 块中，可以用 getMessage()方法返回一个对发生的异常进行描述的字符串，用 printStackTrace()方法打印方法的调用序列等。

（3）finally 语句块是可选的，无论是否发生异常，finally 语句块总会执行，所以一般用于释放资源、关闭文件等。

【例 6-10】 捕获数组下标越界异常。

```
//文件名：Demo8.java
public class Demo8{
    public static void main(String[] args){
        try{
            int i,sum=0;
            int a[]={1,2,3,4,5,6,7,8,9,10};
            for(i=0; i<=10; i++){
                sum = sum+a[i];
            }
            System.out.println("sum="+sum);
        }
        catch(ArrayIndexOutOfBoundsException e){
            System.out.println(e.toString());
        }
        finally {
            System.out.println("end.");
        }
    }
}
```

程序的运行结果如下：

```
java.lang.ArrayIndexOutOfBoundsException: 10
end.
```

【例 6-11】 捕获除零异常。

```
//文件名：Demo9.java
public class Demo9{
    public static void main(String[] args){
```

```
        try{
            int a=5,b=0;
            System.out.println("a/b="+a/b);
        }
        catch(ArithmeticException e){
            System.out.println(e.toString());
        }
        finally{
            System.out.println("end.");
        }
    }
}
```

程序的运行结果如下：

```
java.lang.ArithmeticException: / by zero
end.
```

2. 抛出异常

1）抛出异常语句

一般情况下，异常是由系统自动捕获的，但如果程序员不想在当前方法内处理异常，可以使用 throw 语句将异常抛出到调用方法中。调用方法也可以将异常再抛给其他调用方法。如果所有的方法都选择了抛出此异常，最后 Java 虚拟机将捕获它，输出相关的错误信息，并终止程序的运行。在异常被抛出的过程中，任何方法都可以捕获异常并进行相应的处理。用 throw 抛出异常的语法格式如下：

```
throw new ExceptionType（异常信息）;
```

其中，ExceptionType 为系统异常类名或用户自定义的异常类名，"异常信息"是可选信息，如果提供了该信息，toString()方法的返回值中将增加该信息内容。

2）抛出异常选项

如果一个方法没有捕获可能发生的异常，那么调用该方法的其他方法应该捕获并处理该异常。为了明确指出一个方法不捕获某异常，而让调用该方法的其他方法捕获该异常类异常，可以在声明方法的时候，使用 throws，以抛出该类异常。常用语法格式如下：

```
返回值类型名  方法名（参数表）  throws  异常类型名
{
     方法体
}
```

> 🖰知识提示　与 throw 语句不同，throws 选项仅需列出异常类的类型名，而不能列出后面的括号及"异常信息"。

【例 6-12】 抛出异常处理示例。

```
//文件名：Demo10.java
class MyException extends Exception{
    public MyException() {
        super("字符串太短");
    }
    public void someMethod(String s) throws MyException {
        if(s.length()<=3){
            throw new MyException();
        }
        else{
```

```
        System.out.println("字符串长度符合规定");
        }
    }
}
public class Demo10{
    public static void main(String[] args){
        try {
            MyException my=new MyException();
            my.someMethod("abcdefg");
            my.someMethod("ab");
        }
        catch(MyException e){
            System.out.println(e.getMessage());
        }
    }
}
```

6.9.4　自定义异常类

尽管 Java 中提供了众多的异常处理类，但程序设计人员有时候可能需要定义自己的异常类来处理某些问题，如可以抛出中文文字的异常提示信息，帮助客户了解异常产生的原因。一般情况下，自定义的异常类都选择 Exception 作为父类。其一般语法格式如下：

```
class 自定义异常类名 extends Exception
```

【例 6-13】　自定义异常类示例。

```
//文件名：Demo11.java
class MyException extends Exception{
    public MyException(){
        super();
    }
    public MyException(String msg){
        super(msg);
    }
    public MyException(Throwable cause){
        super(cause);
    }
    public MyException(String msg, Throwable cause){
        super(msg, cause);
    }
}
class MyArray{
    public String[] createArray(int length) throws MyException{
        if (length < 0) {
            throw new MyException("数组长度小于0，不合法");
        }
        return new String[length];
    }
}
public class Demo11{
    public static void main(String[] args){
        MyArray a=new MyArray();
        try{
            a.createArray(-1);
        }
        catch(MyException e){
            System.out.println(e);
        }
    }
}
```

程序的运行结果如下：

MyException：数组长度小于0，不合法

应该注意的是，并不是对所有的方法都要进行异常处理，因为异常处理将占用一定的资源，影响程序的执行效率。读者可以注意以下的一些方面：

（1）调用 Java 方法前，阅读其 API 文档了解它可能会产生的异常，然后再据此决定是处理这些异常还是将其加入 throws 列表。

（2）尽量减小 try 语句块的体积。

（3）在处理异常时，应该打印出该异常的堆栈信息以方便调试。

（4）一个 try 所包括的语句块，必须有对应的 catch 语句块或 finally 语句块。try 语句块可以搭配多个 catch 语句块，catch 语句块的捕获范围要由小到大。

6.10　本 章 小 结

封装性、继承性和多态性是 Java 语言中面向对象的 3 个特性。Java 是通过关键字 extends 来实现继承，子类 extends 父类。可以在子类中覆盖从父类继承过来的方法，覆盖需满足以下条件：覆盖方法名、返回类型、参数必须与被覆盖方法一致；覆盖方法的访问限制级别不能低于被覆盖方法的访问级别；覆盖方法抛出异常不能多于被覆盖方法。从父类中继承过来的私有成员对于子类来说是隐藏的，创建子类对象时，遵循先创建父类对象，再创建子类对象的原则，通过 super 关键字在子类构造方法中调用父类方法，也可以通过 super 调用父类的普通成员。

父类变量可以引用子类对象，通过多态可以在运行的时候决定变量引用的是什么类型的对象，从而实现不同的操作。如果一个类中含有抽象方法，则此类必须为抽象类；如果抽象类的子类不为抽象类，则子类必须实现父类的所有抽象方法。抽象方法不能用静态方法和最终方法。抽象方法只有方法头的声明，而用分号来替代方法体，没有花括号，如 "abstract void abstractmethod();" 语句。

在使用 abstract 关键字时，要注意以下几点：

（1）abstract 和 private、static、final、native 不能并列修饰同一个方法。

（2）abstract 类中不能有 private 修饰的属性和方法。

（3）static 方法不能处理非 static 的成员属性。

this 变量用在一个方法的内部，指向当前对象。当前对象指的是调用当前正在执行的方法的那个对象。super 变量是直接指向父类的构造方法，用来引用父类中的变量和方法（由于它们指的是对象，所以不能通过它来引用类变量和类方法）。

变量隐藏、方法覆盖和方法重载都是 Java 中多态性的体现，多态性使得向系统中添加新功能变得容易，同时也降低了软件的复杂性，易于管理。

如果要引用一个包中的多个类，可以用星号来代替。使用星号只能表示本层次的所有类，但不包括子层次下的类，所以经常需要用两条语句来引入两个层次的类。例如，引用 awt 包及其子层的包需要用以下两条语句：

import java.awt.*;import java.awt.event.*;

接口是 Java 语言中特有的数据类型，由于接口的存在，解决了 Java 语言不支持多重继

承的问题。内部类是指在一个类的内部嵌套定义的类。在 Java 中，一个类获取某一接口定义的功能并不是通过直接继承这个接口的属性和方法来实现的。因为接口中的属性都是常量，接口的方法都是没有方法体的抽象方法，没有具体定义操作。

理论练习题

一、判断题

1．Java 语言中，构造方法是不可以继承的。（　　　）

2．抽象方法是一种只有说明而无具体实现的方法。（　　　）

3．Java 语言中，所创建的子类都应有一个父类。（　　　）

4．调用 this 或 super 构造方法的语句必须放在第一条语句。（　　　）

5．一个类可以实现多个接口，接口可以实现"多重继承"。（　　　）

6．实现接口的类不能是抽象类。（　　　）

7．使用构造方法只能给实例成员变量赋初值。（　　　）

8．Java 语言不允许同时继承一个类并实现一个接口。（　　　）

二、填空题

1．Java 使用固定于首行的_____语句来创建包。

2．在运行时，由 Java 解释器自动引入，而不用 import 语句引入的包是_____。

3．系统规定用_____表示当前类的构造方法，用_____表示直接父类的构造方法，在构造方法中两者只能选其一，且必须放在第一条语句。

4．_____直接赋值给_____时，子类对象可自动转换为父类对象，_____赋值给_____时，必须将父类对象强制转换为子类对象。

5．Java 语言中，定义子类时，使用关键字_____来给出父类名。如果没有指出父类，则该类的默认父类为_____。

6．如果一个类包含一个或多个 abstract 方法，则它是一个_____类。

7．Java 不直接支持多继承，但可以通过_____实现多继承。类的继承具有_____性。

三、选择题

1．下面关于类方法的描述，错误的是（　　　）。

　　A．说明类方法使用关键字 static

　　B．类方法和实例方法一样均占用对象的内存空间

　　C．类方法能用实例和类名调用

　　D．类方法只能处理类变量或调用类方法

2．下面关于包的描述中，错误的是（　　　）。

　　A．包是若干对象的集合　　　　　　　　B．使用 package 语句创建包

　　C．使用 import 语句引入包　　　　　　D．包分为有名包和无名包两种

3．下列关于子类继承父类的成员描述中，错误的是（　　　）。

　　A．当子类中出现成员方法头与父类方法头相同的方法时，子类成员方法覆盖父类中的成员方法

　　B．方法重载是编译时处理的，而方法覆盖是在运行时处理的

　　C．子类中继承父类中的所有成员都可以访问

　　D．子类中定义有与父类同名变量时，在子类继承父类的操作中，使用继承父类的变

量；子类执行自己的操作中，使用自己定义的变量

4．下列关于继承性的描述中，错误的是（　　）。

A．一个类可以同时生成多个子类

B．子类继承了父类中除私有的成员以外的其他成员

C．Java 支持单重继承和多重继承

D．Java 通过接口可使子类使用多个父类的成员

5．下列关于抽象类的描述中，错误的是（　　）。

A．抽象类是用修饰符 abstract 说明的　　　B．抽象类是不可以定义对象的

C．抽象类是不可以有构造方法的　　　　　D．抽象类通常要有它的子类

上机实训题

1．定义以下数据类型：

```
Person: String name , int age
```

其中有两个构造方法：

第一个构造的参数为（String name，int age），第二个构造方法的参数为（String name），其中 age 默认为 20，而且要在第二个构造方法中调用第一个构造方法。主要方法为：

```
public void work();
```

构造 Person 的子类如下。

Student：覆盖 work()方法，输出学生在学习。

Teacher：覆盖 work()方法，输出教师在授课。

在以上两个子类的构造方法中调用父类的构造方法，通过构造方法把 name 传给父类。

2．使用面向对象的思想设计一个即时战略游戏的类结构。主要类如下：

（1）人口类（Person）。

属性：生命值(lifeValue)，攻击力(attackPower)，消耗资源数(needResource)。

方法：进攻(attack)。

子类有以下几种。

工兵（Sapper）扩展方法：创建建筑 createConstruction()，采集资源 collectResource()。

护士(Nurse)扩展方法：疗伤(cure)。

（2）建筑类(Construction)。

属性：生命值，消耗资源数。

（3）玩家类（Player）。

属性：玩家名称，玩家资源值，玩家所拥有的人口对象，玩家所拥有的建筑对象。

在主方法中测试以上程序，创建两个玩家，分别生成人口和建筑类攻击对方。

第 7 章 | Java 常用系统类

教学目标：

☑ 掌握 String 类、StringBuffer 类中常用方法。

☑ 掌握 Java 中数学类及日期类常用方法。

☑ 明确基本数据类型与其基本类型包装器之间的关系。

☑ 掌握集合类中常用类。

教学重点：

Java 类库是 Java 语言提供的已经实现的标准类的集合，是 Java 语言的 API，利用这些类库可以方便快速地实现程序中的各种功能。本章具体讲述了语言包 java.lang 和实用程序包 java.util 中常用的数学运算类、字符串类、日期时间及向量、哈希表等类的使用。

7.1 Java API

Java 系统提供了大量的类和接口供程序开发人员使用，并且按照功能的不同，存放在不同的包中。这些包的集合称为基础类库（Java Foundation Class，JFC），也简称为"类库"，即为应用程序接口（API）。这里所谓的"接口"，并不是 Java 中定义的接口，而是特指为使某两个事物顺利协作而定义的某种规范。

在程序设计中，合理和充分利用 Java 类库提供的类和接口，不仅可以完成字符串处理、绘图、网络应用、数学计算等多方面的工作，而且可以极大地提高编程效率，使程序简练、易懂。

表 7-1 列出了 Java 中常用的包及其主要的功能。其中，包名带后缀".*"的表示其中包括一些相关的包。

表 7-1　Java 常用包

包名	主要功能
java.applet.*	提供创建 applet 需要的所有类
java.awt.*	提供创建用户界面以及绘制和管理图形、图像的类
java.beans.*	提供开发 Java Beans 需要的所有类
java.io.*	提供通过数据流、对象序列以及文件系统实现的系统输入、输出
java.lang.*	Java 编程语言的基本类库
java.math.*	提供简明的整数算术及十进制算术的基本方法
java.rmi	提供与远程方法调用相关的所有类
java.net.*	提供用于实现网络通信应用的所有类
java.security.*	提供设计网络安全方案需要的类
java.sql.*	提供访问和处理来自 Java 标准数据源数据的类
java.text	包括以一种独立于自然语言的方式处理文本、日期、数字和消息的类和接口
java.util.*	包括集合类、时间处理模式、日期时间工具等各类常用工具包

包名	主要功能
javax.accessibility.*	定义了用户界面组件之间相互访问的一种机制
javax.naming.*	为命名服务提供了一系列类和接口
javax.swing.*	提供一系列轻量级的用户界面组件，是目前 Java 用户界面常用的包

Java 包可以分为两大类：一类是 Java 的核心包（Java core package），包名以 java 开始；另一类是 Java 的扩展包（Java extension package），包名以 javax 开始，如在表 7-1 中的 javax.swing.* 即为 Java 的扩展包，而常用的 Java 核心包有以下几种。

1. java.lang 包

Java 最常用的包都属于该包，程序不需要引入此包，就可以使用该包中的类，利用这些类可以设计最基本的 Java 程序。其中，常用类有 String、StringBuffer、System、Thread、Math、Object 及 Throwable 类等。

（1）String 类：提供字符串连接、比较、字符定位、字符串打印等处理方法。

（2）StringBuffer 类：提供字符串进一步的处理方法，包括子串处理、字符添加插入、字符替换等。

（3）System 类：提供对标准输入、输出设备的读写方法，包括键盘、屏幕的 in/out 控制。常用的 System.out.print()、System.out.println() 都是该类的静态变量输出流 out 所提供的方法。

（4）Thread 类：提供 Java 多线程处理方法，包括线程的悬挂、睡眠、终止和运行等。

（5）Math 类：提供大量的数学计算方法。

（6）Object 类：这是 Java 类的祖先类，该类为所有 Java 类提供调用 Java 垃圾回收对象方法以及基于对象线程安全的等待、唤醒方法等。

（7）Throwable 类：该类是 Java 错误、异常类的祖先类，为 Java 处理错误、异常提供了方法。

2. java.awt 包

该包中的类提供了图形界面的创建方法，包括按钮、文本框、列表框、容器、字体、颜色和图形等元素的建立和设置。

3. javax.swing 包

该包提供了 Java 编写的图形界面创建类，利用该包的类建立的界面元素可调整为各种操作系统的界面风格，支持各种操作平台的界面开发。此外，javax.swing 包还提供了树形控件、标签页控件、表格控件的类。javax.swing 包中的很多类都是从 java.awt 包的类继承而来，Java 保留使用 java.awt 包是为了保持技术的兼容性，但应尽量使用 javax.swing 包开发程序界面。

4. java.io 包

该包的类提供数据流方式的系统输入输出控制、文件和对象的读写串行化处理，比较常用的类包括 BufferInputStream、BufferOutputStream、BufferedReader、BufferedWriter、DataInputStream、DataOutputStream、File、FileReader、FileWriter、FileInputStream 和 FileOutputStream 等。

5. java.util 包

该包提供时间日期、随机数及列表、集合、哈希表和堆栈等创建复杂数据结构的类，比较常见的类有 Date、Timer、Random 和 LinkedList 等。

6. java.net 包

该包提供网络开发的支持，包括封装了 Socket 套接字功能的服务器 ServerSocket 类、客户端 Socket 类及访问互联网上的各种资源的 URL 类。

7. java.applet 包

此包只有一个 Applet 类，用于开发或嵌入到网页上的 Applet 小应用程序，使网页具有更强的交互能力及多媒体、网络功能。

> 📖知识提示　除了 java.lang 外，其他的包都需要 import 语句引入之后才能使用。若在程序代码中已使用一些类，可在程序中按 Ctrl+Shift+O 键自动引入类所在的包。

7.2　字　符　串　类

视频讲解

Java 中字符串类型是一种非常特殊的类型，也是最常用的类型，正因为它的特殊性和常用性，String 不属于 8 种基本数据类型。因为对象的默认值是 null，所以 String 对象的默认值也是 null。

7.2.1　String 类

Java 使用 java.lang 包中的 String 类创建一个字符串常量或是字符串对象变量。

1. 字符串常量

用双引号括起来的字符串是字符串常量，又称为无名字符串对象，由 Java 自动创建，如"你好"、"1234.987"、"weqweo"等，在字符串常量中还可以包含一些转义字符，如"This is \na string constant"，其中 "\n" 是一个换行字符。如同 char 型数值一样，字符串在机器内部以 Unicode 的形式存储，所以可以用\Unnnn 形式的 Unicode 换码序列，这里的 nnnn 是用 4 位 Unicode 的十六进制数表示一个特定的字符。U 可以是大写，也可以是小写。例如，希腊字母 π 可以写成\U03CO。

2. 字符串对象变量

对于字符串对象变量，在使用之前同样要进行声明，并进行初始化，字符串对象变量声明语法格式如下：

```
String  <字符串对象变量名>;
```

对于声明后的字符串对象变量可以利用 String 类的构造方法创建字符串。例如：

```
s=new String("we are students");
```

也可写成：

```
s= "we are students";
```

对于上例，若要将字符串对象变量 s 的声明和创建在一步完成，可以写成：

```
String  s=new String("we are students");
```

也可写成：

```
String  s= "we are students";
```

还可以用一个已创建的字符串创建另一个字符串，例如：

```
String  tom=String(s);
```

除以上定义方法还可用一个字符数组创建一个字符串对象，例如：

```
char  a[3]={ 'b', 'o', 'y'};
String s=new String(a);
```

由于创建字符串对象变量的方法有多种方式，通常用 String 类的构造方法建立字符串对象变量。表 7-2 列出了 String 类的构造方法及其简要说明。

表 7-2　String 类的构造方法

构造方法	说明
String( )	初始化一个新的 String 对象，使其包含一个空字符串
String(char[ ] value)	分配一个新的 String 对象，使其代表字符数组参数包含的字符序列
String(char[ ] value, int offset, int count)	分配一个新的 String 对象，使其包含来自字符数组参数中子数组的字符
String(String　value)	初始化一个新的 String 对象，使其包含和参数字符串相同的字符序列
String(StringBuffer　buffer)	初始化一个新的 String 对象，使其包含字符串缓冲区参数中的字符序列

3. 字符串的常用方法与操作

Java 语言提供了多种处理字符串的方法。表 7-3 列出了 String 类常用的方法。

表 7-3　String 类的常用方法

方法	说明
char charAt(int index)	获取给定的 index 处的字符
int compareTo(String anotherString)	按照字典的方式比较两个字符串
int compareToIgnoreCase(String str)	按照字典的方式比较两个字符串,忽略大小写
String concat(String str)	将给定的字符串连接到这个字符串的末尾
static String copyValueOf(char[ ] data)	创建一个与给定字符数组相同的 String 对象
static String copyValueOf(char[ ] data , int offset,int count)	使用偏移量，创建一个和给定字符数组相同的 String 对象
boolean equals(Object anObject)	将这个 String 对象和另一个对象 String 进行比较
boolean equalsIgnoreCase(String anotherString)	将这个 String 对象和另一个对象 String 进行比较,忽略大小写
void getChars(int strbegin,int strend,char[ ] data,int offset)	将这个字符串的字符复制到目的数组
int indexOf(int char)	产生这个字符串中出现给定字符的第一个位置的索引
int indexOf(int ch,int fromIndex)	从给定的索引处开始，产生这个字符串中出现给定字符的第一个位置的索引
int indexOf(String str)	产生这个字符串中出现给定子字符的第一个位置的索引
int indexOf(String str,int fromIndex)	从给定的索引处开始，产生这个字符串中出现给定子字符的第一个位置的索引
int length( )	产生这个字符串的长度
boolean regionMatches(boolean ignoreCase, int toffset,　String other, int ooffset, int len)	检查两个字符串区域是否相等，允许忽略大小写
String replace(char oldChar, char newChar)	通过将这个字符串中的 oldChar 字符转换为 newChar 字符来创建一个新字符串
boolean starsWith(String prefix)	检查这个字符串是否以给定的前缀开头
boolean starsWith(String prefix,int toffset)	从给定的索引处开头，检查这个字符串是否以给定的前缀开头

方法	说明
String substring(int strbegin)	产生一个新字符串，它是这个字符串的子字符串
String substring(int strbegin,int strend)	产生一个新字符串，它是这个字符串的子字符串，允许指定结尾处的索引
char[ ] toCharArray( )	将这个字符串转换为新的字符数组
String toLowerCase( )	将这个 String 对象中的所有字符变为小写
String toString( )	返回这个对象（它已经是一个字符串）
String toUpperCase( )	将这个 String 对象中的所有字符变为大写
String trim( )	去掉字符串开头和结尾的空格
static String valueOf(int i)	将 int 参数转化为字符串返回。该方法有很多重载方法，用来将基本数据类型转化为字符串

下面就字符串常用方法举例说明其用法。

【例 7-1】 求指定字符串的长度。

```java
//文件名：StrLength.java
public class StrLength{
    public static void main(String[] args){
        String s1="Hello,Java!";
        String s2=new String("你好,Java");
        int len1=s1.length();
        int len2=s2.length();
        System.out.println("字符串s1长度为"+len1);
        System.out.println("字符串s2长度为"+len2);
    }
}
```

程序的运行结果如下：

```
字符串s1长度为11
字符串s2长度为7
```

通过运行结果可见，在求解字符串长度的过程中，对于英文字符及中文字符都认为是一个字符长度，在这里千万不要将一个汉字字符的长度认为是两个英文字符的长度。

【例 7-2】 字符串比较中==运算符的使用。

```java
//文件名：StrEqual.java
public class StrEqual {
    public static void main(String[] args) {
        String s1 = "Java";
        String s2 = "Java";
        if (s1 == s2)
            System.out.println("s1 == s2");
        else
            System.out.println("s1 != s2");
    }
}
```

程序的运行结果如下：

```
s1==s2
```

程序中的 s1==s2 语句主要用于判断 s1 和 s2 是否引用了同一个对象。Java 程序用字符串池管理字符串，在 Java 程序运行时，JVM 会在内存创建一个字符串缓冲池。对于 Java 变量操作，内存主要分为栈和堆两部分。栈用来保存基本类型（或者叫内置类型，主要有 char、byte、short、int、long、float、double、boolean）和对象的引用，数据可以共享，速度仅次于寄存器（register），快于堆。堆（heap）是用于存储对象的内存空间，字符串缓冲池则为堆空间，堆中可以存放隐式对象（如字符串常量），也可以存放显式对象（如用 new 创建的对象）。

在例 7-2 中，当使用 s1 = "Java"语句创建字符串时，JVM 首先会判断字符串池里有没有值为"Java"的对象，由于这行语句是 main 方法的第一句，字符串池是空的，所以会在字符串池里构造一个值为"Java"的对象，使 s1 引用该对象。当使用 s2 = "Java"语句创建字符串时，JVM 在字符串缓冲池中寻找到相同值的对象，则 s2 引用 s1 所引用的对象"Java"，如图 7-1 所示。

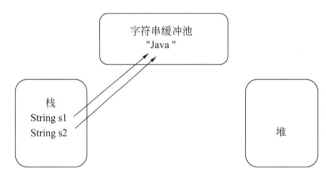

图 7-1　例 7-2 字符串创建示意图

在 MyEclipse 中可以通过设置断点并以调试方式运行，查看 s1 与 s2 的 id 值以确定 s1 与 s2 引用的对象是否相同。如图 7-2 所示，s1 与 s2 的 value 值的 id 均为 23，可见 s1 与 s2 指向同一个字符串"Java"，且 s1 与 s2 的 id 均为 19，说明 s1 与 s2 为同一对象的同一引用。

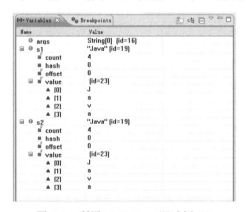

图 7-2　利用 MyEclipse 调试例 7-2

【例 7-3】　字符串对象变量间的赋值运算。

```java
//文件名：StrEqual_1.java
public class StrEqual_1 {
    public static void main(String[] args) {
        String s1 = "Java";
        String s2;
        s2=s1;
        if (s1 == s2)
            System.out.println("s1 == s2");
```

```
        else
            System.out.println("s1 != s2");
    }
}
```

程序的运行结果如下：

```
s1==s2
```

在此例中将变量 s1 赋值给 s2，那么是否又创建了一个新的对象呢？s2 指向的仍然是 s1 指向的"Java"字符串，这里是将 s1 的引用赋值给 s2，s2 与 s1 的引用是相同的。

【例 7-4】 在字符串比较中==运算符与 equals 方法的使用。

```
//文件名：StrEqual_2.java
public class StrEqual_2 {
    public static void main(String[] args) {
        String s1 = "Java";
        String s2 = new String("Java");
        if (s1 == s2)
            System.out.println("s1 == s2");
        else
            System.out.println("s1 != s2");
        if (s1.equals(s2))
            System.out.println("s1 equals s2");
        else
            System.out.println("s1 not equals s2");
    }
}
```

程序的运行结果如下：

```
s1 != s2
s1 equals s2
```

为什么该程序的运行结果与例 7-3 不同呢？在例 7-4 中，使用了 new 操作符，它明白地告诉程序："我要一个新的！不要旧的！"。关于 String(String original) 构造方法 Java API 解释为"初始化一个新创建的 String 对象，使其表示一个与参数相同的字符序列；换句话说，新创建的字符串是该参数字符串的副本"。如图 7-3 所示，当执行 new String("Java")时，程序首先会在字符串缓冲池中查找是否有"Java"字符串，有则将字符串复制到堆中，在栈中创建新字符串对象变量 s2 并指向堆中的"Java"字符串。可见 s1 与 s2 的值虽然相同，但其值的存储位置不同。表达式 s1==s2 是判断 s1 与 s2 所引用的字符串是否相同，而 s1.equals(s2)是判断 s1 指向的字符串内容是否与 s2 所指向的字符串内容相同，因此例 7-4 中 s1 与 s2 所引用的字符串不同，而其内容相同。

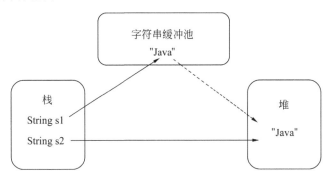

图 7-3　例 7-4 字符串创建示意图

再例如 new String("i am")实际创建了两个 String 对象，一个是"i am"通过""（双引号）在字符串缓冲池中创建的，另一个是通过 new 在堆中创建的。只不过它们创建的时期不同：一个是编译期，一个是运行期。

【例 7-5】 字符串 intern()方法的使用。

```java
//文件名：StrEqual_3.java
public class StrEqual_3 {
    public static void main(String[] args) {
        String s1 = "Java";
        String s2 = new String("Java");
        s2 = s2.intern();
        if (s1 == s2)
          System.out.println("s1 == s2");
        else
          System.out.println("s1 != s2");
        if (s1.equals(s2))
          System.out.println("s1 equals s2");
        else
          System.out.println("s1 not equals s2");
    }
}
```

程序的运行结果如下：

```
s1 == s2
s1 equals s2
```

该程序利用了 intern()方法，当调用 intern()方法时，如果字符串池中已经包含一个等于此 String 对象的字符串（用 equals(Object)方法确定），则返回池中的字符串；否则，将此 String 对象添加到字符串池中，并返回此 String 对象的引用。利用 MyEclipse 调试该程序时，运行 s2＝s2.intern()语句前，结果如图 7-4 所示，s2 与 s1 的 id 号不同，其引用不同。

运行 s2＝s2.intern()语句结束时，结果如图 7-5 所示，s2 的引用发生了变化，与 s1 的 id 号相同，表示 s2 指向的字符串与 s1 指向的字符串相同。

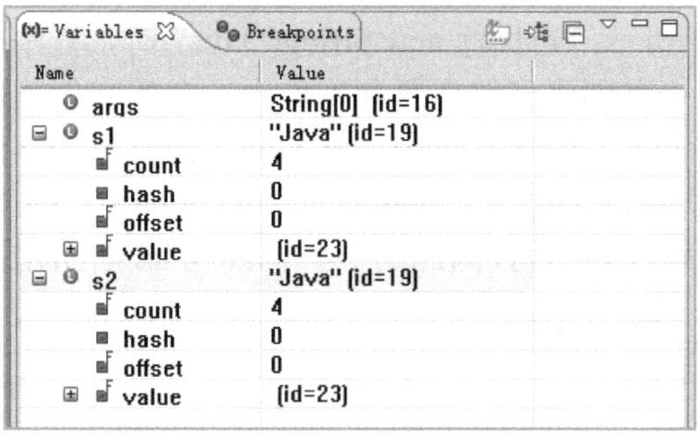

图 7-4　例 7-5 字符串创建示意图 1 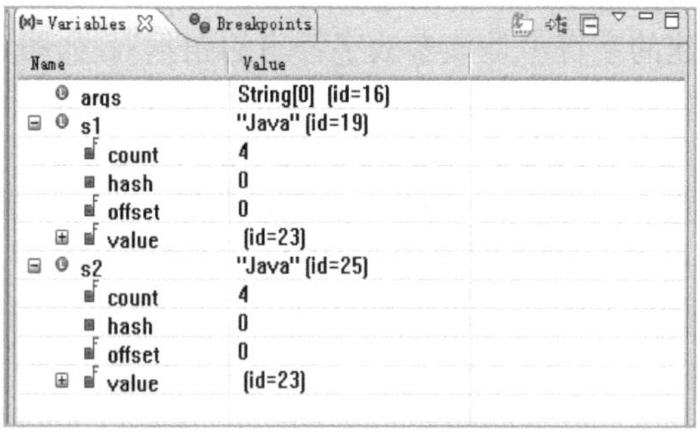　　　图 7-5　例 7-5 字符串创建示意图 2

知识提示 ==用于对引用型对象和常量的比较。

【例 7-6】 使用"＋"和 concat()方法创建同一个字符串。

```java
//文件名：StrConcat.java
public class StrConcat{
    public static void main(Srting[] args){
        String s1="Hello";
```

```
        String s2=s1+",";
        String s3=s2.concat(" Java");!
        String s4=new String(" ! ");
        String s5=s3.concat(s4);
        System.out.println(" 连接而成的字符串是"+s5);
    }
}
```

运行结果是字符串"Hello,Java!"，字符串的连接可以用"+"连接运算符及 concat()方法完成。

【例 7-7】 复制字符串。

```
//文件名：StrCopy.java
public class StrCopy{
    public static void main(String[] args){
        String s1=new String( );
        char data[ ]={ 'a', 'b', 'c', 'd', 'e', 'f'};
        s1=String.copyValueOf(data);
        System.out.println(" s1="+s1);
        s1=String.copyValueOf(data,2,3);
        System.out.println(" s1="+s1);
        s1.getChars(1,2, data,0)
        System.out.println(" data="+String.copyValueOf(data));
        data=s1.toCharArray( );
        System.out.println(" data="+String.copyValueOf(data));
        String s2=new String( );
        String s3=new String( );
        s2=s1.substring(0);
        System.out.println(" s2="+s2);
        s3= s1.substring(1,2);
        System.out.println(" s3="+s3);
    }
}
```

程序的运行结果如下：

```
s1=abcdef
s2=cde
data=dbcdef
data=cde
s2=cde
s3=d
```

【例 7-8】 在字符串中查找字符和子串。

```
//文件名：StrSearch.java
public class StrSearch{
    public static void main(String[] args){
        String s1="Javav";
        char c=s1.charAt(2);
        System.out.println("c=",+c);
        int i=s1.indexOf('a');
        System.out.println("fistchar=",+i);
        int j=s1.lastIndexOf('a');
        System.out.println("lastchar=",+j);
        i= s1.indexOf("av");
        System.out.println("fiststring=",+i);
        j=s1.lastIndexOf("av");
        System.out.println("laststring=",+j);
    }
}
```

程序的运行结果如下：

```
c=v
firstchar=1
lastchar=3
firststring=1
laststring=3
```

【例 7-9】 重写 toString() 方法，输入两个字符串的连接。

```
//文件名：TestString.java
import java.io.*;
public class TestString{
    public static void main(String[] args){
        StringC s = new StringC("cool","java");
        System.out.println(s);
    }
}
class StringC {
    String  s1;
    String  s2;
    StringC(String str1,String str2){
        s1 = str1;
        s2 = str2;
    }
    public String toString(){
        return s1+s2;
    }
}
```

程序的运行结果如下：

```
cooljava
```

7.2.2　StringBuffer 类

String 类和 StringBuffer 类都可以存储和操作字符串，即包含多个字符的字符串数据。String 类代表字符串，Java 程序中的所有字符串字面值（如 "abc"）都作为此类的实例实现。字符串是常量，它们的值在创建之后不能更改。因为 String 对象是不可变的，所以可以共享。字符串缓冲区 StringBuffer 支持可变的字符串，它的对象是可以扩充和修改的。在字符串的内容会不断修改的时候使用 StringBuffer 比较合适。

1. StringBuffer 类的构造方法

表 7-4 列出了 StringBuffer 类的构造方法及其简要说明。

表 7-4　StringBuffer 类的构造方法

构造方法	说明
public StringBuffer()	创建一个空的 StringBuffer 类的对象
public StringBuffer(int length)	创建一个长度为参数 length 的 StringBuffer 类的对象
public StringBuffer(String str)	用一个已存在的字符串常量创建 StringBuffer 类的对象

StringBuffer 在内部维护一个字符数组，当使用默认的构造方法来创建 StringBuffer 对象时，因为没有设置初始化字符长度，StringBuffer 的容量被初始化为 16 个字符，也就是说，默认容量是 16 个字符。当 StringBuffer 达到最大容量时，它会将自身容量增加到当前值的两倍再加 2。如果使用默认值，初始化之后接着往里面追加字符，在追加到第 16 个字符时它会

将容量增加到 34（2×16+2），当追加到 34 个字符的时候就会将容量增加到 70（2×34+2）。

2. StringBuffer 类的常用方法

在 StringBuffer 对象的字符串之中可以插入字符串，或在其之后追加字符串，经过扩充之后形成一个新的字符串，其方法有 append()和 insert()，它们都有多个重载方法，此处不再赘述。

【例 7-10】 用多种方法创建 StringBuffer 对象。

```java
//文件名：StrBufferSet.java
public class StrBufferSet{
    public static void main(String[] args){
        StringBuffer s1=new StringBuffer( );
        s1.append("Hello,Java!");
        System.out.println("s1=" +s1);
        StringBuffer s2=new StringBuffer(10 );
        s2.insert(0, "Hello,Java!");
        System.out.println("s2="+s2);
        StringBuffer s3=new StringBuffer("Hello,Java!");
        System.out.println("s3="+s3);
    }
}
```

获取和设置 StringBuffer 对象的长度和容量的方法有 length()、capacity()和 setlength()，调用形式如下。

（1）s1.length()：返回 s1 中字符个数。

（2）s1.capacity()：返回 s1 的容量，即内存空间数量，通常会大于 length( )。

（3）s1.setlength(int newLength)：改变 s1 中字符的个数，如果 newLength 大于原个数，则新添的字符都为空（""）；相反，字符串中的最后几个字符将被删除。

【例 7-11】 显示确定字符串的长度和容量，并改变字符串的长度。

```java
//文件名：StrLen.java
public class StrLen{
    public static void main(String[] args){
        StringBuffer s1=new StringBuffer("Hello,Java!");
        System.out.println("长度："+s1.length( ));
        System.out.println("容量："+s1.capacity( ));
        s1.setLength(100);
        System.out.println("新长度："+s1.length( ));
    }
}
```

该程序的运行结果如下：

```
长度：11
容量：27
新长度：100
```

其中 s1 的内存容量是在默认内存容量 16 个字符的基础上加上"Hello,Java! "的长度 11。若用 new StringBuffer("")创建 StringBuffer 对象，其内存容量则为 16 个字符。

读取 StringBuffer 对象中的字符的方法有 charAt()和 getChar()，这与 String 对象方法一样。在 StringBuffer 对象中，设置字符及子串的方法有 setCharAt()和 replace()，删除字符及子串的方法有 delete()及 deleteCharAt()。

【例 7-12】 改变字符串的内容。

```
//文件名: StrChange.java
public class StrChange{
    public static void main(String[] args){
        StringBuffers1=new StringBuffer("Hallo,Java!");
        s1.setCharAt(1, 'e');
        System.out.println(s1);
        s1.replace(1,5, "i");
        System.out.println(s1);
        s1.delete(0,3);
        System.out.println(s1);
        s1.deleteCharAt(4);
        System.out.println(s1);
    }
}
```

程序的运行结果如下：

```
Hello,Java!
Hi,Java!
Java!
Java
```

知识提示　String 类中的字符串连接使用的是 "＋"，而 StringBuffer 类中的连接使用的是 append()方法。StringBuffer 类不能直接转成 String 类对象，必须调用 toString()方法才可以把一个 StringBuffer 类的对象变为 String 类的对象。

7.3　System 类与 Runtime 类

7.3.1　System 类

System 类是与系统相关的属性和方法的集合。它提供了标准输入输出、运行时的系统信息等重要工具，但不能创建 System 类的对象，它所有的属性和方法都是静态的，直接使用 System 调用即可。System 类位于 java.lang 包，下面通过案例对该类的几个常用方法进行讲解。

1. getProperty()方法

System 类的 getProperty()方法的作用是获得系统中属性名为 key 的属性对应的值。系统中常见的属性名以及属性的作用如表 7-5 所示。

表 7-5　属性名列表

属性名	说明	属性名	说明
java.version	Java 运行时环境版本	user.name	用户的账户名称
java.home	Java 安装目录	user.home	用户的主目录
os.name	操作系统的名称	user.dir	用户的当前工作目录
os.version	操作系统的版本		

【例 7-13】　使用 getProperty()方法可以获得很多系统级的参数以及对应的值。

```
//文件名: getPropertiesDemo.java
public class getPropertiesDemo {
    public static void main(String[] args){
        String osName = System.getProperty("os.name");
```

```
        String user = System.getProperty("user.name");
        String javaVersion = System.getProperty("java.version");
        String javaHome = System.getProperty("java.home");
        System.out.println("当前操作系统是: " + osName);
        System.out.println("当前用户是: "+ user);
        System.out.println("运行时环境版本: " + javaVersion);
        System.out.println("Java安装目录: " + javaHome);
    }
}
```

程序的运行结果如下:

```
当前操作系统是: Windows 7
当前用户是: Thinkpad
运行时环境版本: 1.8.0_91
Java安装目录: C:\Program Files\Java\jdk1.8.0_91\jre
```

程序中 getProperty()方法的定义为: public static String getProperty(String key), 该方法能够根据键值取得属性的具体内容。

System 类的 getProperties() 方法用于获取当前系统的全部属性, 例如使用 "System.getProperties().list(System.out);" 语句可列出系统的全部属性。

2. currentTimeMillis()方法

currentTimeMillis()的定义为: public static long currentTimeMillis(), 该方法的作用是返回当前的计算机时间, 时间的表达格式为当前计算机时间和 GMT 时间(格林尼治时间)1970年 1 月 1 日 0 时 0 分 0 秒所差的毫秒数。

例如:

```
long l = System. currentTimeMillis();
```

获得的将是一个长整型的数字, 该数字就是以差值表达的当前时间。

使用该方法获得的时间不够直观, 但对于时间的计算是很方便的。例如, 计算程序运行需要的时间则可以使用如下代码。

【例 7-14】 通过 currentTimeMillis()方法取得一个操作的计算时间。

```java
//文件名: currentTimeMillisDemo.java
public class currentTimeMillisDemo {
    public static void main(String[] args){
        long startTime = System.currentTimeMillis();   //取得计算的开始时间
        int sum = 0;                                     //声明变量
        for(int i=0;i<50000000;i++){                     //执行累加操作
            sum += i;
        }
        long endTime = System.currentTimeMillis();       //取得计算的结束时间
        System.out.println("计算所花费的时间: "+(endTime-startTime)+"毫秒");
    }
}
```

程序的运行结果如下:

计算所花费的时间: 54毫秒

计算所花费的时间为结束时间减去开始时间，该值就代表该代码中间的 for 循环执行需要的毫秒数，使用这种方式可以测试不同算法的程序的执行效率高低，也可以用于精确控制线程的延时。

3. arraycope()方法

arraycopy()方法的定义如下：

```
static void arraycopy(Object src,int srcPos,Object dest,int destPos,int length)
```

该方法的作用是数组复制，也就是将一个数组中的内容复制到另外一个数组中的指定位置，由于该方法是 native()方法，所以比使用循环高效。参数介绍如下：

（1）src——源数组。

（2）srcPos——源数组中的起始位置。

（3）dest——目标数组。

（4）destPos——目标数据中的起始位置。

（5）length——要复制的数组元素的数量。

【例 7-15】 通过 arraycopy()方法实现数组复制。

```
//文件名: arraycopyDemo.java
public class arraycopyDemo {
    public static void main(String[] args){
        int[] a = {5,6,7,8};
        int[] b = new int[5];
        System.arraycopy(a,1,b,3,2);
        for(int i=0; i<b.length; i++){
            System.out.println(i+":"+b[i]);
        }
    }
}
```

程序的运行结果如下：

```
0:0
1:0
2:0
3:6
4:7
```

程序将数组 a 中从下标为 1 开始的元素，复制到数组 b 从下标 3 开始的位置，共复制 2 个。也就是将 a[1]复制给 b[3]，将 a[2]复制给 b[4]，这样经过复制以后数组 a 中的值不发生变化，而数组 b 中的值将变成{0,0,0,6,7}。

除了上面案例中介绍的方法，System 类还有两个常用的方法，分别是 exit()方法和 gc()方法。

exit()方法的定义如下：

```
public static void exit(int status)
```

该方法的作用是退出程序。status 的值为 0 代表正常退出，status 的值为非 0 代表异常退出。使用该方法可以在图形界面编程中实现程序的退出功能等。

gc()方法的定义如下：

```
public static void gc()
```

该方法的作用是请求系统进行垃圾回收。至于系统是否立刻回收，则取决于系统中垃圾回收算法的实现以及系统执行时的特殊情况。

7.3.2 Runtime 类

Runtime 类封装了 Java 虚拟机运行时的环境。每个 Java 应用程序都有一个 Runtime 类实例，使应用程序能够与其运行的环境相连接。该类使用了单例设计模式，应用程序不能创建自己的 Runtime 类实例，但可以通过 getRuntime 方法获取一个 Runtime 实例。一旦得到了一个 Runtime 实例对象，就可以调用 Runtime 实例对象的方法取得当前 Java 虚拟机的相关信息。

【例 7-16】 通过 Runtime 实例对象访问 JVM 的相关信息，如处理器数量、内存信息。

```
//文件名：RuntimeDemo.java
public class RuntimeDemo{
    public static void main(String[] args) throws Exception{
        Runtime rt = Runtime.getRuntime();
        System.out.println("处理器数量: " + rt.availableProcessors()+" byte");
        System.out.println("JVM总内存数 : "+ rt.totalMemory()+" byte");
        System.out.println("JVM空闲内存数: "+ rt.freeMemory()+" byte");
        System.out.println("JVM可用最大内存数: "+ rt.maxMemory()+" byte");
    }
}
```

程序的运行结果如下：

```
处理器数量: 2byte
JVM总内存数: 16252928 byte
JVM空闲内存数: 15529384 byte
JVM可用最大内存数: 259522560 byte
```

程序中通过 Runtime.getRuntime()返回与当前 Java 应用程序相关的运行时对象，并分别调用该对象的 availableProcessors()方法、totalMemory()方法、freeMemory()方法和 maxMemory()方法，将可用处理器的数目、Java 虚拟机中的内存总量、Java 虚拟机中的空闲内存量、Java 虚拟机试图使用的最大内存量打印出来。

Runtime 类的 exec()方法（exec()方法有几个重载方法）可以执行一个外部的程序或命令。

【例 7-17】 Runtime 类中 exec()方法执行指定的命令。

```
//文件名：ExecDemo
public class ExecDemo {
    public static void main(String[] args) throws Exception {
        Runtime rt = Runtime.getRuntime();
        rt.exec("mspaint.exe");        //在单独的进程中执行指定的字符串命令
    }
}
```

程序的运行结果是打开一个 Windows 自带的画图程序，如图 7-6 所示。

程序中 Runtime 的对象调用 exec()方法，将系统命令 mspaint.exe 作为该方法的参数，运行程序创建一个单独的进程执行 mspaint.exe，从而打开画图程序。

图 7-6　画图程序

7.4　Math 类与 Random 类

7.4.1　Math 类

在编写程序时，可能需要计算一个数的平方根、绝对值、获取一个随机数等。java.lang 包中的类包含用于几何学、三角学以及几种一般用途的浮点类方法，可执行很多数学运算。另外，Math 类还有两个双精度静态常量 E 和 PI，它们的值分别是自然数 e（2.7182818284590452354）和圆周率 pi（3.14159265358979323846）。

下面简要介绍几类常用的方法。

1.　三角函数

Math 类中的三角函数对应的方法如表 7-6 所示。

表 7-6　三角函数方法

构造方法	说明
public static double sin(double a)	三角函数正弦
public static double cos(double a)	三角函数余弦
public static double tan(double a)	三角函数正切
public static double asin(double a)	三角函数反正弦
public static double acos(double a)	三角函数反余弦
public static double atan(double a)	三角函数反正切

2.　指数函数

Math 类中的指数函数对应的方法如表 7-7 所示。

表 7-7　指数函数方法

构造方法	说明
public static double exp(double a)	返回 e^a 的值
public static double log(double a)	返回 ln(a)的值
public static double pow (double y,double x)	返回以 y 为底数， x 为指数的幂值
public static double sqrt(double a)	返回 a 的平方根

3.　舍入函数

Math 类中的舍入函数对应的方法如表 7-8 所示。

表 7-8　舍入函数方法

构造方法	说明
public static int ceil(double a)	返回大于或等于 a 的最小整数
public static int floor(double a)	返回小于或等于 a 的最大整数
public static int abs(int a)	返回 a 的绝对值
public static int max(int a，int b)	返回 a 和 b 的最大值
public static int min(int a，int b)	返回 a 和 b 的最小值

4. 其他数学方法

Math 类中的其他数学方法如表 7-9 所示。

表 7-9　其他数学方法

构造方法	说明
public static double random( )	返回一个伪随机数，其值介于 0 和 1 之间
public static double toRadians(double angle)	将角度转换为弧度
public static double toDegrees (double angle)	将弧度转换为角度

Math 类的这些方法直接通过类名 Math 调用，例如：

```
System.out.println(Math.PI);                //3.141592653589793
System.out.println(Math.sqrt(9));           //3.0
System.out.println(Math.random());          //0.061703095869295566
System.out.println(Math.round(7.5));        //8
System.out.println(Math.round(7.4));        //7
System.out.println(Math.max(9,4));          //9  Math.max(9,4,10)则错
```

【例 7-18】　编程实现两个随机的 10 以内的整数加法运算题目，共 10 道题目，要求从键盘输入运算结果，最终显示计算正确的题目数。

```
//文件名：MathDemo.java
import java.io.*;
public class MathDemo {
    public static void main(String args[]){
        int count=0;
        for(int i=1;i<=10;i++){
            int num1,num2,sum=0;
            num1=(int)(Math.random()*10);
            num2=(int)(Math.random()*10);
            System.out.println(num1+"+"+num2+"=?");
            BufferedReader in=new BufferedReader(new InputStreamReader
(System.in));
            try{
                sum=Integer.parseInt(in.readLine());
            }catch(Exception e){
                e.printStackTrace();
            }

            if((num1+num2)==sum){
                System.out.println("you are right! go on!");
                count++;
            }
            else
                System.out.println("I'm sorry to tell you,you are wrong!");
        }
        System.out.println("你做对了"+count+"个题目！");
    }
```

```
        }
    }
```

7.4.2　Random 类

为了使 Java 程序有良好的可移植性，应尽可能使用 Random 类来生成随机数，而不用 Math.random()。

Random 类有两个构造方法：Random()(使用系统时间为种子数)和 Random(long seed)。构造方法只是创建了随机数生成器，必须调用生成器的方法才能产生随机数。

Random 类具有 nextBoolean()、nextInt()等方法，Random 类包含在 java.util 包中。例如：

```
Random r=new Random( );
int i1=r.nextInt( );       //返回下一个伪随机数,是此随机数生成器序列中均匀分布的int值
int i2=r.nextInt(20);             //产生大于等于0小于20的随机整数
double d1=r.nextDouble( );         //产生大于等于0.0小于1.0的随机数
double d1=r.nextDouble(20.0);   //错
```

【例 7-19】 产生 10 个不大于 100 的整数。

```
//文件名：RandomDemo.java
import java.util.*;
public class RandomDemo{
    public static void main(String[] args){
        Random num=new Random();
        for(int i=0;i<10;i++)
            System.out.print(num.nextInt(100)+ "\t");
    }
}
```

7.5　Date 类与 Calendar 类

日期是商业逻辑计算的一个关键部分，所有的开发者都应该能够计算未来的日期，定制日期的显示格式，并将文本数据解析成日期对象。Java 语言的 Calendar（日历）、Date（日期）和 DateFormat（日期格式）组成了 Java 标准的日期部分，主要位于 java.util 包中。

7.5.1　Date 类

Date 类表示特定的瞬间，精确到毫秒。在 JDK 1.1 之前，Date 类有两个其他的函数。它允许把日期解释为年、月、日、小时、分钟和秒值。它也允许格式化和解析日期字符串。不过，这些函数的 API 不易于实现国际化。从 JDK 1.1 开始，应该使用 Calendar 类实现日期和时间字段之间转换，使用 DateFormat 类格式化和解析日期字符串。

关于 Date 类的使用主要有以下几种方式。

1. 直接创建 Date 数据类型的实例变量

创建 Date 类型的变量 date 并直接将其输出，程序运行过程中直接将当前时间打印出来的语句如下：

```
Date date = new Date();
System.out.println("当前日期为:" + date);
```

2. 将直接实例化的 Date 数据以字符串方式输出

创建 Date 类型的变量 date 并使用其实例方法 toString()将其类型转变为字符串类型再输

出，其效果与程序的直接输出一样，只不过将输出的参数类型改变成为 String 类型。主要语句如下：

```
Date date=new Date();
String str_date = date.toString();
System.out.println("字符串日期为:" + str_date);
```

3. 采用 DateFormat 类的方法格式化或过滤所需要的数据参数

可以利用 DateFormat 类的 getInstance()获得默认的 DateFormat 对象，并使用方法 format()格式化日期变量的输出。主要语句如下：

```
Date date=new Date();
String str_date_1 = DateFormat.getInstance().format(date);
System.out.println("格式化日期为:" + str_date_1);
```

4. 采用 SimpleDateFormat 类的方法格式化或过滤所需要的数据参数

SimpleDateFormat 类和 DateFormat 类类似，也可以直接定制到当前日期的某一阶段，如指定当前的秒。具体语句如下：

```
SimpleDateFormat time = new SimpleDateFormat("yyyy年MM月dd日HH:mm:ss");
System.out.println("日期时间为:"+ time.format(date));
```

5. 通过 getTime()方法获取当前日期的时间

通过 getTime()方法所得到的 Date 类型数据是以秒计算的，并且是以 1970 年 1 月 1 日为开始时间。在声明数据类型时需要较大的存储空间，可以使用 long 数据类型或者同等存储类型。主要语句如下：

```
long str_get = date.getTime();
System.out.println("当前毫秒值为:" + str_get);
```

若要将日期格式化输出，可以利用以上方法中提到的类完成，现以当前日期为例说明如何将日期格式化输出。

【例 7-20】 利用 DateFromat 类实现当前日期格式化输出。

```
//文件名：CurrentDate_1.java
import java.text.DateFormat;
import java.util.Date;
public class CurrentDate_1 {
    public static void main(String[] args){
        Date date = new Date();
        DateFormat shortDateFormat = DateFormat.getDateTimeInstance(
            DateFormat.SHORT, DateFormat.SHORT);

        DateFormat mediumDateFormat = DateFormat.getDateTimeInstance(
            DateFormat.MEDIUM, DateFormat.MEDIUM);

        DateFormat longDateFormat = DateFormat.getDateTimeInstance(
            DateFormat.LONG, DateFormat.LONG);

        DateFormat fullDateFormat = DateFormat.getDateTimeInstance(
            DateFormat.FULL, DateFormat.FULL);

        System.out.println(shortDateFormat.format(date));
        System.out.println(mediumDateFormat.format(date));
        System.out.println(longDateFormat.format(date));
        System.out.println(fullDateFormat.format(date));
```

```
        }
    }
```

📢**注意**：程序中在对 getDateTimeInstance 的每次调用中都传递两个值：第一个参数是日期风格，而第二个参数是时间风格。它们都是基本数据类型 int(整型)。考虑到程序的可读性，可以使用 DateFormat 类提供的常量：SHORT、MEDIUM、LONG 和 FULL。

程序的运行结果如下：

```
10-5-9 上午8:28
2010-5-9 8:28:13
2010年5月9日 上午08时28分13秒
2010年5月9日 星期日 上午08时28分13秒 CST
```

📖**知识提示**　CST 表示美国中部标准时间。

【**例 7-21**】 利用 SimpleDateFromat 类实现当前日期格式化输出。

```java
//文件名：CurrentDate_2.java
import java.util.Date;
import java.text.SimpleDateFormat;
public class CurrentDate_2{
    public static void main(String[] args){
        Date date = new Date();
        long longtime = date.getTime();
        SimpleDateFormat format1 =new SimpleDateFormat("yyyy-MM-dd HH:mm:ss");
        SimpleDateFormat format2 =new SimpleDateFormat("yyyy-MM-dd HH:mm");
        SimpleDateFormat format3 = new SimpleDateFormat("yyyy年MM月dd日");
        SimpleDateFormat format4 = new SimpleDateFormat("yyyy/MM/dd");
        SimpleDateFormat format5 = new SimpleDateFormat("yyyy-MM-dd");
        SimpleDateFormat format6 = new SimpleDateFormat("yyyy-MM");
        SimpleDateFormat format7 = new SimpleDateFormat("yyyy");

        System.out.println(format1.format(longtime));
        System.out.println(format2.format(longtime));
        System.out.println(format3.format(longtime));
        System.out.println(format4.format(longtime));
        System.out.println(format5.format(longtime));
        System.out.println(format6.format(longtime));
        System.out.println(format7.format(longtime));
    }
}
```

程序的运行结果如下：

```
2010-05-09 08:21:52
2010-05-09 08:21
2010年05月09日
2010/05/09
2010-05-09
2010-05
2010
```

7.5.2　Calendar 类

现在已经能够利用 Date 类、DateFromat 类及 SimpleDateFromat 类创建并格式化一个日期对象了，但如何才能设置和获取日期数据的特定部分呢，如日、小时或者分钟？又如何在日期上加上或者减去数值呢？这就要使用本节要介绍的 Calendar 类。

Date 类所提供的日期处理并没有太大的用途。Java 类库的设计者认为：像"December 31, 1999, 23:59:59"这样的日期表示法只是公历的固有习惯。这种特定的描述法遵循了世界上大多数地区使用的格林尼治公历表示法。

标准 Java 类库分别包含了两个类：一个是用来表示时间点的 Date 类；另一个是用来表示大家熟悉的日历表示法的 GregorianCalendar 类。事实上，GregorianCalendar 类扩展了一个更加通用的 Calendar 类，这个类描述了日历的一般属性。理论上，可以通过扩展 Calendar 类实现中国的阴历或者是火星日历。然而，标准类库中只实现了格林尼治日历。

Calendar 类是一个抽象类，它为特定瞬间与一组诸如 YEAR、MONTH、DAY_OF_MONTH、HOUR 等日历字段之间的转换提供了一些方法，并为操作日历字段（如获得下星期的日期）提供了一些方法。特定瞬间可用毫秒值表示，它是距历元（即格林尼治标准时间 1970 年 1 月 1 日的 00:00:00.000）的偏移量。

由于 Calendar 类不能用 new 创建实例对象，因此 Calendar 提供了一个类方法 getInstance()，以获得此类型的一个通用的对象。Calendar 的 getInstance()方法返回一个 Calendar 对象，其日历字段已由当前日期和时间初始化，如"Calendar rightNow = Calendar.getInstance();"语句，则可获得一个 Calendar 类通用对象。

【例 7-22】 利用 Calendar 类实现 2017 年 10 月的日历显示。

```java
//文件名：CaleDemo.java
import java.util.*;
public class CaleDemo{
    public static void main(String args[]){
        System.out.println(" 日   一   二   三   四   五   六");
        Calendar rili=Calendar.getInstance();
        rili.set(2017,10,1);        //将日历翻到2017年10月1日
        int xingqi=rili.get(Calendar.DAY_OF_WEEK)-1;
        String a[]=new String[xingqi+30];
        for(int i=0;i<xingqi;i++){
            a[i]="**";
        }
        for(int i=xingqi,n=1;i<xingqi+30;i++){
            if(n<=9)
                a[i]=String.valueOf(n)+" ";
             else
                a[i]=String.valueOf(n)  ;
            n++;
        }
        for(int i=0;i<a.length;i++){
            if(i%7==0){
                System.out.println("");
            }
            System.out.print(" "+a[i]);
        }
    }
}
```

在 MyEclipse 环境下调试程序，运行结果如图 7-7 所示。

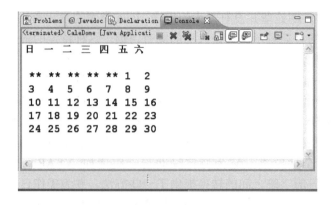

图 7-7　例 7-22 程序的运行结果

> 知识提示　利用 set(int year, int month, int date)方法设置日历字段 YEAR、MONTH 和 DAY_OF_MONTH 的值时，MONTH 的值是从 0 开始的，例如，0 表示 January。

7.6　Java 基本类型包装器与泛型

在 Java 中提出的概念是一切皆对象。如果按此概念，则肯定有个矛盾点：基本数据类型是对象吗？肯定不是。那么如何符合该理论呢？Java 将基本数据类型进行了包装。泛型是 JDK1.5 的新性，可以由外部指定变量的具体操作类型。

7.6.1　基本类型包装器

在 Java 中，每一种基本数据类型都有其对应的类，如表 7-10 所示。

表 7-10　基本数据类型与包装类对应表

基本数据类型	包装类	基本数据类型	包装类
int	Integer	byte	Byte
char	Character	short	Short
float	Float	boolean	Boolean
double	Double		

基本数据类型的包装类也有其对应的许多方法，具体可查 API 了解其用途。

【例 7-23】　将字符串 "123" 转变为整型数据输出。

```java
//文件名：StrToInt.java
public class StrToInt{
    public static void main(String[] args){
        String str="123";
        int i=Integer.parseInt(str);
        System.out.println(i);
    }
}
```

实际上，包装类可以把一个基本数据类型包装成类，也可以把包装类转变为基本数据类型。

【例 7-24】　将整型数据包装成 Integer 类的对象，再将其转换为基本数据类型。

```
//文件名：Trans.java
public class Trans{
    public static void main(String[] args){
        int i=10;
        Integer num=new Integer(i);
        int x=num.intValue();
        System.out.println("x="+x);
    }
}
```

【例 7-25】 基本数据类型与包装类对象运算操作。

```
//文件名：IntAndInteger.java
public class IntAndInteger{
    public static void main(String[] args){
        Integer num=5;          //自动装箱操作
        int t=num;              //自动拆箱操作
        System.out.println(t*num);
    }
}
```

7.6.2　泛型

现在考虑这样一个问题，有以下 3 种坐标。

整数：x=30; y=50;

小数：x=30.2; y=50.1;

字符串：x="东经"; y="北纬";

要通过设置方法 setX、setY 和获取方法 getX、getY 设置和获取不同类型的坐标值。是否可以通过重载完成呢？观察例 7-26 代码，找出其中的错误。

【例 7-26】 通过写 setX()方法和 getX()方法设置和获取不同类型的坐标值。

```
//文件名：Point.java
public class Point {
    private int x1,y1;
    private float x2,y2;
    private String x3,y3;

    public void setX(int x){
        this.x1=x;
    }
    public void setX(float x){
        this.x2=x;
    }
    public void setX(String x){
        this.x3=x;
    }
    public int getX(){
        return x1;
    }
    public float getX(){
        return x2;
    }
    public String getX(){
        return x3;
    }
}
```

163

第 7 章

以上代码在调试过程中会出现 Duplicate method getX() in type Point 错误信息，原因是方法名相同且返回类型相同的方法并不是重载。那么如何实现以上程序的思想呢？在这里可以使用泛型完成。

【**例 7-27**】 利用泛型实现不同类型的坐标值的设置与返回。

```java
//文件名：PointTest.java
class PointDemo<T> {
    private T x;
    private T y;
    public void setX(T x){
        this.x=x;
    }
    public void setY(T y){
        this.y=y;
    }
    public T getX(){
        return x;
    }
    public T getY(){
        return y;
    }
}

public class PointTest {
    public static void main(String[] args){
        PointDemo<Integer> p1=new PointDemo<Integer>();
        PointDemo<Float> p2=new PointDemo<Float>();
        PointDemo<String> p3=new PointDemo<String>();
        //设置整型类型的坐标值
        p1.setX(30);
        p1.setY(50);
        //设置浮点类型的坐标值
        p2.setX(30.2f);
        p2.setY(50.1f);
        //设置字符串类型的坐标值
        p3.setX("东经");
        p3.setY("北纬");
        System.out.println("x1、y1的坐标值为："+p1.getX()+p1.getY());
        System.out.println("x2、y2的坐标值为："+p2.getX()+p2.getY());
        System.out.println("x3、y3的坐标值为："+p3.getX()+p3.getY());
    }
}
```

7.7 集 合 类

视频讲解

Java 中集合类是用来存放对象的，集合类相当于一个容器，里面包含着一组对象，其中每个对象作为集合的一个元素出现。Java API 提供的集合类位于 java.util 包内，集合类的结构如图 7-8 所示。

Collection 中可以放不同类型的数据，它是 Set 接口和 List 接口的超类，Set 是无序的集合，元素存入顺序和集合内存储的顺序不同，不允许元素重复，其实现类主要是 HashSet 类和 TreeSet 类。HashSet 类的内部对象是采用哈希技术存取的，TreeSet 存入的顺序与存储的顺序不同，但是有序存储的。List 是有序的集合，允许元素重复，List 中的元素都对应着一个整数型的序号，记载其在容器中的位置，可以根据序号存取容器中的元素，主要实现类有

ArrayList 类及 LinkedList 类。

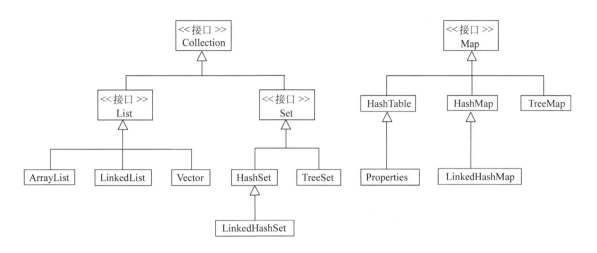

图 7-8　集合类结构图

7.7.1　ArrayList 类

ArrayList 类是线性顺序存储的，是一种线性表，可以存储重复数据。它的特征和数组很接近，数组大小是不变的，而 ArrayList 类的大小是可以动态改变的，可以把它看成动态数组或是 Array 的复杂版本。ArrayList 类可以动态地增加和减少元素，实现了 Collection 和 List 接口，可以灵活地设置数组大小。

1. 构造方法

ArrayList 类的构造方法有以下 3 种。

（1）public ArrayList()：默认的构造方法，将会以默认的大小（16）初始化内部的数组。

（2）public ArrayList(Collection c)：用一个 Collection 对象构造，并将该集合的元素添加到 ArrayList。

（3）public ArrayList(int n)：用指定的大小初始化内部的数组。

2. 常用的方法

（1）boolean add(E element)：将指定的元素添加到此列表的尾部。添加成功返回 true。

（2）void add(int index, E element)：将指定的元素插入此列表中的指定位置。向右移动当前位于该位置的元素（如果有）以及所有后续元素（将其索引加 1）。

（3）boolean addAll(Collection c)：按照指定 collection 的迭代器所返回的元素顺序，将该 collection 中的所有元素添加到此列表的尾部。

（4）boolean addAll(int index, Collection c)：从指定的位置开始，将指定 collection 中的所有元素插入此列表中。

（5）E get(int index)：返回此列表中指定位置上的元素。

（6）E set(int index, E element)：用指定的元素替代此列表中指定位置上的元素。返回值为以前位于该指定位置上的元素。

（7）Object[] toArray()：按适当顺序（从第一个到最后一个元素）返回包含此列表中所有元素的数组。

（8）int size()：返回此列表中的元素数。

（9）E remove(int index)：移除此列表中指定位置的元素，返回从列表中移除的元素。

（10）boolean remove(Object o)：移除此列表中首次出现的指定元素（如果存在）。如果列表不包含此元素，则列表不做改动。

（11）void clear()：移除此列表中的所有元素。此调用返回后，列表将为空。

【**例 7-28**】 程序利用 ArrayList 实现元素的添加和删除，并将 ArrayList 集合转变为数组输出。

```java
//文件名：ListDemo.java
import java.util.ArrayList;
public class ListDemo {
    public static void main(String[] args){
        ArrayList list = new ArrayList();
        for( int i=0;i<10;i++ )          //给数组增加10个int元素
            list.add(i);
        list.remove(5);                  //将第6个元素移除
        for( int i=0;i<3;i++ )           //再增加3个元素
            list.add(i);
        Integer[] al=(Integer[])list.toArray(new Integer[list.size()]);
        for(int i=0;i<al.length;i++)
            System.out.print(al[i]+" ");
    }
}
```

程序的运行结果如下：

```
1 2 3 4 6 7 8 9 0 1 2
```

🖰**知识提示**　ArrayList 是可以存储重复数据的，这一点不同于 Set 集合。

7.7.2　LinkedList 类

ArrayList 由数组实现，随机访问效率高，随机插入、随机删除效率低。LinkedList 和 ArrayList 一样实现了 List 接口。LinkedList 是一个双向链表，随机访问效率低，但随机插入、随机删除效率高，链表中的每个节点都包含了对前一个和后一个元素的引用，如图 7-9 所示。

图 7-9　双线链表及节点示意图

LinkedList 实现所有可选的列表操作，并允许所有的元素包括 null。除了实现 List 接口外，LinkedList 类还为列表开头及结尾处的 get、remove 和 insert 元素提供了统一的命名方法。这些操作允许将链接列表用作堆栈、队列或双端队列。

1. 构造方法

（1）public LinkedList()：默认构造函数，构造一个空列表。

（2）public LinkedList(Collection col)：构造一个包含指定 collection 中的元素的列表，

这些元素按其 collection 的迭代器返回的顺序排列。

2. 常用的方法

1) 增加方法

（1）boolean add(E e)：将指定元素添加到此列表的结尾（E 代表元素的数据类型）。

（2）void add(int index, E element)：在此列表中指定的位置插入指定的元素。

（3）boolean addAll(Collection<? extends E> c)：添加指定 collectio 中的所有元素到此列表的结尾，顺序是指定 collection 的迭代器返回这些元素的顺序。

（4）boolean addAll(int index, Collection<? extends E> c)：将指定 collection 中的所有元素从指定位置开始插入此列表。

（5）void AddFirst(E e)：将指定元素插入此列表的开头。

（6）void addLast(E e)：将指定元素添加到此列表的结尾。

2) 移除方法

（1）boolean remove(Object o)：从此列表中移除首次出现的指定元素（如果存在）。

（2）void clear()：从此列表中移除所有元素。

（3）E remove()：获取并移除此列表的头（第一个元素）。

（4）E remove(int index)：移除此列表中指定位置处的元素。

（5）boolean remove(Objec o)：从此列表中移除首次出现的指定元素（如果存在）。

（6）E removeFirst()：移除并返回此列表的第一个元素。

（7）boolean removeFirstOccurrence(Object o)：从此列表中移除第一次出现的指定元素（从头部到尾部遍历列表时）。

（8）E removeLast()：移除并返回此列表的最后一个元素。

（9）boolean removeLastOccurrence(Object o)：从此列表中移除最后一次出现的指定元素（从头部到尾部遍历列表时）。

3) 查找方法

（1）E get(int index)：返回此列表中指定位置处的元素。

（2）E getFirst()：返回此列表的第一个元素。

（3）E getLast()：返回此列表的最后一个元素。

（4）int indexOf(Object o)：返回此列表中首次出现的指定元素的索引，如果此列表中不包含该元素，则返回-1。

（5）int lastIndexOf(Object o)：返回此列表中最后出现的指定元素的索引，如果此列表中不包含该元素，则返回-1。

（6）int size() 返回此列表的元素数。

【例 7-29】 LinkedList 类的基本用法。

```
//文件名:LinkedListDemo.java
import java.util.LinkedList;
import java.util.List;
public class LinkedListDemo{
  public static void main(String[] args) {
    LinkedList list = new LinkedList();
    list.add("1");
    list.add("2");
    list.add("3");
    list.add("4");
    list.add("5");
```

Java 常用系统类

```
        System.out.println("LinkedList:"+list);
        System.out.println("getFirst():" + list.getFirst());
        System.out.println("getLast():" + list.getLast());
        list.addFirst("firstElement");
        list.addLast("lastElement"); //等同add()
        System.out.println("addFirst() and addLast():" + list.toString());
        list.add(2, "addElement");
        System.out.println("add(2,addElement):"+list);
        list.remove(2);
        System.out.println("remove(2):"+list);
        list.removeFirst(); //删除列表的首位元素
        list.removeLast();
        System.out.println("removeFirst() and removeLast():"+list);
        System.out.println("indexOf(2):"+list.indexOf("2"));
    }
}
```

程序的运行结果如下：

```
LinkedList:[1, 2, 3, 4, 5]
getFirst():1
getLast():5
addFirst() and addLast():[firstElement, 1, 2, 3, 4, 5, lastElement]
add(2,addElement):[firstElement, 1, addElement, 2, 3, 4, 5, lastElement]
remove(2):[firstElement, 1, 2, 3, 4, 5, lastElement]
removeFirst() and removeLast():[1, 2, 3, 4, 5]
indexOf(2):1
```

程序中，LinkedList 类的 add()方法在链表的结尾添加指定元素，getFirst()和 getLast()方法分别获取链表的第一个和最后一个节点的元素，addFirst()和 addLast()方法分别在链表的开头和结尾添加指定元素，addLast()方法和不带索引的 add()方法实现的效果一样，add(2,addElement)方法在链表中指定的位置插入指定元素，remove(2)方法删除链表中指定位置的节点，removeFirst()和 removeLast()方法分别删除链表中的第一个和最后一个元素，indexOf("2")方法查找元素位置。

> **知识提示**
> （1）LinkedList 是无容量限制的；
> （2）LinkedList 是非线程安全的；
> （3）LinkedList 是基于双向链表实现的，在数据顺序无关的情况下，选择 ArrayList 还是 LinkedList 要从各动作的执行效率综合考虑。

7.7.3　HashSet 类

HashSet 继承于 Set 接口，不允许有重复元素。HashSet 主要用哈希算法确定元素在集合中的位置，哈希算法也称为散列算法，是将数据依据算法直接指定到一个地址上。HashSet 集合在用 add()方法添加一个新项时，首先会调用 equals(Object o)比较新项和已有的某项是否相等，不相等时，会调用对象的 hashCode()方法得到对象的哈希码，然后根据这个码计算出对象在集合中存储的位置。

Object 类定义了 hashCode()和 equals(Object o)方法，如果 object1.equals(object2)，则说明这两个引用变量指向同一个对象，那么 object1 与 object2 的 hashCode 也一定相等。为了保证 HashSet 能正常工作，就要求当两个对象用 equals 比较相等时，哈希码也要相等，否则就会有可能加入两个相同的项。

【例 7-30】 声明一个 Collections API 的 Set 型对象，并且用其子类 HashSet 对其初始化。向 Set 中添加元素并打印结果。

```
//文件名：SetTest.java
import java.util.*;
public class SetTest {
    public static void main(String[] args) {
        Set set = new HashSet();
        set.add("abc");
        set.add("abd");
        set.add("abe");
        set.add(new Integer(4));
        set.add("abe");                //插入了相同的数据，所以会失败
        set.add(new Integer(4));       //同上
        System.out.println(set);
    }
}
```

程序的运行结果如下：

```
[4,abd,abc,abe]
```

从结果可以看出 Set 容器的特点：不能保存重复的数据，而且保存的是无序的数。这里的重复数据是由对象的 hashCode()和 equals()方法共同决定的。

【例 7-31】 重写 hashCode()方法和 equals()方法，验证 HashSet 集合元素的添加。

```
//文件名：SetTest1.java
import java.util.*;
public class SetTest1 {
    public static void main(String[] args) {
        HashSet hs = new HashSet();
        for (int i = 0; i < 10; i++)      //保存了10个元素
            hs.add(new Data());
        System.out.println(hs);
    }
}

class Data {
    //覆盖hashCode()方法，得到一样的hashcode
    public int hashCode() {
        return 12;
    }

    //覆盖equals()方法，是每个对象比较相等
    public boolean equals(Object o) {
        return true;
    }
}
```

程序的运行结果如下：

```
[Data@c]
```

若只重写 hashCode()方法，则所有元素的哈希地址是相同的，存放位置相同，并依次可以访问到下一个相邻元素，输出结果为：

```
[Data@c, Data@c, Data@c, Data@c, Data@c, Data@c, Data@c, Data@c, Data@c, Data@c]
```

在 for 循环处设置断点并运行程序，当循环到 i=2 时，变量值如图 7-10 所示，其中 next 变量主要用于指定下一个集合元素，hash 变量用于表示 hashcode 编码，key 表示键值，而且可以看出 HashSet 是通过 HashMap 实现的。

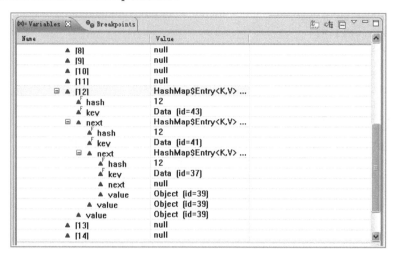

图 7-10　程序调试中变量值窗口

若没有重写 hashCode()方法和 equals()方法，则每个元素均会存储到集合中，输出结果为：

```
[Data@1bc4459, Data@12b6651, Data@4f1d0d, Data@18a992f, Data@150bd4d,
Data@dc8569, Data@c3c749, Data@1bab50a, Data@1fc4bec, Data@4a5ab2]
```

7.7.4　HashMap 类

Map 接口与 Collection 接口之间没有继承关系，它们是两个不同的接口。Map 接口专门处理键值映射数据的存储，可以根据键实现对值的操作。HashMap 是最常用的实现 Map 接口的类，它是基于哈希表的，以键值对的形式存在。在 HashMap 中，键值对总是会当做一个整体处理，系统会根据哈希算法来计算键值对的存储位置，我们总是可以通过键快速地存、取值。

1. 构造方法

（1）HashMap()：构造一个具有默认初始容量（16）和默认加载因子（0.75）的空 HashMap。

（2）HashMap(int initialCapacity)：构造一个带指定初始容量和默认加载因子（0.75）的空 HashMap。

（3）HashMap(int initialCapacity, float loadFactor)：构造一个带指定初始容量和加载因子的空 HashMap。

（4）HashMap(Map m)：构造一个映射关系与指定 Map 相同的新 HashMap。所创建的 HashMap 具有默认加载因子（0.75）和足以容纳指定 Map 中映射关系的初始容量。

在这里提到了两个参数：初始容量和加载因子。这两个参数是影响 HashMap 性能的重要参数，其中容量表示哈希表中桶的数量，初始容量是创建哈希表时的容量，加载因子是哈希表在其容量自动增加之前可以达到多满的一种尺度，它衡量的是一个哈希表的空间的使用程度，负载因子越大表示哈希表的装填程度越高，反之越低。对于使用链表法的哈希表来说，查找一个元素的平均时间是 O(1+a)，因此如果负载因子越大，那么对空间的利用更充分，后果是查找效率的降低；如果负载因子太小，那么哈希表的数据将过于稀疏，对空间造成严重浪费。系统默认负载因子为 0.75，一般情况下是无须修改的。

2. 常用的方法

（1）V put(K key,V value)：向集合中添加指定值与指定键映射关系（K 代表此映射所维护的键的类型，V 代表所映射值的类型）。

（2）void putAll(Map m)：将指定映射 m 的所有映射关系复制到此映射中，这些映射关系将替换此映射目前针对指定映射中所有键的所有映射关系。

（3）V get(Object key)：返回指定键所映射的值，如果存在指定的键对象，则返回与该键对应的值对象；否则返 null。

（4）void clear()：移除集合中所有的映射关系。

（5）int size()：返回集合中的键-值映射关系个数。

（6）boolean containsKey(Object key)：如果映射中包含了作为键的 key，则返回 true。

（7）boolean containsValue(Object value)：如果映射中包含了作为值的 value，则返回 true。

（8）Set<Map.Entry<K,V>> entrySet()：返回此映射中包含的映射关系的 set 视图。

（9）Set<K> keySet()：返回此映射中包含的键的 set 视图。

（10）V remove(Object key)：从映射中删除指定键的映射关系（如果存在）。

（11）boolean isEmpty()：如果此映射不包含键-值映射关系，也就是说，映射是空的，则返回 true。

（12）Collection values()：返回此映射中包含的值的 collection 视图，也就是值的集合。

【例 7-32】 HashMap 类的基本用法。

```java
//文件名：HashMapDemo.java
package HashMap;
import java.util.HashMap;
import java.util.Map;
public class HashMapDemo{
    public static void main(String[] args) {
        Map<String, String> cities = new HashMap<String, String>();
        cities.put("BJ", "北京");
        cities.put("SH", "上海");
        cities.put("GZ", "广州");
        cities.put("SZ", "深圳");
        String city = (String) cities.get("BJ");
        System.out.println("BJ对应的城市是: " + city);
        System.out.println("Map中共有"+cities.size()+"组数据");
        cities.remove("GZ");
        System.out.println("Map中包含GZ的key吗? " + cities.containsKey("GZ"));
        System.out.println( cities.keySet() ) ;
        System.out.println( cities.values() );
        System.out.println( cities );
    }
}
```

程序的运行结果如下：

```
BJ对应的城市是：北京
Map中共有4组数据
Map中包含GZ的key吗? false
[SH, SZ, BJ]
[上海, 深圳, 北京]
{SH=上海, SZ=深圳, BJ=北京}
```

171

第

7

章

Java 常用系统类

程序中通过 put("BJ", "北京")方法使用 HashMap 存储多组键值对，通过 get("BJ")方法获取指定元素的值，通过 size()方法获取 Map 元素个数，通过 remove("GZ")方法删除指定元素，通过 containsKey("GZ")判断是否包含指定元素，通过 keySet()、values()方法和打印语句显示键集、值集和键值对集。

3. HashMap 的工作原理

HashMap 基于哈希原理，可以通过 put()和 get()方法存储和获取对象。当用户将键值对传递给 put()方法时，它调用键对象的 hashCode()方法计算哈希码，然后找到桶（bucket）位置存储值对象。当获取对象时，通过键对象的 equals()方法找到正确的键值对，然后返回值对象。HashMap 使用链表解决碰撞问题，当发生碰撞时，对象将会存储在链表的下一个节点中。HashMap 在每个链表节点中存储键值对。当两个不同的键对象的哈希码相同时，它们会存储在同一个桶位置的链表中。键对象的 equals()方法用来找到键值对。

HashMap 实例的内部结构如图 7-11 所示。

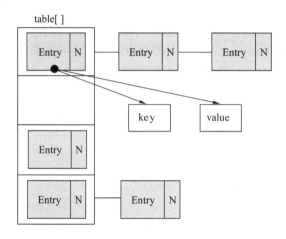

图 7-11　HashMap 实例的内部结构

HashMap 采用此种存储元素的方式是结合了 ArrayList 与 LinkedList 两者的优点，虽然单纯某项操作的性能上并不比二者之一高，但这种方式的好处就是存储与获取性能平稳，并不会出现剧烈波动的情况。

4. HashMap 的遍历方式

Java 中，通常有两种遍历 HashMap 的方法，下面通过实例进行介绍。

【例 7-33】　遍历 HashMap 的键值对。

```java
//文件名: iteratorHashMapByEntryset.java
import java.util.HashMap;
import java.util.Iterator;
import java.util.Map;
public class iteratorHashMapByEntryset{
    public static void main(String[] args){
        Map<String, String> cities = new HashMap<String, String>();
        cities.put("BJ", "北京");
        cities.put("SH", "上海");
        cities.put("GZ", "广州");
        Iterator iter = cities.entrySet().iterator();
        while(iter.hasNext()) {
            Map.Entry entry = (Map.Entry)iter.next();
            String key = (String)entry.getKey();
```

```
            String value = (String)entry.getValue();
            System.out.println(key+" -- "+value);
        }
    }
}
```

程序的运行结果如下：

```
GZ -- 广州
SH -- 上海
BJ -- 北京
```

程序首先通过 entrySet()获取 HashMap 的键值对的 Set 集合，然后通过 Iterator 迭代器遍历该集合，对得到的键值对对象使用 getKey()方法获取 key，用 getValue()方法获取 value。通过 entrySet()方法遍历 HashMap 效率高，推荐使用此种方式。

【例 7-34】 遍历 HashMap 的键。

```
//文件名：iteratorHashMapByKeyset.java
import java.util.HashMap;
import java.util.Iterator;
import java.util.Map;
public class iteratorHashMapByKeyset {
    public static void main(String[] args){
        Map<String, String> cities = new HashMap<String, String>();
        cities.put("BJ", "北京");
        cities.put("SH", "上海");
        cities.put("GZ", "广州");
        Iterator iter = cities.keySet().iterator();
        while (iter.hasNext()) {
            String key = (String)iter.next();
            String value = (String)cities.get(key);
            System.out.println(key+" -- "+value);
        }
    }
}
```

程序的运行结果如下：

```
GZ -- 广州
SH -- 上海
BJ -- 北京
```

程序首先通过 keySet()获取 HashMap 的键的 Set 集合，然后通过 Iterator 迭代器遍历该集合得到键对象，再调用 get()方法根据 key 获取 value。通过 keySet()方法遍历 HashMap 效率低，尽量少使用。

除了上述两种遍历 HashMap 的方法，还有一种通过 values()遍历 HashMap 的值的方法。

【例 7-35】 遍历 HashMap 的值。

```
//文件名：iteratorHashMapJustValues.java
import java.util.Collection;
import java.util.HashMap;
import java.util.Iterator;
import java.util.Map;
public class iteratorHashMapJustValues {
    public static void main(String[] args) {
        Map<String, String> cities = new HashMap<String, String>();
        cities.put("BJ", "北京");
```

```
        cities.put("SH", "上海");
        cities.put("GZ", "广州");
        Collection c = cities.values();
        Iterator iter= c.iterator();
        while (iter.hasNext()) {
            System.out.println(iter.next());
        }
    }
}
```

程序的运行结果如下：

广州
上海
北京

程序首先通过 values()获取 HashMap 的值的集合，然后通过 Iterator 迭代器遍历该集合得到值对象。

> **知识提示**　由 HashMap 类实现的 Map 集合，允许以 null 作为键对象，但是因为键对象不可以重复，重复之后就覆盖，在 HashMap 中的对象是无序的，ArrayList 是可以存储重复数据的，这一点不同于 Set 集合。

各集合类的区别如下：

（1）Collection 接口存储一组不唯一、无序的对象。

（2）List 接口存储一组不唯一、有序（插入顺序）的对象。

（3）Set 接口存储一组唯一、无序的对象。

（4）Map 用来存储键值对，并且不能含有重复的键。

7.8　迭　代　器

迭代器是一种设计模式，它是一个对象。迭代器的作用在于对数据的遍历与数据的内部表示进行分离。通过迭代器调用 hasNext()确认是否还有下一个元素。假如有就可以调用 next()取得下一个元素，并不关心数据在内部如何表示，关心的只是能以一种预先定义的顺序来访问每个元素。Java 中的 Iterator 功能比较简单，并且只能单向移动，以下是 Iterator 的常用方法。

（1）iterator()：要求容器返回一个 Iterator。

（2）next()：第一次调用 Iterator 的 next()方法时，它返回序列的第一个元素，以后再次调用时将获得序列中的下一个元素。

（3）hasNext()：使用检查序列中是否还有元素。

（4）remove()：将迭代器返回的元素删除。

【例 7-36】　用 Iterator 遍历 ArrayList 集合中的元素。

```
//文件名：IteratorDemo.java
import java.util.*;
public class IteratorDemo {
    public static void main(String[] args) {
        List list = new ArrayList();
        list.add("one ");
        list.add("second ");
```

```
        list.add("third ");
        list.add(new Integer(4));
        list.add("");
        list.add(new Float(5.0F));
        list.add(" second ");      // true
        list.add(new Integer(4));  // true

        Iterator iterator = list.iterator();
        while (iterator.hasNext())
            System.out.print(iterator.next());
    }
}
```

程序的运行结果如下:

```
one second  third   4   5.0 second  4
```

知识提示　iterator()方法是 java.lang.Iterable 接口，被 Collection 继承。

Iterator 是 Java 迭代器最简单的实现，为 List 设计的 ListIterator 具有更多的功能，它可以从两个方向遍历 List，也可以从 List 中插入和删除元素。Iterator 和 ListIterator 的主要区别体现在以下几个方面：

（1）ListIterator 有 add()方法，可以向 List 中添加对象；而 Iterator 不能。

（2）ListIterator 和 Iterator 都有 hasNext()和 next()方法，可以实现顺序向后遍历，但是 ListIterator 有 hasPrevious()和 previous()方法，可以实现逆向（顺序向前）遍历；而 Iterator 不可以。

（3）ListIterator 可以定位当前的索引位置，nextIndex()和 previousIndex()可以实现；而 Iterator 没有此功能。

（4）ListIterator 和 Iterator 都可以实现删除对象，但是 ListIterator 可以实现对象的修改，可以利用 set()方法实现对 LinkedList 等 List 数据结构的操作；Iterator 仅能遍历，不能修改。

【例 7-37】　用 ListIterator 遍历 ArrayList 集合中的元素。

```
//文件名：ListIteratorDemo.java
import java.util.*;
public class ListIteratorDemo {
    public static void main(String[] args) {
        List list = new ArrayList();
        list.add("one");
        list.add("second");
        list.add("third");
        list.add(new Integer(4));
        list.add(new Float(5.0F));
        list.add("second");                //true
        list.add(new Integer(4));          //true
        ListIterator iterator = list.listIterator();
        System.out.print("向下迭代容器里的数据：");
        while (iterator.hasNext())
            System.out.print(iterator.next()+"\t");
        System.out.print("\n向上迭代容器里的数据：");
        while (iterator.hasPrevious())
            System.out.print(iterator.previous()+"\t");
    }
}
```

程序的运行结果如下：

向下迭代容器里的数据：one　second　third　4　5.0 second　4
向上迭代容器里的数据：4 second　5.0 4　third　second　one

用迭代器还可以修改容器里的数据，只不过只能用当前的迭代器修改，不能两个迭代器同时修改一个容器里的数据。

【例 7-38】 用两个迭代器修改 ArrayList 集合中的元素。

```
//文件名：TwoIterator.java
import java.util.*;
public class TwoIterator {
    public static void main(String[] args) {
        List list = new ArrayList();
        list.add("one");
        list.add("second");
        list.add("third");
        list.add(new Integer(4));
        list.add(new Float(5.0F));
        list.add("second");           //true
        list.add(new Integer(4));   //true
        ListIterator listIterator = list.listIterator();
        Iterator iterator = null;
        iterator = list.iterator();

        if (iterator.hasNext())
          iterator.next();
        iterator.remove();              //会删除该next()返回的元素
        //用另一个迭代器操作上一个迭代器改变后的数据
        while (listIterator.hasNext())
            System.out.println(listIterator.next());
    }
}
```

程序运行会显示以下异常：

```
java.util.ConcurrentModificationException
```

7.9 案例分析：利用 ArrayList 类存储银行账户类

1. 案例描述
建立一个银行账户类，主要存放用户的账号、户名、密码、账户余额、顾客流水号及总账号数信息，这些信息要求从键盘按指定类型输入，并将账户信息存储于 ArrayList 类中，并对 ArrayList 中的账户信息进行遍历。遍历方法主要采用两种：一种是利用迭代器遍历集合元素；另一种方法是对 ArrayList 集合元素直接遍历。

2. 案例分析
根据案例描述中的信息，本案例需要创建一个银行账户类 Cust，成员属性主要包含 6 项信息，其中密码和账户名定义为 String 类型，账号、账户余额及账户流水号定义为 int 类型，总账户数定义为静态的 int 类型，以便于统计总的账户数。

Cust 类的构造方法主要有无参构造方法及有参构造方法两个，其中无参构造方法的主要功能是完成各成员属性的初始化，有参构造方法完成参数到成员属性的赋值工作。

主类中 main()方法的工作是利用 new BufferedReader(new InputStreamReader(System.in)) 创建缓存输入流对象 br 并输入成员属性要包含的各个信息，再利用 Cust 的有参构造方法创建银行账户对象；接着创建 ArrayList 的对象 list，并利用 add()方法完成银行账户对象的添加。

对银行账户信息的迭代遍历主要使用 ArrayList 类的 iterator()方法获得迭代器,利用迭代器的 hasNext()及 next()方法实现集合元素遍历。对账户信息的直接遍历主要使用 ArrayList 类的 size()方法判断集合长度,利用 get()方法获取集合元素。

3. 案例实现

本例的代码如下:

```java
//文件名: ListArrayDemo.java
import java.io.BufferedReader;
import java.io.IOException;
import java.io.InputStreamReader;
import java.util.ArrayList;
import java.util.Iterator;

class Cust {
    String name;
    int ID;
    String PWD;
    int money;
    int selfNum=0;
    static int allNum=0;

    Cust(){
        name = "";
        ID = 0;
        PWD = "";
        money = 0;
        allNum++;
        selfNum=allNum;
    }
    Cust(String newName,int newID,String newPWD,int newMoney){
        name = newName;
        ID = newID;
        PWD = newPWD;
        money = newMoney;
        allNum++;
        selfNum=allNum;
    }
}

public class ListArrayDemo {
    public static void main(String args[]){
        String name,pwd;
        int id,rest;
        Cust cu1,cu2;
        BufferedReader br=new BufferedReader( new InputStreamReader(System.in));
        ArrayList list=new ArrayList();
        for(int i=0;i<5;i++){
            System.out.println("请输入顾客姓名、账号、密码及余额: ");
            try {
                name=br.readLine();
                id=Integer.parseInt(br.readLine());
                pwd=br.readLine();
                rest=Integer.parseInt(br.readLine());
                list.add(new Cust(name,id,pwd,rest));
            }catch (IOException e) {
                e.printStackTrace();
            }
        }
        System.out.println("利用迭代器遍历集合元素。");
```

```
//获取list对象的迭代器对象
Iterator ite=list.iterator();
System.out.println("户名\t账号\t密码\t余额\t账户流水号\t账户总数");
//利用hasNext()方法判断iter迭代器是否结束
while(ite.hasNext()){
    cu1=(Cust)ite.next();
    System.out.print(cu1.name+"\t"+cu1.ID+"\t"+
    cu1.PWD+"\t"+cu1.money);
    System.out.println("\t"+cu1.selfNum+"\t"+cu1.allNum);
}
System.out.println("********************************");
System.out.println("直接遍历集合元素");
System.out.println("户名\t账号\t密码\t余额\t账户流水号\t账户总数");
//利用size()方法获取集合长度
for(int i=0;i<list.size();i++){
    cu2=(Cust)(list.get(i));
    System.out.println(cu2.name+"\t"+cu2.ID+"\t"+
    cu2.PWD+"\t"+cu2.money+"\t"+cu2.selNum+"\t"+cu2.allNum);
}
    }
}
```

4. 归纳与提高

在本例中，应掌握集合 ArrayList 类的使用，掌握利用迭代器遍历及直接遍历集合元素的方法。迭代器遍历与直接遍历虽然都能实现对集合遍历的功能，但两者之间是有差别的。现以下述代码为例，明确两种方法的时间效率差别。

```
//文件名：TimeDemo.java
import java.util.*;
class BankCust{
    String name ;
    int id;
    BankCust(String name,int id){
      this.name=name;
      this.id=id;
    }
}
public class TimeDemo{
    public  static void main(String args[]){
        List list=new LinkedList();
        for(int k=1;k<=30000;k++){
            list.add(new BankCust("Cust"+k,k));
        }
        Iterator iter=list.iterator();
        long time1=System.currentTimeMillis();
        while(iter.hasNext()){
            BankCust cu=(BankCust)iter.next();
        }
        long time2=System.currentTimeMillis();
        System.out.println("遍历链表用时:"+(time2-time1)+"毫秒");
        time1=System.currentTimeMillis();
        for(int i=0;i<list.size();i++){
            BankCust cu=(BankCust)list.get(i);
        }
        time2=System.currentTimeMillis();
        System.out.println("遍历链表用时:"+(time2-time1)+"毫秒");
    }
}
```

程序的运行结果如下：

遍历链表用时：16毫秒
遍历链表用时：1375毫秒

可见采用迭代器对集合元素进行遍历的时间效率要远高于直接对集合元素遍历。将集合与迭代器配合起来使用将在项目实现中十分常见，因此要熟练使用集合和迭代器，将来还可以将数据库的结果集 ResultSet 与集合配合起来使用。

7.10 本 章 小 结

本章主要介绍了 Java 类库的结构及使用方法、字符串类、Math 类及 Random 类、Date 类、Calendar 类、基本类型包装器及常用集合类。

Java 语言的内核非常小，其强大的功能主要由类库（Java API，应用程序接口）体现。从某种意义上说，掌握 Java 的过程也是充分利用 Java 类库中丰富资源的过程。

Java 包可以分为两大类：一类是 Java 的核心包（Java core package），包名以 java 开始；另一类是 Java 的扩展包（Java extension package），包名以 javax 开始。当用户安装完 JDK 时，在 JDK 的安装目录的 lib 子目录中可以看到一个压缩文件 class.zip。这个文件默认置于 JDK 安装目录的 lib 子目录下。对该文件可以用解压软件可查看，这些文件即为 Java 的类库支持文件。

String 类不是原始基本数据类型，在 Java 中，字符串是一个对象。Java 程序用字符串池来管理字符串，创建字符串时，程序在字符串缓冲池中寻找相同值的对象表达式，如果有该字符串值时，在字符串缓冲池中不会创建新的字符串值，而是将要创建的字符串对象变量对象指向已有的字符串值。

字符串引用变量 s1 与 s2，s1==s2 是判断 s1 与 s2 所引用的字符串是否相同，而 s1.equals(s2)是判断 s1 指向的字符串内容是否与 s2 所指向的字符串内容相同。当调用 intern 方法时，如果字符串池中已经包含一个等于此 String 对象的字符串（用 equals(Object) 方法确定），则返回池中的字符串；否则，将此 String 对象添加到字符串池中，并返回此 String 对象的引用。

StringBuffer 类是线程安全的可变字符序列；是一个类似于 String 的字符串缓冲区，但还可以修改。虽然在任意时间点上它都包含某种特定的字符序列，但通过某些方法调用可以改变该序列的长度和内容。所以当字符串的内容会不断修改的时候使用 StringBuffer 比较合适。

进行数学运算时可考虑用 Math 类中的方法，产生随机数可以用 Math.random()方法也可以使用 Random 类完成。Date 类及 Calendar 类主要用于日期操作。

Java 中将 int、float 等基本数据类型进行了封装，每一种基本数据类型都有其对应的类，如 Integer、Float 等。要注意用基本数据类型创建变量和用其对应的类创建对象的意义是不同的，只有对象才可以使用对应类的方法。

集合是由各种元素构成的，主要研究的接口有 Iterator、Collection 及 Map。其中 ArrayList、LinkedList、HashSet 和 HashMap 是较为常用的实现类，ArrayList 经常在对数据库读取的记录及元素存储时使用。更多有关类库的介绍和使用方法，需要查阅 Java 技术文档。

在本章中，需要重点掌握各个常用类的分类及各自特点，熟练使用各个常用类的方法，要学会利用 Java API 学习 Java 中各个类的方法，Java API 是在项目开发中常用的一种辅助工具。

理论练习题

一、判断题

1. 设 String 对象 s="H"，运行语句"System.out.println(s.concat("ello!"));"后，String 对象 s 的内容为"Hello!"，所以语句输出为"Hello!"。（　　　）

2. Java 的 String 类的对象既可以是字符串常量，也可以是字符串对象变量。（　　　）

3. String str="abcdefghi";　char chr=str.charAt(9);　（　　　）

4. String str="abcedf"; int length=str.length;　（　　　）

5. char[] str="abcdefgh";　（　　　）

6. Map 接口是自 Collection 接口继承而来。（　　　）

7. 集合 Set 是通过键值对的方式存储对象的。（　　　）

8. Integer i = (Integer.valueOf("926")).intValue();　（　　　）

9. String s = (Double.valueOf("3.1415926")).toString();　（　　　）

10. Integer I = Integer.parseInt("926");　（　　　）

11. 在集合中元素类型必须是相同的。（　　　）

12. 集合中可以包含相同的对象。（　　　）

13. int intArray[]={0,2,4,6,8};　int length=int Array.length();　（　　　）

14. int[] intArray[60];　（　　　）

15. 在 Java 集合中，Vector 和 HashMap 是线程安全的。（　　　）

二、填空题

1. _____是 Java 程序中所有类的直接或间接父类，也是类库中所有类的父类。

2. 定义初值为 10 的 10 次方的长整型变量 lvar 的语句是_____。

3. 以下方法 m 的功能是求两参数之积的整数部分。

```
int m ( float x, float y ) {
    _____;
}
```

4. _____包含了 Collection 的接口和类的 API。

5. "String s=new String("xyz");"创建了_____个 String 对象。

6. Math.round(11.5)等于_____，Math.round(-11.5)等于_____。

7. 以下程序的输出结果为_____。

```
public class Short{
    public static void main(String args[ ]) {
        StringBuffer s = new StringBuffer("Boy");
        if((s.length( )<3)&& (s.append("男孩").equals("False")));
        System.out.println("结果为: "+s);
    }
}
```

8. 阅读以下程序，运行程序的输出结果为_____。

```
public class EqualsMethod {
```

```
public static void main(String[] args) {
    Integer n1 = new Integer(47);
    Integer n2 = new Integer(47);
    System.out.println(n1.equals(n2));
}
}
```

9. 以下程序的运行结果为＿＿＿＿＿＿＿＿＿。

```
public class  StringTest1{
    public static void main(String[] args) {
    String s1="hello";
        String s2=new String("hello");
        if(s1==s2){
            System.out.println("s1==s2");
        }else{
            System.out.println("s1!=s2");}
    }
}
```

10. 以下程序的运行结果为＿＿＿＿＿＿＿＿＿。

```
import java.io.*;
public class TestString{
    public static void main(String args[ ]){
        StringC s = new StringC ("hello ","world!");
        System.out.println(s);
    }
}
class  StringC {
    String   s1;
    String   s2;
    StringC( String  str1 , String  str2 ) {
        s1 = str1;  s2 = str2;
    }
    public  String  toString( ) {
        return s1+s2;
    }
}
```

11. 以下程序的运行结果为＿＿＿＿＿＿＿＿＿。

```
import java.util.*;
public class  List{
    public static void main(String[] args) {
        String[]  s;
        s=new String[2];
        s[0]=new String("no1");
        s[1]=new String("no2");
        LinkedList list = new LinkedList();
        for(int i = 0; i <2; i++)
            list.add(s[i]);
        list.add(2, "no3");
        Iterator<Integer> iterator = list.iterator();
        while (iterator.hasNext())
            System.out.print(iterator.next() +" ");
        System.out.println();
        list.remove(2);
        for(int i = 0; i < v.size() ; i++)
            System.out.print(list.get(i) +" ");
        System.out.println();
    }
}
```

三、选择题

1. 构造 ArrayList 类的一个实例，此类继承了 List 接口，正确的是（　　）。

    A．ArrayList myList=new Object();　　　　B．ArrayList myList=new List();

    C．List myList=new ArrayList();　　　　　D．List myList=new List();

2. 下列程序运行的结果是（　　）。

```
public class Example{
    String str=new String("good");
    char[]ch={'a','b','c'};
    public static void main(String args[]){
        Example ex=new Example();
        ex.change(ex.str,ex.ch);
        System.out.print(ex.str+" and ");
        Sytem.out.print(ex.ch);
    }
    public void change(String str,char ch[]){
        str="test ok";
        ch[0]='g';
    }
}
```

    A．good and abc　　　　　　　　　　　B．good and gbc

    C．test ok and abc　　　　　　　　　　D．test ok and gbc

3. 创建字符串 "s: s=new String("xyzy");"，以下（　　）语句将改变 s 的值。

    A．s.append("a")　　　　　　　　　　　B．s.concat(s)

    C．s.substring(3)　　　　　　　　　　　D．以上语句都不对

4. 关于以下程序段，正确的说法是（　　）。

```
1  String s1 = "ac"+ "def";
2  Strimg s2 = new String(s1);
3  if(s1.equals(s2))
4    System.out.println("==succeeded");
5  if(s1==s2)
6    System.out.println(".equals() succeeded");
```

    A．第 4 行与第 6 行都将执行　　　　　B．第 6 行执行，第 4 行不执行

    C．第 4 行执行，第 6 行不执行　　　　D．第 4 行、第 6 行都不执行

5. 关于以下代码段的说法正确的是（　　）。

```
1  String s ="abcde";
2  StringBuffer s1 = new StringBuffer("abcde");
3  if(s.equals(s1))
4    s1 = null;
5  if(s1.equals(s))
6    s=null;
```

    A．第 1 行编译错误，String 的构造方法必须明确调用

    B．第 3 行编译错误，因为 s1 与 s2 有不同的类型

    C．编译成功，但执行时在第 5 行有异常抛出

    D．编译成功，执行过程中也没有异常抛出

6. 有语句 "String s="hello world";"，以下操作不合法的是（　　）。

    A．int i=s.length();　　　　　　　　　　B．Stringts=s.trim();

    C．s>>>=3;　　　　　　　　　　　　　D．String t=s+"!";

上机实训题

1．对字符串"abcdef"与"123456"进行连接，并将其连接结果转变为字符数组，依次输出数组中各个元素。

2．利用 indexOf()、lastIndexOf()及 substring()方法对字符串"I like java programming"取字符串"java programming"、"java"及"programming"。

3．将字符串"i like java"进行倒置，即输出"avaj ekil i"。

4．重写 String 类的 toString 方法，使其输出指定格式的内容。

5．对于给定的 3 个整数 12、3、25，用 Math 类中的 max()方法和 min()方法，求得最大数和最小数，并输出结果。

6．利用 Math 类中的 random()方法产生随机的两个 10 以内整数，并显示为加法题目，要求用户从键盘输入题目得数，程序每次运行可产生 5 个题目，最终后统计出用户答对的题目数及总分。

7．用 Date 类不带参数的构造方法创建日期，要求日期输出格式是：星期 小时 分 秒。

8．创建一个 CalendarDemo 类，其中创建的 Calendar 类的实例以系统当前时间为时间值，获取当前时间中的年、月、日、时、分、秒，并以年月日、星期、时分秒的形式显示。可以计算并显示"1962 年 6 月 29 日"至"2017 年 10 月 1 日"之间的时间差值，以天为单位计算。

9．利用 Calendar 类 set()及 get()方法，结合 String 类型的数组，显示指定日期所在的月历，在月历中该月第一天前面的空格处显示"*"号。

第 8 章 　 Java 输入输出系统

视频讲解

大多数的程序都离不开输入和输出，如从键盘读取数据，从文件中获取数据或者将数据存入文件，在显示器上显示数据，以及在网络上进行信息交互等，都会涉及有关输入输出的处理。本章介绍流的概念以及由 Java 语言实现的基本的输入输出。

8.1　流的基本概念

大多数程序所处理的数据都要从外部输入，即这些数据要从数据源（source）获得，数据源指提供数据的地方，而程序的运行结果又是要送到数据宿（destination）的，数据宿指接收数据的地方。其中数据源可以是磁盘文件、键盘或网络插口等，数据宿可以是磁盘文件、显示器、网络插口或者打印机等。

对程序员来说，不希望将编程的精力过多地消耗在处理输入输出的具体细节上面，他们希望所有的输入输出操作都能够有一个相对统一的、简单的操作方式，而不管输入输出所涉及的数据源和数据宿是怎样的不同和多样。

那么，是否有一种办法可以解决由于数据源和数据宿多样性而带来的输入输出操作的复杂性与程序员所希望的输入输出操作的相对统一简单之间的矛盾呢？Java 引入的"流"及有关的"流类"就是用于解决上述矛盾的有效办法。

"流"可以被理解为一条"管道"。这条"管道"有两个端口：一端与数据源（当输入数据时）或数据宿（当输出数据时）相连，另一端与程序相连。在与数据源或数据宿相连的端口，"管道"在读/写数据时能够应付数据源和数据宿的多样性，消化掉因数据源和数据宿的多样性带来的数据读/写的复杂性；而在与程序相连的端口，"管道"提供了输入输出的统一操作接口。由于在程序和数据源/数据宿之间建立了"管道"，使得程序输入输出时原本直接对数据源和数据宿的繁杂操作转化为对"管道"的统一而简单的操作，这样就大大降低了输入输出的复杂性，减轻了程序员的负担。

有了流，程序和外界的数据交换都可通过流实现。当程序要从数据源获得数据时，必须在程序和数据源之间建立输入流（如图 8-1 所示）；当程序要把结果输送到数据宿时，必须在程序和数据宿之间建立输出流（如图 8-2 所示）。

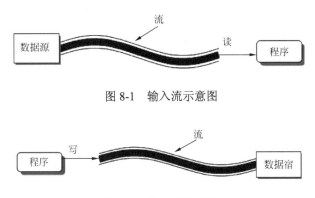

图 8-1　输入流示意图

图 8-2　输出流示意图

无论涉及输入输出的数据源和数据宿是什么，只要在程序和数据源/数据宿之间建立了流，用户就不需要再关心数据来自何方或送向何处，程序中输入输出操作的复杂性就大大降低了。所有输入输出操作都转换为对流的操作。

在所有的流中，不管输入输出数据的类型是什么，在程序中读和写的过程都是相同的。

根据流中的数据传输的方向，将流分为输入流和输出流。根据"管道"里流动的数据的类型，将流分为字符流（Character Streams）和字节流（Byte Streams），字符流以字符为传输单位，而字节流以字节为传输单位。

在 Java 开发环境中，java.io 包为用户提供了几乎所有常用的数据流，因此在所有涉及数据流操作的程序中几乎都应在程序的最前面加入语句"import java.io.*;"，从而使用这些由环境本身提供的数据流类。

> 知识提示　在 Java 的底层操作中，所有的输入输出都是以字节形式进行的。基于字符的流为处理字符提供了方便有效的方法。

8.2　字　节　流

Java 中的字节流是以字节（byte）为基本处理单位，用于对二进制数据进行读写操作。对应输入字节流和输出字节流的两个顶层的抽象类分别是 InputStream 和 OutputStream。

1. InputStream 类

InputStream 类表示基本输入流，图 8-3 表示了 InputStream 类和它的一些子类的继承关系。

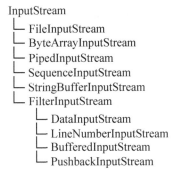

图 8-3　InputStream 类及其子类的继承关系

InputStream 类的主要方法如表 8-1 所示。

表 8-1　InputStream 类的主要方法

方法	说明
public abstract int read()	从流中读取下一个字节数据，并返回读到字节数；若没有数据便返回-1
public int read(byte b[])	从流中读取数据并存放到数组 b［］中，同时返回读取到的字节数；若没有数据便返回-1
public int read(byte b[],int off,int len)	从流中读取最多 len 个字节的数据放入 b［］中，并指定从数组 b［］下标 off 的位置开始存放，同时返回读取的实际字节数
public long skip(long n)	跳过流中的指定字节不读，返回值表示实际跳过的字节数
public int available()	返回当前流中可读取的字节数
public void close()	关闭当前流对象，同时释放与该数据流相关的资源
public void mark(int readlimit)	在流中标记一个位置
public void reset()	返回流中标记过的位置
public boolean markSupported()	返回一个流是否支持标记和复位操作的布尔值

当结束对一个数据流的操作时应该将其关闭，同时释放与该数据流相关的资源。

⏱知识提示　因为 Java 提供系统垃圾自动回收功能，所以当一个流对象不再使用时，可以由运行时系统自动关闭。但是为了提高程序的安全性和可读性，建议读者还是应该养成显示关闭输入输出流的习惯。

对数据流中字节的读取通常是按从头到尾的顺序进行的，如果需要以反方向读取，则需要用"回推"的方法实现。在支持回推操作的数据流中经常用到上面几个方法。方法 markSupported()用于指示数据流是否支持回推操作，当一个数据流支持 mark()和 reset()方法时返回 true，反之返回 false。方法 mark()用于标记数据流的当前位置，并画出一个缓冲区，其大小至少为指定参数的大小。在执行完随后的 read()操作后，调用方法 reset()将回到输入数据流中被标记的位置。

2. OutputStream 类

OutputStream 表示基本输出流，图 8-4 表示了 OutputStream 类和它的一些子类的继承关系。

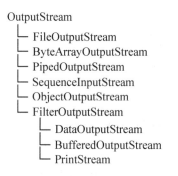

```
OutputStream
    └─ FileOutputStream
    └─ ByteArrayOutputStream
    └─ PipedOutputStream
    └─ SequenceInputStream
    └─ ObjectOutputStream
    └─ FilterOutputStream
            └─ DataOutputStream
            └─ BufferedOutputStream
            └─ PrintStream
```

图 8-4　OutputStream 类及其子类的继承关系

OutputStream 类的主要方法如表 8-2 所示。

表 8-2　OutputStream 类的主要方法

方法	说明
public abstract void write(int b)	向流中写入一个字节
public void write(byte b[ ])	向流中写入一个字节数组
public void write(byte b[ ],int off,int len)	从数组 b[ ]的第 off 个位置开始写入 len 长度的数据到流中
public void flush()	清空流并强制将缓冲区中的所有数据写入到流中
public void close()	关闭当前流对象，同时释放与该数据流相关的资源

为加快数据传输速度，提高效率，有时输出数据流会在提交数据之前把所要输出的数据先锁定在内存缓冲区，然后成批地进行输出，每次传输过程都以某特定数据长度为单位传输数据。在这种方式下，在数据的末尾一般都会有一部分数据由于数量不够一个传输单位，而存留在缓冲区里，用方法 flush()则可以将这部分数据强制提交。

8.3　字　符　流

Java 中的字符流是以 16 位的 Unicode 码表示的字符为基本处理单位。对应输入字符流和输出字符流的两个顶层的抽象类，分别是 Reader 和 Writer。

1. Reader 类

Reader 类是处理所有字符流输入类的父类。图 8-5 表示了 Reader 类和它的一些子类的继承关系。

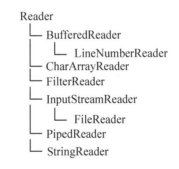

图 8-5　Reader 类及其子类的继承关系

Reader 类的主要方法如表 8-3 所示。

表 8-3　Reader 类主要方法

方法	说明
public int read()	读取一个字符，返回值为读取的字符
public int read(char b [])	读取一系列字符到数组 b []中，返回值为实际读取的字符的数量
public int read(char b [],int off,int len)	读取 len 个字符，从数组 b []的下标 off 处开始存放，返回值为实际读取的字符数量，该方法必须由子类实现
public boolean markSupported()	判断当前流是否支持做标记
public void mark(int readAheadLimit)	给当前流作标记，最多支持 readAheadLimit 个字符的回溯
public void reset()	将当前流重置到做标记处
public void close()	关闭当前流对象，同时释放与该数据流相关的资源

2. Writer 类

Writer 类是处理所有字符流输出类的父类。图 8-6 表示了 Writer 类和它的一些子类的继承关系。

```
Writer
    └── BufferedWriter
    └── CharArrayWriter
    └── FilterReader
    └── OututStreamReader
            └── FileWriter
    └── PipedWriter
    └── StringWriter
```

图 8-6　Writer 类及其子类的继承关系

Writer 类的主要方法如表 8-4 所示。

表 8-4　Writer 类的主要方法

方法	说明
public void write(int c)	将整型值 c 的低 16 位写入输出流
public void write(char b [])	将字符数组 b [] 写入输出流
public abstract void write(char b[],int off,int len)	将字符数组 b [] 中的从索引为 off 的位置处开始的 len 个字符写入输出流
public void write(String str)	将字符串 str 中的字符写入输出流
public void write(String str,int off,int len)	将字符串 str 中从索引 off 开始处的 len 个字符写入输出流
flush( )	清空流并强制将缓冲区中的所有数据写入到流中
public void close()	关闭当前流对象，同时释放与该数据流相关的资源

对比图 8-3 到图 8-6 可以发现，字符流很多的类名的作用和字节流都差不多。这些方法的不同之处仅仅在于字节流是字节（byte）为基本处理单位，而字符流是以 16 位的 Unicode 码表示的字符为基本处理单位。

8.4　File 类

在对一个文件进行 I/O 操作之前，必须先获得有关这个文件的基本信息，如文件能不能被读取，能不能被写入，绝对路径是什么，文件长度是多少等。

Java 中有一个 File 类，通过创建一个 File 类的对象，使用该类所提供的一些方法，可以得到文件或目录的描述信息，包括文件名称、所在目录、可读性、可写性、长度和文件的最后修改时间等，还可以生成新的目录、改变文件名、删除文件、列出一个目录中所有的文件或与某个模式相匹配的文件等。

文件是许多程序的基本数据源和数据宿，是保存永久数据和共享信息的媒体。在 Java 中，目录也被当作文件，可以用 list 方法列出目录中的文件名。

File 类具有下面 3 种构造方法。

（1）public File (String path)

参数 path 是包含目录和文件名的字符串，Java 把目录看作一种特殊的文件，因此该字符串可以没有文件名，这时若调用方法 isFile() 将返回 false，说明 File 对象是目录而不是文件。

（2）public File (String path,String name)

path 是目录路径（父目录），name 可包含目录和文件名（相对于父目录）。

（3）public File (File dir,String name)

dir 是一个文件对象（父目录），child 可包含目录和文件名（相对于父目录）。

表 8-5 列出了 File 类的主要方法。

表 8-5　File 类的主要方法

方法	说明
public String getName()	返回文件名
public String getPath()	返回文件路径
public String getAbsolutePath()	返回文件绝对路径
public String getParent()	返回文件的父目录
public boolean exists()	判断文件是否存在
public boolean canWrite()	判断文件是否可写
public boolean canRead()	判断文件是否可读
public boolean isFile()	判断对象是否是文件
public boolean isDirectory()	判断对象是否是目录
public native boolean isAbsolute()	如果文件名为绝对名，则返回真
public long lastModified()	返回文件最后修改时间
public long length()	返回文件长度
public boolean mkdir()	创建目录
public boolean renameTo(File dest)	重命名文件
public boolean mkdirs()	创建目录及子目录
public String[] list()	列出目录下的所有文件和目录
public String[] list(FilenameFilter filter)	列出目录下的指定文件
public boolean delete()	删除文件对象
public int hashCode()	为文件创建哈希码
public boolean equals(Object obj)	判断是否同对象 obj 相等
public String toString()	返回文件对象的字符串描述

从上面的方法中可以看出，File 类不仅是对现有目录路径、文件和文件组的一个表示，它还可以利用 File 对象直接新建一个目录，甚至创建一个完整的目录路径（如果它还不存在的话），同时还可以利用该对象了解文件（文件夹）的属性（包括长度、最近一次修改日期、读/写属性等），检查一个 File 对象到底是一个文件还是目录，以及删除一个文件对象等操作。

【例 8-1】　输入一个文件名，显示该文件的相关属性信息。

```java
//文件名: FileClass.java
import java.io.*;
public class FileClass {
    public static void main(String[] args)    {
        System.out.println("enter file name:");
        char c;
        StringBuffer  buf=new StringBuffer() ;
        try {
            while( (c = (char)System.in.read() ) != '\n')
                buf.append(c);
            //将输入的字符加到buf中，以回车符结尾
        } catch(java.io.IOException  e) {
                System.out.println("Error:"+e.toString( ) );
        }
        //创建File类的file对象
```

```
                File file = new  File(buf.toString( ).trim( ) );
                //如果文件在当前目录存在
                if ( file.exists( ) ) {
                    //显示文件的文件名
                    System.out.println("File Name:"+file.getName( ) );
                    //显示文件的路径
                    System.out.println("path:"+file.getPath( ) );
                    //显示文件的绝对路径
                    System.out.println("Abs.path:"+file.getAbsolutePath( ) );
                    //显示文件是否可写
                    System.out.println("Writeable:"+file.canWrite( ) );
                    //显示文件是否可读
                    System.out.println("Readlable:"+file.canRead( ) );
                    //显示文件的大小
                    System.out.println("Length:"+(file.length())+"B");
                }
                else                //如果文件不在当前目录
                    //显示文件没有找到的提示消息
                    System.out.println("Sorry,file not found.");
        }
    }
```

8.5　System.in 和 System.out 对象

为了支持标准的输入输出设备，Java 定义了两个流的对象：System.in 和 System.out，可以在程序中直接使用而不用重新定义自己的流对象，因为它们都是静态成员。System.in 可以从键盘中读入数据，System.out 可以将数据输出到显示屏上。

【例 8-2】　输入一个字符，在屏幕上显示该字符。

```
//文件名：CharInput1.java
import java.io.*;
public class CharInput1{
    public static void main(String[] args)
        //必须做异常处理
        int a;
        try{
            System.out.print("请输入一个字符：");
            a=System.in.read();
            System.out.println("你输入的字符是"+(char)a);
        }catch(IOException e){
            System.out.println("错误信息为："+e.toString());
        }
    }
}
```

【例 8-3】　输入一行字符，在屏幕上显示该行字符。

```
//文件名：CharInput2.java
import java.io.*;
public class CharInput2 {
    public static void main(String[] args){
        byte buffer[]=new byte[255];
        System.out.println("请在下面输入一行字符：");
        try{
            System.in.read(buffer,0,255);          //System.in.read抛出异常
```

```
    }catch(IoException e) {                              //捕获异常并处理
        System.out.println("读取输入字符出错,错误信息为:"+e.toString());
    }
    System.out.println("您刚才输入的一行字符为:");
    String inputStr=new String(buffer);
    System.out.println(inputStr);
    }
}
```

在该例中,首先利用 System.out 类在显示器上显示一行字符"请在下面输入一行字符:",
然后利用 System.in 等待用户输入字符,最后将用户所输入的字符重新在显示器中输出。在接
收用户输入数据时可能出错,在本例中还对 System.in 捕获异常,若出现异常,则在显示器中
将异常信息显示出来。

8.6 FileInputStream 类和 FileOutputStream 类

通常所使用的文件有很多是二进制文件,它们以字节作为数据处理单位。对这些文件就
要使用字节流读/写,其实文本文件也可以用字节流进行读/写。FileInputStream 和
FileOutputStream 分别完成字节流文件的输入和输出。

1. FileInputStream 类

FileInputStream 类的主要方法如表 8-6 所示。

表 8-6　FileInputStream 类的主要方法

方法	说明
int available()	返回可读入的字节数
void close()	关闭输入流,并释放任何与该流有关的资源
protected void finalize()	当读到无用信息时,关闭该流
FileDescriptor getFD()	返回与该流有关的文件描述符(即文件的完整路径)
int read()	从输入流中读取一个字节的数据
int read(byte[ ]b)	将数据读入到一个字节数组 b[]中
int read(byte[ ]b,int off,int len)	将 len 个字节的数据读入到一个字节型数组 b[]中,从下标 off 开始存放,并返回实际读入的字节数
long skip(long n)	跳过输入流上的 n 个字节

2. FileOutputStream 类

FileOutputStream 类的主要方法如表 8-7 所示。

表 8-7　FileOutputStream 类的主要方法

方法	说明
void close()	关闭输出流,并释放任何与该流有关的资源
void finalize()	当写到无用信息时,关闭该流
void write(int b)	将字节数据 b [ ]写到输出流中
void write(byte[ ]b)	将一个字节数组 b [ ]中的数据写到输出流中
long skip(long n)	跳过输出流上的 n 个字节

【例 8-4】　建立两个文件 file1.txt 和 file2.txt,对文件 file1.txt 输入内容"Hello World!",
并将其内容复制给 file2.txt。

```
//文件名:FilesCopy.java
```

Java 输入输出系统

```
import java.io.*;
public class FilesCopy {
    public static void main(String[]  args) {
        try{
            FileOutputStream fos1 = new FileOutputStream("file1.txt");
            //创建FileOutputStream对象
            int b;
            System.out.println("请输入字符串：");
            while((b =System.in.read())!= '\n')
                fos1.write(b);                //将字符写入输出流中
                fos1.close();                 //关闭输出流
                FileInputStream  fis = new  FileInputStream("file1.txt");
                //创建FileInputStream对象
                FileOutputStream  fos = new  FileOutputStream("file2.txt");
                //创建FileOutputStream对象
                int c;
                while((c = fis.read())!= -1)
                    fos.write(c);             //将一个字节写入输出流中
                fis.close();                  //关闭输入流
                fos.close();                  //关闭输出流
                System.out.println("成功保存并复制！");
        }catch(FileNotFoundException  e){
            System.out.println("FileStreamsTest: "+e);
        }catch(IOException  e){
            System.out.println("FileStreamsTest: "+e);
        }
    }
}
```

8.7   FileReader 类和 FileWriter 类

1. FileReader 类

因为大多数程序都会涉及文件读/写，所以 FileReader 类是一个经常用到的类，FileReader 类可以在一个指定文件上实例化一个文件输入流，利用流提供的方法从文件中读取一个字符或者一组数据。下面的两种构造方法使用同一个磁盘文件来创建两个文件输入流。这两个构造方法都有可能出现 FileNotFoundExcption 异常。其构造方法主要有以下两种：

（1）public FileReader(String fileName)

（2）public FileReader(File file)

相对来说，第一种方法使用更方便一些。在上面的例子中，构造一个输入流，并以文件 fileName 为输入源；第二种方法构造一个输入流，并使 File 的对象 file 和输入流相连接。这种情况下，还可以通过对象 file 对该文件作进一步的分析，如显示文件的属性、大小等。

FileReader 类的最重要的方法是 read，FileReader 有 3 种 read 方法。

（1）read()，其作用是返回下一个输入的字符的整型表示。

（2）read(char b[])，其作用是读入字符放到字符数组 b[ ]中，并返回实际读入的字符数。如果所定义的字符数组容量小于获得的字符数，则运行时将产生一个 IOException 异常。

（3）read(char b[],int off,int len)，其作用为读入 len 个字符并从下标 off 开始放到数组 b[] 中，再返回实际读入的字符数。

2. FileWriter 类

由 FileWriter 类可以实例化一个文件输出流，并提供向文件中写入一个字符或者一组数据的方法。FileWriter 类也有两个和 FileReader 类似的构造方法。如果用 FileWriter 打开一个只读文件会抛出 IOException 异常。

8.8 过 滤 流

过滤流在读 / 写数据的同时可以对数据进行处理，它提供了同步机制，使得某一时刻只有一个线程可以访问一个 I/O 流，以防止多个线程同时对一个 I/O 流进行操作所带来的意想不到的结果。类 FilterInputStream 和 FilterOutputStream 分别作为所有过滤输入流和输出流的父类。

为了使用一个过滤流，首先必须把过滤流连接到某个输入输出流上，然后通过在构造方法的参数中指定所要连接的输入输出流来实现，例如：

```
FilterInputStream( InputStream in );
FilterOutputStream( OutputStream out );
```

下面介绍几种常见的过滤流。

1. BufferedInputStream 类

对 I/O 进行缓冲是一种常见的性能优化方法。Java 的 BufferedInputStream 类可以对任何的 InputStream 流进行带缓冲的封装以达到性能的改善。该类在已定义输入流上再定义一个具有缓冲的输入流，可以从此流中成批地读取字符，而不会每次都引起直接对数据源的读操作。输入时，数据首先被放入缓冲区，随后的读操作就是对缓冲区中的内容进行访问。该类有以下两种构造方法：

（1）public BufferedInputStream(InputStream in)

（2）public BufferedInputStream(InputStream in,int size)

两种构造方法都是为某种输入流 in 创建一个缓冲流，但是第一种创建的缓冲区大小为默认值（32B），而第二种方法则由用户指定缓冲区大小，在性能优化时，通常都把 size 的值设定为内存页大小或 I/O 块大小的整数倍。在 I/O 量不大时，该类所起的作用不是很明显，但当程序 I/O 量很大，且对程序效率要求很高时，使用该类就能大大提高程序的效率。

对输入流进行缓冲，可以实现部分字符重复使用。除了 InputStream 中常用的 read 和 skip 方法，BufferedInputStream 还支持 mark 和 reset 方法。

知识提示　mark 只能严格限制在建立的缓冲区内。

2. BufferedOutputStream 类

BufferedOutputStream 类在已定义节点输出流上再定义一个具有缓冲功能的输出流。用户可以向流中写字符，但不会每次都引起直接对数据宿的写操作，只有在缓冲区已满或清空流(flush)时，数据才输出到数据宿上。在 Java 中使用输出缓冲是为了提高性能。该类有两种构造方法：

（1）public BufferedOutputStream(OutputStream out)

（2）public BufferedOutputStream(OutputStream out,int size)

BufferedOutputStream 的两种构造方法的用法与 BufferedInputStream 的两种构造方法的用法类似。

3. DataInputStream 类和 DataOutputStream 类

DataInputStream 是用来从一种已定义的节点输入流中读取 Java 基本数据类型的数据，如布尔型数、整型数、浮点数等，然后再生成一个数据输入流。DataOutputStream 用来将 Java 基本数据类型数据写到一个数据输出流中。

这两个类都是在某节点流上再定义一个数据输入输出流，通过它们，用户可以很方便地按照 Java 原始数据类型来读/写数据。例如，它们提供了 readBoolean()和 writeBoolean()方法读、写布尔型数据；提供了 readByte()和 writeByte()方法读、写字节数据；提供了 readChar()、writeChar()方法来读、写字符数据；提供了 readLine()和 writeLine()方法读、写整行数据等。

这两个类的构造方法如下：

（1）pubilc DataInputStream(InputStream in)，其作用是创建一个新的 DataInputStream，该流从输入流 in 读取数据。

（2）pubilc DataOutputStream(OutputStream out)，其作用是在输出流 out 上创建一个新的 DataOutputStream，使 DataOutputStream 的输出数据能够输出到输出流 out 中。

【例 8-5】 使用过滤缓冲输出流提高输出效率。

```java
//文件名: BufferDemo.java
import java.io.*;
public  class  BufferDemo{
    public static void main (String[] args){
        try{
            byte b[]={49,50,51,52,53,,5,66,67,68,69,97,98,99,100,101};
            FileOutputStream fos=new FileOutputStream("one.dat",true);
            BufferedOutputStream bos=new BufferedOutputStream(fos);
            //定义一个数据缓冲输出流
            DataOutputStream dos=new DataOutputStream(bos);
            //将字节数组的数据输出到缓冲区
            dos.write(b,0,b.length);
            dos.flush();
        }
        catch(FileNotFoundException e) {
            System.out.println(e.toString());
        }
        catch(IOException e) {
            System.out.println(e.toString());
        }
    }
}
```

8.9 文件的随机访问

前面小节中介绍的几种 Java 流式输入输出都是顺序访问流，即流中的数据必须按顺序进行读写。而在某些情况下，程序需要不按照顺序随机地访问磁盘文件中的内容。为此，Java 提供了一个功能很强大的随机存取文件类 RandomAccessFile，它可以实现对文件的随机读写操作。

RandomAccessFile 类也在 java.io 包中，但与包中的输入输出流类不相关，它不是从 InputStream 类或 OutputStream 类派生的。

RandomAccessFile 类与输入输出流类相比，很大的一个区别是该类既可以对文件进行读操作，也可以对文件进行写操作，并且提供了比较全面的数据读写方法。但又因为 RandomAccessFile 类与输入输出流类不相关，所以有很多作用于流的过滤器在该类中不能使用，这是 RandomAccessFile 类的不便之处。但由于 RandomAccessFile 类实现了 DataInput 和 DataOutput 接口，所以对于支持这两个接口的过滤器将适用于 RandomAccessFile。

1. 构造方法

通过调用 RandomAccessFile 类的构造方法可以创建随机存取文件对象。RandomAccessFile 类提供两个构造方法：

（1）public RandomAccessFile（String name, String mode）throws FileNotFoundException

（2）public RandomAccessFile（File file, String mode） throws FileNotFoundException

上述构造方法有两个参数：一个是数据文件，以文件名或文件对象表示；另一个是访问模式字符串 mode，它规定了 RandomAccessFile 对象可以用何种方式打开和访问指定的文件。参数 mode 有 4 种取值：

（1）r——以只读方式打开文件；

（2）rw——以读写方式打开文件，用一个 RandomAccessFile 对象就可以同时进行读、写两种操作；

（3）rwd——以读写方式打开文件，并且要求对文件内容的更新要同步地写到底层存储设备；

（4）rws——与 rwd 基本相同，只是还可以更新文件的元数据（MetaData）。

2. 随机存取文件的操作

RandomAccessFile 类提供的文件操作主要分为 3 类：对文件引用的操作、读操作与写操作。

1）文件引用的操作

RandomAccessFile 类实现的是随机读写，即可以在文件的任意位置进行数据的读写。要实现这样的功能，必须定义文件引用或称为文件位置引用，以及移动这个引用的方法。文件引用是指以字节为单位的相对于文件开头的偏移量，是下次读、写的起点。文件引用的运行规律是：一是新建 RandomAccessFile 对象的文件引用位于文件的开头处；二是每次读写操作后，文件位置引用都相应后移读写的字节数。

RandomAccessFile 类的文件引用操作方法如表 8-8 所示。

表 8-8　RandomAccessFile 类文件引用操作

方法	说明
long getFilePointer()	返回当前文件引用，即从文件开头算起的绝对位置
void seek(long pos)	将文件引用定位到指定位置。参数 pos 是相对于文件开头的绝对偏移量
long length()	返回文件长度。可以通过将文件长度与文件引用相比较，判断是否读到了文件尾
int skipBytes(int n)	从当前位置开始跳过 n 个字节，返回值表示实际跳过的字节数

2）文件读操作

RandomAccessFile 类和 DataInputStream 都实现了 DataInput 接口，因此 RandomAccessFile 类可以提供与 DataInputStream 相类似的数据读取方法，不但可以按数据类型读取数据，而且具有比 FileInputStream 更强大的功能。RandomAccessFile 类的读方法主要包括 readBoolean()、readChar()、readInt()、readLong()、readFloat()、readDouble()、readLine()、readUTF()等。这些方法的功能与 DatalnputStream 类中的同名方法相同。其中，readLine()从当前位置开始，到第一个'\n'为止，读取一行文本，它将返回一个 String 对象。

3）文件写操作

RandomAccessFile 类同时还实现了 DataOutput 接口，因此具有与 DataOutput 类同样强大的具有类型转换功能的写操作方法。RandomAccessFile 类包含的写方法主要包括 writeBoolean()、writeChar()、writeUTF()、writeInt()、writeLong()、writeFloat()、writeDouble()等。

> ✍知识提示　因为 RandomAccessFile 类的所有方法都声明抛出 IOException 类型的异常，所以使用这些方法时要做适当的异常处理。

【例 8-6】　随机文件的读和写。

```java
//文件名: RandomFile.java
import java.io.*;
public class RandomFile {
    public static void main(String[] args) throws IOException,FileNotFound-
    Exception {
        RandomAccessFile aFile;
        String s = "That is an apple.";
        aFile = new RandomAccessFile("test.txt", "rw");
        aFile.seek(aFile.length());
        aFile.writeBytes(s);
        aFile.close();
    }
}
```

假设 test.txt 中的内容为"This is a book."，则程序执行完，test.txt 文件的内容为

```
This is a book. That is an apple.
```

8.10　案例分析：多种流的实现

1. 案例描述

编写一个类，要求能够实现从已知文件中读取文件内容并向屏幕输出、从键盘读取输入并向文件输出以及实现读写随机访问文件。

2. 案例分析

根据案例描述中的信息，本案例包括 5 种情况，第 1、3 种是输入流的创建和应用，第 2、4 种是应用输出流方式，最后一种是随机访问的读和写。下面对每种情况进行分析：

1）利用缓冲功能的输入文件处理

从文件中读取字符是常见的一种输入流应用，数据来源是文件。首先想到应用 FileInputReader，为提高输入效率，利用缓冲区是很典型的技术。这就需要将 FileInputReader 引用传给 BufferedReader 的构造方法。然后利用 BufferedReader 类的 readLine( )方法读取输入行，并利用 readLine( )方法在读到文件尾时会返回 null 作为读取循环的终止条件。

2）输出至屏幕

将数据输出至屏幕，使用 System.out 标准输出来显示结果。

3）交互式输入应用

交互类型应用程序，常需要接收客户输入，通常先提示客户输入，利用 System.in 标准输入接收数据。

4）输出至文件

利用缓冲区输出也是很典型的输出流应用。此段代码利用 FileWriter 将输出流与文件连接，再用 BufferedWriter 包装。

5）访问随机文件

RandomAccessFile 不能与 InputStream 和 OutputStream 的子类搭配使用，它利用 seek( ) 方法对读写定位。

3. 案例实现

本例的代码如下：

```java
//文件名：IOStreamDemo.java
import java.io.*;
public class IOStreamDemo {
    public static void main(String args[]) throws IOException {
        //(1)从文件读入，向屏幕输出
        BufferedReader in = new BufferedReader(new FileReader("file1.txt"));
        String s;
        while ((s = in.readLine()) != null) {
            System.out.println(s);
        }
        in.close();
        //(2)从键盘读入，向文件输出
        BufferedReader stdin;
        stdin = new BufferedReader(new InputStreamReader(System.in));
        System.out.print("请输入一行字符：");
        BufferedWriter out;
        out = new BufferedWriter(new FileWriter("file2.txt"));
        out.write(stdin.readLine());
        out.close();
        //(3)读写随机访问文件
        RandomAccessFile rf = new RandomAccessFile("rtest.dat", "rw");
        for (int i = 0; i < 10; i++)
            rf.writeDouble(i * 1.414);
        rf.close();
        rf = new RandomAccessFile("rtest.dat", "rw");
        rf.seek(5 * 8);
        rf.writeDouble(47.00001);
        rf.close();
        rf = new RandomAccessFile("rtest.dat", "r");
        for (int i = 0; i < 10; i++)
            System.out.println("value" + i + ":" + rf.readDouble());
        rf.close();
    }
}
```

4. 归纳与提高

本例中，应掌握几种流的定义方法并能正确使用。文件输入输出流构造方法的参数是文件对象，而缓冲流构造方法的参数是其他流对象。标准输入输出在 main()方法运行时自动生成对象，而不需要在程序中实例化。

8.11　本章小结

本章主要介绍了 Java 输入输出系统中流的概念、流的分类，重点介绍了字节流与字符流的使用。字节流与字符流的使用非常相似，两者除了操作代码上的不同之外，还有其他不同点。实际上字节流在操作时本身不会用到缓冲区（内存），是文件本身直接操作的，而字符流在操作时使用了缓冲区，通过缓冲区再操作文件。

使用字节流好还是字符流好？所有文件在硬盘或在传输时都是以字节方式进行的，包括图片等都是按字节的方式存储的，而字符是只有在内存中才会形成，所以在开发中，字节流使用较为广泛。

对于文件访问主要有顺序和随机两种，可以用 File 类及 RandomAccessFile 类实现。

理论练习题

一、判断题

1．文件缓冲流的作用是提高文件的读/写效率。（　　）

2．通过 File 类可对文件属性进行修改。（　　）

3．IOException 必须被捕获或抛出。（　　）

4．Java 系统的标准输入对象是 System.in，标准输出对象有两个，分别是标准输出 System.out 和标准错误输出 System.err。（　　）

5．System 类中的 println()方法分行显示信息，而 print()方法不分行显示信息。（　　）

6．File 类继承自 Object 类。（　　）

7．InputStream 和 OutputStream 类都是抽象类。（　　）

8．所有的流都支持标记和复位操作。（　　）

9．随机读写流 RandomAccessFile 的指针所计算的是字符的个数。（　　）

二、填空题

1．_____对象可以使用 read 方法从标准的输入设备（通常键盘）读取数据；_____对象可以使用 print 方法向标准的输出设备（屏幕）输出显示。

2．阅读下面的程序段：

```
File file=new File("./abc.txt");
FileInputStream fis=new FileInputStream(file);
int n=0;
byte b[]=new byte[255];
n=fis.read(b);
System.out.println(n);
System.out.println(file.length());
System.out.println(fis.available());
```

如果 System.out.println(file.length())的输出是 24，则 System.out.println(n)的输出是_____；System.out.println(fis.available())的输出是_____。

3．阅读下面的程序段：

```
RandomAccessFile randfile=new RandomAccessFile("./abc.dat","rw");
System.out.println("文件长度: "+randfile.length());
System.out.println("文件指针: "+randfile.getFilePointer());
randfile.writeDouble(2.1);
System.out.println("文件指针: "+randfile.getFilePointer());
```

如果程序段第 2 行输出 0，则第 3 行输出_____；当执行完第 4 行后，文件长度是_____，第 5 行输出_____。

三、选择题

1．下面说法不正确的是（　　）。

    A．InputStream 与 OutputStream 类可以用来处理字节流，也就是二进制文件

    B．Reader 与 Writer 类是用来处理字符流的，也就是文本文件

C．Java 中的 I/O 流的处理通常分为输入和输出两个部分

D．File 类是输入输出流类的子类

2．要创建一个新目录，可以使用下面（　　　）类实现。

A．FileInputStream　　　　　　　　B．FileOutputStream

C．RandomAccessFile　　　　　　　D．File

3．下面的（　　　）方法能够得到一个文件的上一级目录名。

A．getParent()　　　　　　　　　　B．getName()

C．getDirectory()　　　　　　　　　D．getPath()

4．实现字符流的写操作类是（　　　），实现字符流的读操作类是（　　　）。

A．FileReader　　　B．Writer　　　C．FileInputStream　　　D．FileOutputStream

5．从 file.dat 文件中读出第 10 个字节到变量 c 中，下列（　　　）方法适合。

A．FileInputStream in=new FileInputStream("file.dat"); int c=in.read();

B．RandomAccessFile in=new RandomAccessFile("file.dat"); in.skip(9); int c=in.readByte();

C．FileInputStream in=new FileInputStream("file.dat"); in.skip(9); int c=in.read();

D．FileInputStream in=new FileInputStream("file.dat"); in.skip(10); int c=in.read();

6．在编写 Java Application 程序时，若需要使用到标准输入输出语句，必须在程序的开头写上（　　　）语句。

A．import　java.awt.*；　　　　　　B．import　java.applet.Applet；

C．import　java.io.*；　　　　　　　D．import　java.awt.Graphics；

7．下列流中（　　　）不属于字符流。

A．InputStreamReader　　　　　　　B．BufferedReader

C．FilterReader　　　　　　　　　　D．FileInputStream

8．字符流与字节流的区别在于（　　　）。

A．前者带有缓冲，后者没有　　　　B．前者是块读写，后者是字节读写

C．二者没有区别，可以互换使用　　D．每次读写的字节数不同

四、简答题

1．什么是流？什么是输入流和输出流？它们的抽象类有哪些?

2．如何创建文件？如何实现对文件的顺序读/写和随机读/写？

上机实训题

1．编写一个 Java 应用程序，从键盘输入一字符串，把该字符串存入一个文本文件中。

操作提示：

（1）建立从键盘到程序的输入流。

（2）建立从程序到文本文件的输出流。

（3）从输入流读数据，并直接写进输出流，直到流内没有数据。

2．使用 File 类列出某一个目录下创建日期晚于 2017-10-10 的文件。

3．使用 File 类创建一个多层目录 d:\java\ch8\src。

4．读取一个 Java 源程序，输出并统计其中所用的关键字。

5．编写应用程序，使用文件输出流，向文件中分别写入如下类型的数据：int、double 和字符串。

6．编写应用程序，列出指定目录下的所有文件和目录名，然后将该目录下的所有文件后缀名为.txt 的文件过滤出来显示在屏幕上。

7．编写一个程序，读入命令行第一个参数指定的文本文件，将其所有字符转换为大写后写入第二个参数指定的文件中。

8．编写应用程序，建立一个文件 myfile.txt，并可向文件输入"I am a student！"。

9．当前目录下有一文件 file.txt 中的内容为"abcde"，编写应用程序，执行该程序后 file.txt 中的内容变为"abcdeABCDE"。

10．编写应用程序，可以把从键盘输入的字符串读到数组中，并在屏幕上逆序输出。

11．编写应用程序创建一个 RandomAccessFile 类的对象，使用 readFully()方法读取该程序起始位置开始的 20 个字节数据，并显示在屏幕上。

<table>
<tr><td>第 9 章</td><td>GUI 图形用户界面</td></tr>
</table>

教学目标：

☑ 了解 Swing 的体系结构及相关概念。

☑ 掌握 Swing 组件的特性和分类，了解使用 Swing 开发 GUI 程序的步骤。

☑ 掌握常用容器的分类，一般掌握容器 JFrame 和 JPanel 的构造方法和常用方法。

☑ 掌握常用 Swing 组件的构造方法和常用方法。

☑ 了解 GUI 布局管理器的分类，以及各种布局管理器的特点。

☑ 了解事件处理模型的基本概念，一般掌握事件处理的基本步骤。

教学重点：

本章首先介绍了与 Swing 有关的基本概念；然后重点介绍了 Swing 容器、Swing 组件和布局管理器的使用方法，以及使用 Swing 组件创建用户界面的过程；最后介绍了事件处理模型有关知识。

9.1 Swing 概述

视频讲解

1. Swing 体系结构

Java 语言提供两个处理图形用户界面的类库：java.awt 包和 javax.swing 包。

Swing 是在 AWT（Abstract Window ToolKit，抽象窗口工具包）的基础上构建的一套新的图形界面系统，它提供了 AWT 所能够提供的所有功能，并且用纯粹的 Java 代码对 AWT 的功能进行了大幅度的扩充。例如，并不是所有的操作系统都提供对树形控件的支持，Swing 利用了 AWT 中所提供的基本作图方法对树形控件进行模拟。由于 Swing 控件是用 100% 的 Java 代码来实现的，因此在一个平台上设计的树形控件可以在其他平台上使用。由于在 Swing 中没有使用本地方法实现图形功能，通常把 Swing 控件称为轻量级控件。

简单地说，Swing 是为了解决 AWT 存在的问题而新开发的包，它以 AWT 为基础。Swing 的体系结构如图 9-1 所示。

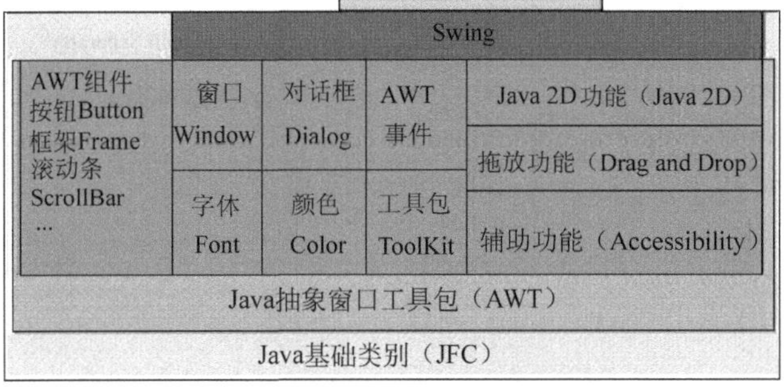

图 9-1 Swing 的体系结构

java.awt 包提供了基本的 Java 程序的 GUI 设计工具。主要包括 3 个概念：组件（Component）、容器（Container）和布局管理器（Layout Manager）。

组件是 Java 的图形用户界面的最基本组成部分，组件是一个可以以图形化的方式显示在屏幕上并能与用户进行交互的对象，如一个按钮、一个标签等。组件不能独立地显示出来，必须将组件放在一定的容器中才可以显示。类 java.awt.Component 是许多组件类的父类，Component 类封装了组件通用的方法和属性，如图形的组件对象、大小、显示位置、前景色和背景色、边界、可见性等。

容器也是一个类，实际上是 Component 的子类，因此容器本身也是一个组件，具有组件的所有性质，但是它的主要功能是容纳其他组件和容器。

每个容器都有一个布局管理器，当容器需要对某个组件进行定位或判断其尺寸时，就会调用其对应的布局管理器。

Swing 与 AWT 相似的组件如图 9-2 所示。

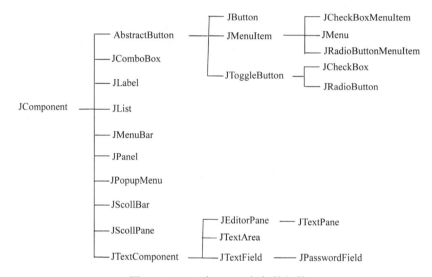

图 9-2　Swing 与 AWT 相似的组件

Swing 比 AWT 增加的组件如图 9-3 所示。

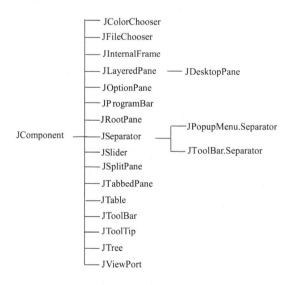

图 9-3　Swing 比 AWT 增加的组件

具体地看，swing 包是 JFC（Java Foundation Classes）的一部分，它由许多包组成，如表 9-1 所示。

表 9-1　swing 包

包	描述
com.sum.swing.plaf.motif	用户界面代表类，实现 Motif 界面样式
com.sum.java.swing.plaf.windows	用户界面代表类，实现 Windows 界面样式
javax.swing	Swing 组件和使用工具
javax.swing.border	Swing 轻量级组件的边框
javax.swing.colorcbxoser	JColorChooser 的支持类/接口
javax.swing.event	事件和侦听器类
javax.swing.filecbxoser	JFileChooser 的支持类/接口
javax.swing.pending	未完全实现的 Swing 组件
javax.swing.plaf	抽象类，定义 UI 代表的行为
javax.swing.plaf.basic	实现所有标准界面样式公共功能的基类
javax.swing.plaf.mctal	用户界面代表类，实现 Mctal 界面样式
javax.swing.table	JTable 组件
javax.swing.text	支持文档的显示和编辑
javax.swing.text.html	支持显示和编辑 HTML 文档
javax.swing.text.html.parser	HTML 文档的分析器
javax.swing.text.rtf	支持显示和编辑 RTF 文件
javax.swing.tree	JTree 组件的支持类
javax.swing.undo	支持取消操作

其中，swing 包是 Swing 提供的最大包，它包含将近 100 个类和 25 个接口，几乎所有的 Swing 组件都在 swing 包中，只有 JTableHeader 和 JTextComponent 是例外，它们分别在 swing.table 和 swing.text 中。

2. Swing 组件的特性

Swing 组件的特性如下。

1）MVC（Model-View-Controller）体系结构

Swing 胜过 AWT 的主要优势在于 MVC 体系结构的普遍使用。Swing 组件都是基于 MVC 实现的，各个组件都有一个对应 Model 类专门管理数据。例如，JList 与 JScrollBar 都有 ListModel 与 BoundedRangeModel。而 ListModel 与 BoundedRangeModel 接口有各自的默认实现 AbstractListModel 与 DefaultBoundedRangeModel。

为了简化组件的设计工作，在 Swing 组件中视图和控件两部分合为一体。每个组件都有一个相关的分离模型和它使用的界面（包括视图和控件）。例如，按钮 JButton 有一个存储其状态的分离模型 JButtonModel 对象。组件的模型是自动设置的，例如，一般都使用 JButton 而不是使用 JButtonModel 对象。另外，通过 Model 类的子类或通过实现适当的接口，可以为组件建立自己的模型。用 setModel()方法把数据模型与组件联系起来。

2）可存取性支持

所有的 Swing 组件都实现了 Accessible 接口，提供对可存取性的支持，使得辅助功能，如屏幕阅读器能够十分方便地从 Swing 组件中得到信息。

3）支持键盘操作

在 Swing 组件中，使用 JComponent 类的 registerKeyboardAction()方法，能使用户通过键盘操作替代鼠标驱动 GUI 上 Swing 组件的相应动作。有些类还为键盘操作提供了更便利的方法，其实这就相当于热键，使得用户可以只用键盘进行操作。

4）设置边框

对 Swing 组件可以设置一个或多个边框。Swing 中提供了各式各样的边框供用户选用，也能建立组合边框或自己设计边框。一种空白边框可以增大组件，同时协助布局管理器对容器中的组件进行合理的布局。

5）使用图标（Icon）

与 Swing 的组件不同，许多 Swing 组件，如按钮、标签等，除了使用文字外，还可以使用图标修饰自己。

3. Swing 组件的分类

在 javax.swing 包中，定义了两种类型的组件：顶层容器（JFrame、JApplet、JDialog 和 JWindow）和轻量级组件。Swing 组件都是 AWT 的 Container 类的直接子类和间接子类。

JComponent 是一个抽象类，用于定义所有子类组件的一般方法。并不是所有的 Swing 组件都继承于 JComponent 类，JComponent 类继承于 Container 类，所以，凡是此类的组件都可作为容器使用。

组件从功能上分可分为：

（1）顶层容器——JFrame、JApplet、JDialog、JWindow 共 4 个。

（2）中间容器——JPanel、JScrollPane、JSplitPane、JToolBar 等。

（3）特殊容器——在 GUI 上起特殊作用的中间层，如 JInternalJFrame、JLayeredPane、JRootPane 等。

（4）基本控件——实现人机交互的组件，如 JButton、JComboBox、JList、JMenu、JSlider、JTextField 等。

（5）不可编辑信息的显示——向用户显示不可编辑信息的组件，如 JLabel、JProgressBar、JToolTip 等。

（6）可编辑信息的显示——向用户显示能被编辑的格式化信息的组件，如 JColorChooser、JFileChoose、JFileChooser、JTable、JTextArea 等。

JComponent 类的特殊功能又分为：

（1）边框设置——使用 setBorder()方法可以设置组件外围的边框，使用一个 EmptyBorder 对象能在组件周围留出空白。

（2）双缓冲区——使用双缓冲技术能改进频繁变化的组件的显示效果。与 AWT 组件不同，JComponent 组件默认双缓冲区，不必自己重写代码。如果想关闭双缓冲区，可以在组件上使用 setDoubleBuffered(false)方法。

（3）提示信息——使用 setTooltipText()方法，为组件设置对用户有帮助的提示信息。

（4）键盘导航——使用 registerKeyboardAction()方法，能使用户用键盘代替鼠标来驱动组件。JComponent 类的子类 AbstractJButton 还提供了更便利的方法——用 setMnemonic()方法指明一个字符，通过这个字符和一个当前 L&F 的特殊修饰共同激活按钮动作。

（5）可插入 L&F——每个 Jcomponent 对象有一个相应的 ComponentUI 对象，为它完成所有的绘画、事件处理、决定尺寸等工作。ComponentUI 对象依赖当前使用的 L&F，用 UIManager.setLookAndFeel()方法可以设置需要的 L&F。

（6）支持布局——通过设置组件最大、最小、推荐尺寸的方法和设置 X、Y 对齐参数值的方法能指定布局管理器的约束条件，为布局提供支持。

4. 使用 Swing 的基本规则

与 AWT 组件不同，Swing 组件不能直接添加到顶层容器中，它必须添加到一个与 Swing 顶层容器相关联的内容面板（content pane）上。内容面板是顶层容器包含的一个普通容器，它是一个轻量级组件。基本规则如下：

（1）把 Swing 组件放入一个顶层 Swing 容器的内容面板上。

（2）避免使用非 Swing 的重量级组件。

对 JFrame 添加组件有两种方式：

（1）用 getContentPane()方法获得 JFrame 的内容面板，再对其加入组件：

```
frame.getContentPane().add(childComponent)
```

（2）建立一个 JPanel 或 JDesktopPane 之类的中间容器，把组件添加到容器中，用 setContentPane()方法把该容器置为 JFrame 的内容面板：

```
JPanel contentPane=new JPanel( );
//把其他组件添加到JPanel中；
 ...
//把contentPane对象设置成为frame的内容面板
frame.setContentPane(contentPane);
```

5. Swing 程序设计流程

使用 Swing 开发 GUI 程序需要 7 个步骤。

（1）引入 swing 包。

（2）选择"外观和感觉"。

（3）设置顶层容器。

（4）设置按钮和标签。

（5）向容器中添加组件。

（6）在组件周围添加边界。

（7）进行事件处理。

了解了这些背景，对学习 Swing 应用程序就有了一个整体框架。下面具体学习每个步骤，首先是容器（Container）的概念。

9.2　Swing 容器

容器 java.awt.Container 是 Component 的子类，一个容器可以容纳多个组件，并使它们成为一个整体。容器可以简化图形化界面的设计，以整体结构来布置界面。

Swing 常用的顶层容器有 JFrame、JApplet、JDialog、JWindow 共 4 个，其层次结构如下所示。

```
java.awt.Component
   -java.awt.Container
       -java.awt.Window
            -java.awt.Frame-javax.swing.JFrame
            -javax.JDialog-javax.swing.JDialog
            -javax.swing.JWindow
       -java.awt.Applet-javax.swing.JApplet
       -javax.swing.Box
       -javax.swing.JComponet
```

9.2.1　JFrame 框架

JFrame 是与 AWT 中的 Frame 相对应的 Swing 组件。JFrame 上面只能有一个唯一的组件，这个组件为 JRootPane，调用 JFrame.getContentPane()方法可获得 JFrame 中内置的 JRootPane 对象。

应用程序不能直接在 JFrame 实例对象上增加组件和设置布局管理器，而应该在 JRootPane 对象上增加子组件和设置布局管理器。

调用 JFrame 的 setDefaultCloseOperation 方法，可以设置单击窗口上的关闭按钮时的事件处理方式，例如，当设置值为 JFrame.EXIT_ON_CLOSE 时，单击 JFrame 窗口上的关闭按钮，将直接关闭 JFrame 框架窗口并结束程序运行。

下面介绍 JFrame 类的构造方法和常用方法。表 9-2 给出的是 JFrame 类的构造方法，表 9-3 所示是 JFrame 类的常用方法。

表 9-2　JFrame 类的构造方法

构造方法	功能说明
public JFrame()	创建一个没有窗口标题的窗口框架
public JFrame(String title)	创建一个窗口标题为 title 的窗口框架
public JFrame(GraphicsConfiguration gc)	以屏幕设备为 GraphicsConfiguration 和空白标题创建一个 JFrame
public JFrame(String title, GraphicsConfiguration gc)	创建一个标题为 title 和屏幕设备为 GraphicsConfiguration 的 JFrame

表 9-3　JFrame 类的常用方法

方法	功能说明
public JMenuBar getJMenuBar()	返回此窗体上设置的菜单栏
public void setJMenuBar(JMenuBar mb)	设置此窗体的菜单栏
public int getDefaultCloseOperation()	返回用户在此窗体上发起 close 时执行的操作
public void setDefaultCloseOperation(int operation)	设置用户在此窗体上发起 close 时默认执行 operation 设定的操作
public void remove(Component comp)	从该容器中移除指定组件
public void setContentPane(Container contentPane)	设置 contentPane 属性
public Container getContentPane()	返回此窗体的 contentPane 对象
public JRootPane getRootPane()	返回此窗体的 rootPane 对象
public void setTitle(String title)	设置或修改框架的标题
public String getTitle()	返回框架的标题
public void setBackground(Color c)	设置框架的背景颜色
public boolean isResizable()	判断窗口是否可以调节大小

注意：响应用户的关闭操作包括 WindowConstants.DO_NOTHING_ON_CLOSE、WindowConstants.HIDE_ON_CLOSE、WindowConstants.DISPOSE_ON_CLOSE 和 JFrame.EXIT_ON_CLOSE。

表 9-4 和表 9-5 所示的是 Container 类和 Component 类的常用方法。

表 9-4　容器类 Container 的常用方法

方法	功能说明
public Component add(Component comp)	在容器中添加一个组件 comp
public void setLayout(LayoutManager mgr)	设置组件容器，使用 mgr 页面布局设置
public void setFont(Font f)	设置组件容器的字体
public void remove(Component comp)	删除容器组件里指定的组件
public void paint(Graphics g)	重绘容器组件
public void paintComponents(Graphics g)	重绘容器组件里的所有组件
public void removeAll()	从此容器中移除所有组件
public void remove (int index)	从此容器中移除 index 指定的组件

表 9-5　组件类 Component 的常用方法

方法	功能说明
public void setBounds(int x,int y,int w,int h)	以(x,y)为对象的左上角，以 w 为宽，以 h 为高设置对象的显示区域
public void setBackground(Color c)	设置对象的背景色为 c
public void setSize(int width,int height)	设置对象的大小
public void setFont(Font font)	设置对象的字体样式为 font
public void setForeground(Color color)	设置对象的前景色为 color
public void setVisible(Boolean b)	设置组件是否显示
public void setLocation(int x,int y)	设置组件显示位置的左上角坐标为(x,y)
public String getName()	返回对象的名称

【例 9-1】 使用 JFrame 创建的框架窗口。

```java
//文件名：JFrame_Exam.java
import java.awt.*;              //加载java.awt类库里的所有类
import javax.swing.*;          //加载javax.swing类库里的所有类
public class JFrame_Exam extends JFrame {
    public static void main(String args[]) {
        JFrame_Exam mainJFrame = new JFrame_Exam();
        mainJFrame.setTitle("JFrame框架示例!");  //创建一个JFrame并设置标题
        mainJFrame.setDefaultCloseOperation(JFrame.EXIT_ON_CLOSE );//设置关闭动作
        mainJFrame.setSize(300,300);            //设置JFrame的大小，默认为（0，0）
        mainJFrame.setLocationRelativeTo(null);      //使窗口显示在屏幕中央
        mainJFrame.getContentPane().setLayout(new FlowLayout());
        //设置JFrame的内容面板背景，默认为绿色
        mainJFrame.getContentPane().setBackground(Color.green);
        JLabel lbl=new JLabel("大家好! 我是一个标签");
        JButton btn=new JButton("按钮");
        mainJFrame.getContentPane().add(lbl);    //将标签对象lbl加入到内容面板中
        mainJFrame.getContentPane().add(btn);    //将按钮对象btn加入到内容面板中
        mainJFrame.setVisible(true);             //设置JFrame为可见，默认为不可见
    }
}
```

该程序的运行结果如图 9-4 所示。该窗口可以移动、改变大小、最大化和最小化，也可以关闭。

图 9-4　JFrame_Exam 的运行结果

9.2.2　JPanel 面板

面板（JPanel）是一个轻量级容器组件，是一种没有标题的中间容器，用于容纳界面元素，以便在布局管理器的设置下容纳更多的组件，实现容器的嵌套。JPanel、JScrollPane、JSplitPane 和 JInternalJFrame 都属于常用的中间容器，是轻量级组件。JPanel 的默认布局管理器是 FlowLayout。这类容器不能独立存在，必须通过 add() 方法添加到一个顶层容器或存在于顶层容器的一个中间容器。

面板类 JPanel 的构造方法如表 9-6 所示。JPanel 类、AbstractButton 类、JLabel、JList、JComboBox 类、JTextComponent 类等均是 JComponent 类的子类。它们均继承了 JComponent 类中许多常用方法，表 9-7 所示的是 JComponent 类的常用方法。

另外，面板类 JPanel 的其他方法主要都是由 Container、Component 类继承过来的，在此从略。

表 9-6　JPanel 类的构造方法

构造方法	功能说明
public JPanel()	创建具有双缓冲和流式布局的新 JPanel
Public JPanel(boolean isDoubleBuffered)	创建具有 FlowLayout 和指定缓冲策略的新 JPanel
public JPanel(LayoutManager layout)	创建具有指定布局管理器的新缓冲 JPanel
public JPanel(LayoutManager layout, boolean isDoubleBuffered)	创建具有指定布局管理器和缓冲策略的新 JPanel

表 9-7　JComponent 类的常用方法

方法	功能说明
public void setAlignmentX(float alignmentX)	设置垂直对齐方式
public void setAlignmentY(float alignmentY)	设置水平对齐方式
public void setBorder(Border border)	设置组件的边框
public void setBackground(Color c)	设置组件的背景色为 c
public void setFont(Font font)	设置组件的字体样式为 font
public void setForeground(Color color)	设置组件的前景色为 color
public void setVisible(boolean b)	设置组件是否显示
public void setMaximumSize(Dimension maximumSize)	将此组件的最大尺寸设置为一个常量值
public void setMinimumSize(Dimension minimumSize)	将此组件的最小尺寸设置为一个常量值
public void setEnabled(boolean enabled)	设置是否启用此组件

【例 9-2】 在框架窗口中加入 JPanel 面板。

```java
//文件名：JPanel_Exam.java
import java.awt.*;
import javax.swing.*;
public class JPanel_Exam{
    public static void main(String args[ ]){
        JFrame mainJFrame = new JFrame("框架+面板示例！");
        mainJFrame.setSize(240,240);
        mainJFrame.setLocation(200,200);
        Container container = mainJFrame.getContentPane();
        container.setBackground(Color.lightGray);
        container.setLayout(null);
        JPanel pnl=new JPanel();
        pnl.setSize(190,180);                   //设置pnl的大小
        pnl.setBackground(Color.green);         //设置pnl的背景
        pnl.setLocation(20,20);                 //设置pnl面板的位置
        JButton btn=new JButton ("我是一个按钮，单击我");
        btn.setSize(170,40);                    //设置btn的大小
        btn.setBackground(Color.yellow);        //设置btn的背景色
        btn.setLocation(10,50);                 //设置btn的位置
        pnl.setLayout(null);                    //取消pnl的默认布局管理器
        pnl.add(btn);                           //将命令按钮btn加入到面板pnl中
        container.add(pnl);                     //将面板pnl加入到窗口默认面板中
        mainJFrame.setVisible(true);
    }
}
```

该程序的运行结果如图 9-5 所示。

图 9-5 JPanel_Exam 的运行结果

9.2.3 JDialog 对话框

JDialog 组件描述的是对话窗口，但它比 JFrame 简单，没有最小化按钮、状态等控制元素。JDialog 组件主要用来显示提示信息或接收用户输入。当对话窗口很小时，常被称为对话框。对话框一般是一个临时窗口。对话框一般都对应于一个顶层窗口，如 JFrame 窗口。

对话框根据显示模式分为有模式和无模式两种。有模式对话框在运行期间不允许用户同应用程序的其他窗口进行交互，而无模式对话框则允许用户同时在该对话框和程序其他窗口中进行切换操作。通常情况下，程序要在处理完对话框中的数据后才能进行下一步工作，因

GUI 图形用户界面

此，有模式的对话框应用较多。

表 9-8 和表 9-9 分别给出了 JDialog 类的构造方法和常用方法。

表 9-8　JDialog 类的构造方法

构造方法	功能说明
public JDialog()	创建一个没有标题并且没有指定 Frame 所有者的无模式对话框
public JDialog(Dialog owner)	创建无模式对话框，指定其拥有者为另一个对话框 owner
public JDialog(Dialog owner,String title)	创建一个拥有者为对话框 owner,标题为 title 的对话框
public JDialog(Dialog owner,String title, boolean modal)	创建一个拥有者为对话框 owner,标题为 title 的对话框，其模式状态由 modal 来指定
public JDialog(Frame owner)	创建无模式对话框，指定其拥有者为窗口 owner
public JDialog(Frame owner, boolean modal)	创建一个拥有者为窗口 owner 的对话框，其模式状态由 modal 来指定
public JDialog(Frame owner, String title)	创建一个标题为 title,拥有者为窗口 owner 的对话框
public JDialog(Frame owner, String title, boolean modal)	创建一个标题为 title,拥有者为一个窗口的对话框，其模式状态由 modal 指定

表 9-9　JDialog 类的常用方法

方法	功能说明
public JMenuBar getJMenuBar()	返回此对话框上设置的菜单栏
public Container getContentPane()	返回此对话框的 contentPane 对象
public void setContentPane(Container contentPane)	设置 contentPane 属性
public int getDefaultCloseOperation()	返回用户在此对话框上发起 close 时所执行的操作
public void setDefaultCloseOperation(int operation)	设置当用户在此对话框上发起 close 时默认执行的操作
public void setTitle(String title)	将对话框标题设置为 title
public void setModal(boolean b)	设置对话框是否为模式状态
public boolean isModal()	测试对话框是否为模式状态
public void setResizable(boolean resizable)	设置对话框是否可改变大小
public boolean isResizable()	测试对话框是否可改变大小
public void setVisible(boolean b)	设置对话框是否显示
public void dispose()	撤销对话框对象

9.2.4　Swing 其他容器

Swing 容器面板主要包括以下几类。

1. 分层面板（JLayeredPane）

Swing 提供两种分层面板：JLayeredPane 和 JDesktopPane。JDesktopPane 是 JLayeredPane 的子类，专门为容纳内部框架（JInternalFrame）而设置。

使用 add()方法向一个分层面板中添加组件，需要说明将其加入哪一层，指明组件在该层中的位置，该方法的格式如下：

```
add(Component c, Integer Layer, int position)
```

2. 滚动窗口（JScrollPane）

JScrollPane 是带滚动条的面板，主要通过移动 JViewport（视口）来实现。JViewport 是一种特殊的对象，用于查看基层组件，滚动条实际就是沿着组件移动视口，同时描绘出它在下面"看到"的内容。

3. 分隔板（JSplitPane）

JSplitPane 提供可拆分窗口，支持水平拆分和垂直拆分并带有滑动条。常用的方法如下：

```
addImpl(Component comp,Object constraints,int index)     //增加指定的组件
setTopComponent(Component comp)                          //设置顶部的组件
setDividerSize(int newSize)                              //设置拆分的大小
setUI(SplitPaneUI ui)                                    //设置外观和感觉
```

4. 选项板（JTabbedPane）

JTabbedPane 提供一组可供用户选择的带有标签或图标的开关键。常用的方法如下：

```
add(String title,Component component)                    //增加一个带特定标签的组件
addChangeListener(ChangeListener l)                      //选项板注册一个变化监听器
```

5. 工具栏（JToolBar）

JToolBar 是用于显示常用工具控件的容器。用户可以拖曳出一个独立的可显示工具控件的窗口。常用的方法如下：

```
JToolBar(String name)                                    //构造方法
getComponentIndex(Component c)                           //返回一个组件的序号
getComponentAtIndex(int i)                               //得到一个指定序号的组件
```

6. 内部框架（JInternalFrame）

内部框架 JInternalFrame 就如同一个窗口在另一个窗口内部。

实例如下：

```
JFrame frame=new JFrame("InternalFrameDemo");           //实例化窗口
JDesktopPane desktop=new JDesktopPane();                //实例化容器JDesktopPane
MyInternalFrame myframe=new MyInternalFrame();          //实例化内部窗口
desktop.add(myframe);                                   //把内部窗口添加到容器中
myframe.setSelected(true);                              //内部面板是可选择的
frame.setContentPane(desktop);                          //把desktop设为frame的内容面板
```

9.2.5 案例分析：Swing 容器银行登录界面综合实例

1. 案例描述

建立一个窗口对象，显示银行账户登录界面，并通过一个标签对象显示对窗口的各种不同操作。当单击窗口右上角的关闭按钮时，则弹出对话框，要求用户进一步确认是否要关闭该窗口。

2. 案例分析

根据案例描述中的信息，本案例需要创建一个窗口对象，该对象继承自 JFrame 类，在主窗口中创建 3 个标签对象、2 个文本框对象和 2 个按钮对象。另外，还需创建一个 JDialog 对象及 2 个按钮，JDialog 对象的拥有者为已创建的窗口对象。程序运行时将触发两个不同类的事件：一个是当单击窗口右上角的关闭按钮时所触发的 WindowEvent 事件；另一个是当对话框中的按钮被单击时所触发的 ActionEvent 事件。故系统需要实现 WindowListener 接口和 ActionListener 接口的监听程序。

3. 案例实现

本例的实现代码如下。

```java
//文件名: BankContainer_Exam.java
import java.awt.*;
import javax.swing.*;
import java.awt.event.*;
public class BankContainer_Exam extends JFrame implements ActionListener {
    static BankContainer_Exam mainJFrame = new BankContainer_Exam();
    static JLabel lbl = new JLabel();
    static JDialog diag = new JDialog(mainJFrame);//创建隶属于mainJFrame的对话框diag
    static JButton bt_close = new JButton("关闭");
    static JButton bt_cancel = new JButton("取消");
    static MyWinListener wlist = new MyWinListener(); //创建监听者的对象wlist
    static JLabel lb_name = new JLabel();
    static JLabel lb_pass = new JLabel();
    static JTextField tf_name = new JTextField();
    static JPasswordField pf_pass = new JPasswordField();
    static JButton bt_login = new JButton("登录");
    static JButton bt_reset = new JButton("重置");
    public static void main(String args[]) {
        mainJFrame.setTitle("ABC登录");
        mainJFrame.setBounds(0, 0, 420, 280);
        mainJFrame.setLocationRelativeTo(null);
        //设置关闭动作
        mainJFrame.setDefaultCloseOperation(WindowConstants.DO_NOTHING_ON_CLOSE);
        Container container = mainJFrame.getContentPane();
        container.setLayout(null);
        container.add(lbl);                         //显示窗口状态标签
        lbl.setBounds(325, -10, 150, 50);
        //lb_name.setText("账    号");              //也可以采用背景图片
        //lb_name.setSize(20, 20);
        //container.add(lb_name);
        //lb_name.setBounds(120, 80, 50, 50);
        container.add(tf_name);
        tf_name.setBounds(193, 88, 133, 24);
        //lb_pass.setText("密    码");
        //lb_pass.setSize(20, 20);
        //container.add(lb_pass);
        //lb_pass.setBounds(120, 125, 50, 50);
        container.add(pf_pass);
        pf_pass.setBounds(193, 140, 133, 24);
        container.add(bt_login);
        bt_login.setBounds(120, 190, 85, 25);
        container.add(bt_reset);
        bt_reset.setBounds(225, 190, 85, 25);
        ImageIcon image = new ImageIcon("resources\\login.jpg"); //背景图片
        JLabel lb_image = new JLabel(image);
        mainJFrame.add(lb_image);
        lb_image.setBounds(0, 0, 420, 250);
        diag.setTitle("请选择...");
        diag.setSize(200, 150);
        diag.setLayout(new FlowLayout(FlowLayout.CENTER, 5, 20));
```

```java
        diag.add(bt_close);
        diag.add(bt_cancel);
        bt_close.addActionListener(mainJFrame);   //设置按钮的监听者为mainJFrame
        bt_cancel.addActionListener(mainJFrame);
        mainJFrame.addWindowListener(wlist);
        mainJFrame.setVisible(true);
    }
    static class MyWinListener implements WindowListener {
        public void windowClosing(WindowEvent e) {     //按窗口右上角关闭按钮时的处理事件
            diag.setLocationRelativeTo(null);           //设置对话框的位置
            diag.setVisible(true);                       //显示对话框
        }
        public void windowOpened(WindowEvent e) {           //打开窗口时的处理操作
            lbl.setText("打开窗口");
        }
        public void windowActivated(WindowEvent e) {     //激活窗口时的处理操作
            lbl.setText("窗口被激活");}
        public void windowDeactivated(WindowEvent e) {   //窗口失活时的处理操作
            // 空操作
        }
        public void windowIconified(WindowEvent e) {       //窗口由最小化时的处理操作
            mainJFrame.setTitle("窗口被最小化");
        }
        public void windowDeiconified(WindowEvent e) {    //还原窗口时的处理操作
            mainJFrame.setTitle("窗口被还原");
        }
        public void windowClosed(WindowEvent e) {          //关闭窗口后的处理操作
            // 空操作
        }
    }
    public void actionPerformed(ActionEvent e) {            //按对话框中按钮时的处理事件
        JButton bt = (JButton) e.getSource();             //获取被单击的按钮
        if (bt == bt_close) {                              //若单击的是关闭按钮
            diag.dispose();                               //关闭对话框
            mainJFrame.dispose();                         //关闭窗口
            System.exit(0);
        }
    }
}
```

4. 归纳与总结

该例中创建窗口对象 mainJFrame 的方法与例 9-2 有所不同，这是创建窗口的又一方法。它是用类 BankContainer_Exam 在创建窗口对象 mainJFrame 的同时给窗口赋予标题。与 Frame 不同，当用户试图关闭窗口时，JFrame 知道如何进行响应。要更改默认的行为，可调用方法 setDefaultCloseOperation(WindowConstants.DO_NOTHING_ON_CLOSE)。

该例定义了静态内部类 MyWinListener 并实现了 WindowListener 接口。由于以类实现接口时必须定义接口中只声明但未定义的所有方法，故本例中没有用到的窗口失活和窗口关闭后的这两个操作，也需要定义。当窗口关闭时事件发生时，事件监听者 wlist 把该事件交给 windowsClosing()方法处理，即显示对话框。当对话框弹出后，单击对话框中的按钮时则触发 ActionEvent 事件，该事件的监听者 mainJFrame 把该事件交给 actionPerformed()方法去处理。该例的运行结果如图 9-6 所示。

GUI 图形用户界面

图 9-6　BankContainer_Exam 的运行结果

5．思考与提高

在本例中，添加了背景图片以美化窗口；添加了文本框、密码框以及按钮，完成了登录
界面。有的技术后面章节中有介绍（比如文本框、密码框、按钮），可以提前预习；有的技
术书中没有涉及（例如添加背景图片），需要自己查找资料。这个例子可以进一步完善，比
如验证账号密码，留给大家自己去完成。

9.3　常用 Swing 组件

视频讲解

本节从应用的角度进一步介绍 Swing 的一些组件，目的是加深对 Swing
的理解，掌握如何用各种组件构造图形化用户界面，掌握控制组件的颜色和字体等属性。下
面是一些常用组件的介绍。

9.3.1　JLabel 标签组件

JLabel 对象可以显示文本、图像或同时显示二者。标签不对输入事件做出反应。因此，
它无法获得键盘焦点。

可以通过设置垂直和水平对齐方式，指定标签显示区中标签内容在何处对齐。默认情况
下，标签在其显示区内垂直居中对齐。对于只显示文本的标签是开始边对齐；而只显示图像
的标签则水平居中对齐。还可以指定文本相对于图像的位置。默认情况下，文本位于图像的
结尾处，文本和图像都垂直对齐。

标签对象可用 javax.swing 类库里的 JLabel 类创建。表 9-10 给出了 JLabel 类的构造方法，
表 9-11 则列出了 JLabel 类的常用方法。

表 9-10　JLabel 类的构造方法

构造方法	功能说明
public JLabel()	创建无图像并且其标题为空字符串的 JLabel
public JLabel(Icon image)	创建具有指定图像的 JLabel 实例
public JLabel(Icon image, 　int horizontalAlignment)	创建具有指定图像和水平对齐方式的 JLabel 实例
public JLabel(String text)	创建具有指定文本的 JLabel 实例
public JLabel(String text, 　Icon icon, int horizontalAlignment)	创建具有指定文本、图像和水平对齐方式的 JLabel 实例
public JLabel(String text, 　int horizontalAlignment)	创建具有指定文本和水平对齐方式的 JLabel 实例

表 9-11　JLabel 类的常用方法

方法	功能说明
public Icon getDisabledIcon()	返回该标签被禁用时所使用的图标
public int getHorizontalAlignment()	返回标签内容沿 X 轴的对齐方式
public void setHorizontalAlignment(int alignment)	设置标签内容沿 X 轴的对齐方式
public void setHorizontalTextPosition(int textPosition)	设置标签的文本相对其图像的水平位置
public int getHorizontalTextPosition()	返回标签的文本相对其图像的水平位置
public String getText()	返回该标签所显示的文本字符串
public void setText(String text)	将标签上文字设置为 text

下面是一个标签的例子。

```
ImageIcon icon = new ImageIcon("1.gif");
//创建一个显示的文字和图像的标签，且水平对齐方式为居中
JLabel lbl1=new JLabel("我是一个标签",icon,CENTER);
lbl.setBackground(Color.yellow);              //设置标签的底色为黄色
lbl.setForeground(Color.red);                 //设置标签上文字为红色
Font fnt=new Font(" Serief ",Font.BOLD+FONT.ITALIC,20);
lbl.setFont(fnt);                             //设置标签上字体的样式
```

该例子创建了一个显示的文字和图像的标签，且水平对齐方式为居中。利用标签控件的方法对标签上的文字的背景颜色和前景颜色进行设置，并设置了标签文字的字体为 Serief，字形为粗体加斜体，字号为 20。

9.3.2　JTextField 文本框和 JTextArea 文本区

文本编辑组件是可以接收用户的文本输入并具有一定编辑功能的界面元素。这些编辑功能包括修改、删除、块复制和块粘贴等。文本编辑组件分为两种：一种是单行文本编辑组件，简称文本框 JTextField；另一种是多行文本编辑组件，简称文本区 JTextArea。

JTextField 类和 JTextArea 类均是 JTextComponent 类的子类。JTextField 和 JTextArea 类继承了 JTextComponent 类中许多常用方法。表 9-12 是 JTextComponent 类的常用方法。

表 9-12　JTextComponent 类的常用方法

方法	功能说明
public String getText()	返回此 TextComponent 中包含的文本
public Color getSelectedTextColor()	获取用于呈现选定文本的当前颜色
public Color getSelectionColor()	获取用于呈现选定的当前颜色
public boolean　isEditable()	返回指示此 TextComponent 是否可编辑的 boolean
public void select(int selStart,int selEnd)	选择位置为 selStart 与 selEnd 之间的文本
public void selectAll()	选择文本组件里的所有文本
public String getSelectedText()	返回此 TextComponent 中包含的选定文本
public void setText(String text)	设置文本框中的文字为 text
public void setEditable(boolean　b)	设置文本组件是否为可编辑

1. JTextField 文本框

单行文本输入区也叫做文本域，一般用来让用户输入像姓名、信用卡号这样的信息，它是一个能够接收用户的键盘输入的小块区域。文本框可被设置为可编辑或不可编辑两种。

Java 语言用 JTextField 类来创建文本框，表 9-13 和表 9-14 分别给出了 JTextField 类的构造方法和常用方法。

表 9-13 JTextField 类的构造方法

构造方法	功能说明
public JTextField()	创建文本框
public JTextField(int columns)	创建文本框，设置文本框的宽度可容纳 columns 个字符
public JTextField(String text)	创建文本框，并以 text 为默认文字
public JTextField(String text, int columns)	创建文本框，以 text 为默认文字，并设置文本框的宽度可以容纳 columns 个字符
public JTextField(Document doc, String text, int columns)	创建文本框，以 doc 为文本存储模型，以 text 为默认文字,并设置文本框的宽度可以容纳 columns 个字符

表 9-14 JTextField 类的常用方法

方法	功能说明
public int getColumns()	返回文本框的宽度，以字符为单位
public void setColumns(int columns)	设置文本框的宽度为 columns 个字符
public int getHorizontalAlignment()	返回文本的水平对齐方式
public void setDocument(Document doc)	将编辑器与一个文本文档关联

JTextField 通过 setActionCommand 方法设置的命令字符串，此字符串用作针对被激发的操作事件的命令字符串。

JTextField 的水平对齐方式可以设置为左对齐、前端对齐、居中对齐、右对齐或尾部对齐。右对齐/尾部对齐在所需的字段文本尺寸小于为它分配的尺寸时使用。这是由 setHorizontalAlignment 和 getHorizontalAlignment 方法确定的。默认情况下为前端对齐。

2. JTextArea 文本区

文本区是可以显示多行多列的文本，是由 JTextArea 类来实现的。表 9-15 和表 9-16 分别给出了 JTextArea 类的构造方法和常用方法。

表 9-15 JTextArea 类的构造方法

构造方法	功能说明
public JTextArea()	创建文本区
public JTextArea(int rows,int cols)	创建一个行数为 rows、列数为 cols 的文本区
public JTextArea(String text)	创建文本区，并以 text 为默认文字
public JTextArea(String text,int rows,int cols)	创建文本区，以 text 为默认文字，并指定行数和列数
public JTextArea(Document doc)	创建一个文档模型为 doc 的文本区，所有其他参数均默认为 (null, 0, 0)
public JTextArea(Document doc, String text,int rows, int columns)	创建一个具有指定行数为 rows，列数为 cols，以及文件模型为 doc 的文本区

表 9-16　JTextArea 类的常用方法

方法	功能说明
public int getLineCount()	确定文本区中所包含的行数
public void append(String str)	将给定文本追加到文件结尾
public int getRows()	返回文本区的行数
public int getColumns()	返回文本区的列数
public void setRows(int rows)	设置文本区可显示的行数为 rows
public void setColumns(int columns)	设置文本区可显示的列数为 columns

JTextArea 不管理滚动,但实现了 Swing 的 Scrollable 接口。这允许把它放置在 JScrollPane 的内部（如果需要滚动行为），或者直接使用（如果不需要滚动）。

JTextArea 具有用于换行的 bound 属性,该属性控制其是否换行。在默认情况下,换行属性设置为 false（不换行）。

下面是一个文本编辑框的例子。

```
JTextField tf1=new  JTextField("该文本框不可编辑",20);
//利用JPasswordField将tf2的回显字符为"*"
JPasswordField tf2=new JPasswordField("口令输入框",20);
tf1.setBounds(20,60,120,20);
tf1.setEditable(false);                 //设置文本框对象tf1为不可编辑
JTextArea ta1=new JTextArea("大家好！",10,20);
ta1.setBounds(20,90,140,100);
JScrollPane scrPn = new JScrollPane(ta1);
scrPn.setVerticalScrollBarPolicy(JScrollPane.VERTICAL_SCROLLBAR_ALWAYS);
scrPn.setPreferredSize(new Dimension(250, 250));
```

该例子创建了两个文本框和一个文本区对象,并设置其相关属性。

9.3.3　JButton 按钮组件

按钮是窗口程序设计中最常用的组件之一,按钮可以带标签或图像。通常一个按钮对应着一种特定的操作,如确定、保存、取消等。从而用户可以用鼠标单击它来控制程序运行的流程。javax.swing 类库中提供了 JButton 类,用来处理按钮控件的相关操作。表 9-17 给出了 JButton 类的构造方法。JButton 类继承了 AbstractButton 类中许多常用方法。表 9-18 是 AbstractButton 类的常用方法。

表 9-17　JButton 类的构造方法

构造方法	功能说明
public JButton()	创建一个没有文字标签的按钮
public JButton(String label)	创建一个以 label 为标签的按钮
public JButton(Icon icon)	创建一个带图标的按钮
public JButton(String text, Icon icon)	创建一个带初始文本和图标的按钮
public JButton(Action a)	创建一个按钮,其属性从所提供的 Action 中获取

表 9-18　AbstractButton 类的常用方法

方法	功能说明
public void addActionListener(ActionListener l)	将一个 ActionListener 添加到按钮中
public void addChangeListener(ChangeListener l)	向按钮添加一个 ChangeListener
public void addItemListener(ItemListener l)	将一个 ItemListener 添加到复选框中
public int getHorizontalAlignment()	返回图标和文本的水平对齐方式
public int getHorizontalTextPosition()	返回文本相对于图标的横向位置
public int getVerticalAlignment()	返回文本和图标的垂直对齐方式
public int getVerticalTextPosition()	返回文本相对于图标的纵向位置
public Icon getIcon()	返回默认图标
public void setIcon(Icon defaultIcon)	设置按钮的默认图标
public int getMnemonic()	返回当前模型中的键盘助记符
public void setMnemonic(int mnemonic)	设置按钮的助记符
public void setActionCommand(String actionCommand)	设置此按钮的动作命令
public String getText()	返回按钮的文本
public void setText(String text)	设置按钮的文本
public boolean isSelected()	返回按钮的状态
public void setEnabled(boolean b)	启用（或禁用）按钮

◀注意：JMenuItem、JMenu、JToggleButton、JCheckBox、JRadioButton 等类也继承了 AbstractButton 类中的许多常用方法。

知识提示　一个助记符必须对应键盘上的一个键，并且应该使用 java.awt.event. KeyEvent 中定义的 VK_XXX 键代码之一指定。助记符是不区分大小写的，所以具有相应键代码的键事件将造成按钮被激活，不管是否按下 Shift 键。

下面是一个按钮的例子。

```
ImageIcon buttonIcon=new ImageIcon("images/right.gif");
//按钮btn1上同时显示文字和图标
JButton btn1=new JButton("确定",buttonIcon);
//按钮btn1上的文字在垂直方向上是居中对齐的
btn1.setVerticalTextPosition(AbstractButton.CENTER);
//按钮btn1上的文字在水平方向上是左对齐的
btn1.setHorizontalTextPosition(AbstractButton.LEFT);
//设置按钮b1的替代的键盘按键是"d"
btn1.setMnemonic('d');
btn1.setActionCommand("Ok");
```

该例声明了一个 JButton 对象 btn1，并设置该按钮上文字的对齐方式、替代的键盘按键和按钮激发的操作事件的命令名称。

9.3.4　JCheckBox 复选框和 JRadioButton 单选按钮

复选框给用户"二选一"的输入选择。每个复选框有两种状态："选中（on）"或"非选中（off）"。Java 语言提供了 JCheckBox 类来创建复选框。表 9-19 给出 JCheckBox 类的构造方法。

单选按钮给用户"多选一"的输入选择。每个单选按钮有两种状态：被选择或取消选择。Java 语言提供了 JRadioButton 类来创建单选按钮。单选按钮还必须配合 ButtonGroup 类将其组成单选按钮组来使用（用 ButtonGroup 的 add 方法将 JRadioButton 对象包含在此组中），在这种情况下用 ButtonGroup 类管辖的所有的 JRadioButton 组件中，只能有一个处于被选择状态。JRadioButton 类与 JCheckBox 类的构造方法基本类似，在此从略。

表 9-19　JCheckBox 类的构造方法

构造方法	功能说明
public JCheckBox()	创建一个没有文本、没有图标并且最初未被选定的复选框
public JCheckBox(String label)	创建一个以 label 为文本的、最初未被选定的复选框
public JCheckBox(Icon icon)	创建有一个以 icon 为图标、最初未被选定的复选框
public JCheckBox(Icon icon, boolean selected)	创建一个以 icon 为图标的复选框，并指定其最初是否处于选定状态
public JCheckBox(String label, boolean selected)	创建一个以 label 为标签的复选框，并设置状态 selected，若 selected 状态为 true，则复选框的初始状态为选定
public JCheckBox(String text, Icon icon)	创建一个以 icon 为图标，以 label 为文本的、最初未被选定的复选框
public JCheckBox(String text, Icon icon, boolean selected)	创建一个带文本和图标的复选框，并指定其最初是否处于选定状态

下面是一个复选框和单选按钮组的例子。

```
ImageIcon icon1 = new ImageIcon("1.jpg");
JCheckBox  chk1=new JCheckBox("粗体",icon1,true);  //设置chk1为选中状态
JCheckBox  chk2=new JCheckBox("斜体");
JRadioButton rdobtn_g1=new JRadioButton("红色");
//设置rdobtn_g2为选中状态
JRadioButton rdobtn_g2=new JRadioButton("绿色",true);
ButtonGroup grp=new ButtonGroup();
grp.add(rdobtn_g1);
grp.add(rdobtn_g2) ;
```

该例子创建了两个 JCheckBox 对象、两个 JRadioButton 对象和一个 ButtonGroup 对象，其中 chk1 和 rdobtn_g2 设置为被选中状态。复选框 chk1 和 chk2 可实现字体样式的设置。将 rdobtn_g1 和 rdobtn_g2 两个对象设置为单选按钮组的成员，可实现颜色的选择。

9.3.5　JList 列表框组件

列表框组件 JList 向用户提供"多选多"的输入选择，列表框通常列出若干选项，可指定列出选项的数目，超过长度时被折叠起来。列表框中提供了多个文本选项，可以浏览多项。

Java 语言以 JList 类来创建列表框组件，JList 类继承自 JComponent 类。列表框组件的使用方式非常简单，先用 JList 类的 add()方法将选项加入到列表框中，然后再利用程序来控制列表框的显示方式。表 9-20 给出了 JList 类的构造方法，表 9-21 给出了 JList 类的常用方法。

表 9-20　JList 类的构造方法

构造方法	功能说明
public JList()	构造一个使用空模型的 JList
public JList(ListModel dataModel)	构造一个 JList，使其使用指定的非 null 模型显示元素
public JList(Object[] listData)	构造一个 JList，使其显示指定数组中的元素
public JList(Vector<?> listData)	构造一个 JList，使其显示指定 Vector 中的元素

表 9-21   JList 类的常用方法

方法	功能说明
public void addListSelectionListener (ListSelectionListener listener)	为每次选择发生更改时要通知的列表添加侦听器
public void clearSelection()	清除选择，调用此方法后，isSelectionEmpty 将返回 true
public int getMaxSelectionIndex()	返回选择的最大单元索引
public int getMinSelectionIndex()	返回选择的最小单元索引
public int getSelectedIndex()	返回所选的第一个索引；如果没有选择项，则返回−1
public int[] getSelectedIndices()	返回所选的全部索引的数组（按升序排列）
public Object getSelectedValue()	返回所选的第一个值，如果选择为空，则返回 null
public Object[] getSelectedValues()	返回所选单元的一组值
public int getVisibleRowCount()	返回首选可见行数
public void setSelectionInterval(int anchor, int lead)	选择指定的间隔
public void setVisibleRowCount(int visibleRowCount)	设置不使用滚动条可以在列表中显示的首选行数
public void setSelectionMode(int selectionMode)	确定允许单项选择还是多项选择
public voidsetSelectedIndex(int index)	选择单个单元
public void setSelectedIndices(int[] indices)	选择一组单元
public void deselected(int index)	取消列表框中第 index 项的选中状态

下面是一个列表框的例子。

```
String[] data = {"红色", "绿色", "蓝色"};
JList lst = new JList(data);
lst.setSelectedIndex(1);      //select "绿色"
lst.getSelectedValue();       //returns "绿色"
```

该例创建了一个具有 3 个选项的 JList 对象 lst，可实现颜色的选择。

9.3.6   JComboBox 下拉列表框组件

下拉列表框（JComboBox）与列表框相似，它同样是一个有许多选项的选择组件，但下拉列表框中所有选项都被折叠收藏起来，且只会将用户所选择的单个选项显示在显示栏上。要改变被选中的选项，可以单击下拉列表框右边的向下箭头，然后从展开的选项框中选择一个选项即可。下拉列表框 JComboBox 继承自 JComponent 类。表 9-22 和表 9-23 分别给出了 JComboBox 类的构造方法和常用方法。

表 9-22   JComboBox 类的构造方法

构造方法	功能说明
public JComboBox()	创建具有默认数据模型的 JComboBox
public JComboBox(ComboBoxModel aModel)	创建一个 JComboBox，其项取自现有的 ComboBoxModel 中
public JComboBox(Object[] items)	创建包含指定数组中的元素的 JComboBox
public JComboBox(Vector<?> items)	创建包含指定 Vector 中的元素的 JComboBox

表 9-23　JComboBox 类的常用方法

方法	功能说明
public void addActionListener(ActionListener l)	添加 ActionListener
public void addItem(Object anObject)	为项列表添加项
public void addItemListener(ItemListener aListener)	为该下拉列表框指定一个 item 事件监听者
public void addJPopupMenuListener(JPopupMenuListener l)	添加 JPopupMenu 侦听器，该侦听器将侦听来自 组合框弹出部分的通知消息
public Object getItemAt(int index)	返回指定索引处的列表项
public int getItemCount()	返回列表中的项数
public int getSelectedIndex()	返回列表中与给定项匹配的第一个选项
public Object getSelectedItem()	返回下拉列表框中被选中项目的名称
public void insertItemAt(Object anObject, int index)	在项列表中的给定索引处插入项
public void removeAllItems()	从项列表中移除所有项
public void removeItem(Object anObject)	从项列表中移除项
public void removeItemAt(int anIndex)	移除 anIndex 处的项

下面是一个列表框的例子。

```
String[] data = {"红色", "绿色", "蓝色"};
JComboBox cbx=new JComboBox(data);
```

该例创建了一个具有 3 个选项的 JComboBox 对象 cbx，该例同样可以实现颜色的选择。

9.3.7　JMenu 菜单组件

菜单 JMenu 是用户用来输入有关操作命令的简便工具。菜单可将多种操作组合在一起，通过下拉方式或弹出方式供用户使用。在 Java 语言中，一个菜单组件通常由 3 种菜单对象来组成：菜单条 JMenuBar、菜单 JMenu 和菜单项 JMenuItem。每个菜单条包含若干个菜单，而每个菜单中还可包含若干个菜单项。每个菜单项的作用与按钮相似，也是在单击时引发一个动作命令，所以整个菜单就是一组层次化组织、管理的命令集合，使用它用户可以方便地向程序发布命令。它们的层次结构如图 9-7 所示。

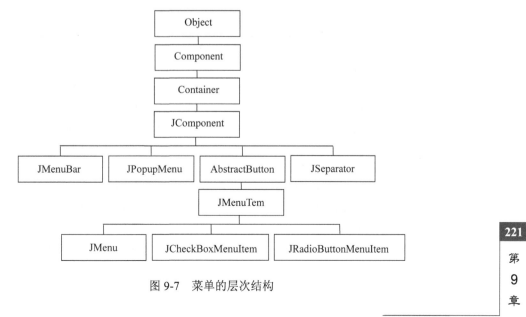

图 9-7　菜单的层次结构

GUI 图形用户界面

要创建一个菜单系统，首先要有一个框架，在框架中放置一个菜单条对象 JMenuBar，再在菜单条上添加若干个菜单对象 JMenu，每个菜单对象上再添加若干个菜单项对象 JMenuItem。然后用 add()方法把 JMenu 对象添加到 JMenuBar 对象中，再把 JMenuItem 或 JCheckBoxMenuItem 对象添加到 JMenu 对象中。

如果希望菜单项还可以进一步引出更多的菜单项，可以使用二级菜单。二级菜单的使用方法很简单，创建一个包含若干菜单项（JMenuItem）的菜单（JMenu），把这个菜单像菜单项一样加入到一级菜单项中即可。

表 9-24 至表 9-29 分别给出了 JMenuBar 类、JMenu 类和 JMenuItem 类的构造方法和常用方法。

表 9-24　JMenuBar 类的构造方法

构造方法	功能说明
public JMenuBar()	创建菜单条对象

表 9-25　JMenuBar 类的常用方法

方法	功能说明
public JMenu add(JMenu m)	将 JMenu 对象 m 添加到菜单条 JMenuBar 中
public JMenu getMenu(int i)	返回位置 i 的 JMenu 对象
public int getMenuCount()	返回 JMenuBar 中 JMenu 对象的总数
public void setHelpMenu(JMenu menu)	设置用户的帮助菜单

表 9-26　JMenu 类的构造方法

构造方法	功能说明
public JMenu()	创建菜单对象
public JMenu(Action a)	创建一个从提供的 Action 获取其属性的菜单
public JMenu(String s)	创建一个新 JMenu，用提供的字符串作为其文本
public JMenu(String s, boolean b)	创建一个新 JMenu，用提供的字符串作为其文本并指定其是否为分离式 (tear-off) 菜单

表 9-27　JMenu 类的常用方法

方法	功能说明
public JMenuItem add(JMenuItem mi)	添加 JMenuItem 对象 mi 到菜单 JMenu 中
public void add(String label)	添加标题为 label 的 JMenuItem 到 JMenu 中
public void addSeparator()	在当前位置增加一条分隔线
public JMenuItem getItem(int index)	返回 index 位置的 JMenuItem 对象
public int getItemCount()	返回 JMenu 中 JMenuItem 对象的总数
public void insert(JMenuItem mi,int index)	在 index 位置上插入一个 JMenuItem 对象 mi
public void insert(String label，int index)	在 index 位置插入标题为 label 的 JMenuItem 对象
public void insertSeparator(int index)	在 index 位置插入一条分隔线
public void remove(int index)	删除 index 位置上的 JMenuItem 对象
public void remove(JMenuItem item)	从 JMenu 中删除指定的 JMenuItem 对象 item
public void removeAll()	在 JMenu 中删除所有的 JMenuItem 对象

表 9-28 JMenuItem 类的构造方法

构造方法	功能说明
public JMenuItem()	创建菜单项对象
public JMenuItem(Action a)	创建一个从指定的 Action 获取其属性的菜单项
public JMenuItem(Icon icon)	创建带有指定图标的 JMenuItem
public JMenuItem(String text)	创建带有指定文本的 JMenuItem
public JMenuItem(String text, Icon icon)	创建带有指定文本和图标的 JMenuItem
public JMenuItem(String text, int mnemonic)	创建带有指定文本和键盘助记符的 JMenuItem

表 9-29 JMenuItem 类的常用方法

方法	功能说明
public void addMenuDragMouseListener (MenuDragMouseListener l)	将 MenuDragMouseListener 添加到菜单项
public void addMenuKeyListener(MenuKeyListener l)	将 MenuKeyListener 添加到菜单项
public String getJLabel()	返回 JMenuItem 的标题
public void setEnabled(Boolean b)	设置 JMenuItem 是否可被使用
public void menuSelectionChanged (boolean isIncluded)	当选择或取消选择 MenuElement 时由 MenuSelectionManager 调用

在菜单中还有一种带复选框的菜单项,这种菜单项的功能是由 JCheckBoxMenuItem 类实现的。表 9-30 和表 9-31 分别给出了 JCheckBoxMenuItem 类的构造方法和常用方法。

表 9-30 JCheckBoxMenuItem 类的构造方法

构造方法	功能说明
public JCheckBoxMenuItem()	创建一个 JCheckBoxMenuItem 对象
public JCheckBoxMenuItem(String label)	创建标题为 label 的 JCheckBoxMenuItem 对象
public JCheckBoxMenuItem(String label,boolean state)	同上,若 state 为 true,表示选中状态;为 false 时表示未选中。默认为 false

表 9-31 JCheckBoxMenuItem 类的常用方法

方法	功能说明
public Object[]getSelectedObjects()	返回包含复选框菜单项标签的数组 (length 1),如果没有选中复选框,则返回 null
public boolean getState()	返回带复选框的菜单项的选取状态
public void setState(Boolean b)	设置带复选框的菜单项的选取状态

下面是一个菜单的例子。

```
JMenuBar mb=new JMenuBar();              //创建JMenuBar对象 mb
JMenu mn1=new JMenu("颜色");              //创建JMenu对象 mn1
JMenu mn2=new JMenu("窗口");              //创建JMenu对象 mn2
JMenuItem mi1=new JMenuItem("红色");      //创建JMenuItem对象 mi1
JMenuItem mi2=new JMenuItem("绿色");
JMenuItem mi3=new JMenuItem("关闭");
JCheckBoxMenuItem cbmi=new JCheckBoxMenuItem("斜体");  //复选框菜单项
mb.add(mn1);                             //将mn1加入mb中
mb.add(mn2);
mn1.add(mi1);                            //将mi1加入mn1中
mn1.add(mi2);
mn1.addSeparator();                      //加一条分隔线
mn1.add(cbmi);                           //添加带复选框的菜单项
```

GUI 图形用户界面

```
mn2.add(mi3);                                    // 将mi3加入mn2中
```

该例创建了一个 JMenuBar 对象 mb、两个 JMenu 对象、三个 JMenuItem 对象、一个带复选框的菜单项 cbmi，可实现颜色和样式的设置。

9.4　GUI 布局管理器

视频讲解

一个容器中的各个组件之间的位置和大小关系就称为布局。Java 语言提供了布局管理器来管理组件在容器中的布局，而不是直接使用位置坐标来设置各个组件的位置和大小。选择了容器之后，可以通过容器的 setLayout()和 getLayout()方法来确定布局（Layout），也就是限制容器中各个组件的位置和大小等。

Java 提供了 6 种布局管理器，每个布局管理器对应一种布局策略，分别是流式布局管理器（FlowLayout）、边界布局管理器（BorderLayout）、卡片布局管理器（CardLayout）、网格布局管理器（GridLayout）、网格包布局管理器（GridBagLayout）和网球布局管理器（BoxLayout）。下面将分别讨论这几种布局管理器。

9.4.1　FlowLayout 流式布局管理器

流式布局（FlowLayout）是最基本的一种布局。流式布局指的是把图形元件根据组件的 preferredSize 一个接一个地显示在面板上，如果一行显示不了所有的组件，会自动换到下一行显示。FlowLayout 布局管理器是 Panel、JApplet 和 JPanel 默认的布局管理方式。

表 9-32 和表 9-33 分别给出了 FlowLayout 类的构造方法和常用方法。

表 9-32　FlowLayout 类的构造方法

构造方法	功能说明
public FlowLayout()	创建 FlowLayout 布局管理器，容器中的对象居中对齐，对象的垂直和水平间隔默认为 5 个单位
public FlowLayout(int align)	创建 FlowLayout 布局管理器，使用对齐方式为 align，对象对齐方式包括 FlowLayout.LEFT、FlowLayout.CENTER 和 FlowLayout.RIGHT
public FlowLayout(int align，int hgap,int vgap)	创建同上具有对齐功能的布局管理器，但对象的对象的水平间距为 hgap，垂直间距为 vgap

表 9-33　FlowLayout 类的常用方法

方法	功能说明
public int getHgap()	返回该布局管理器中各组件间的水平间隔
public int getVgap()	返回该布局管理器中各组件间的垂直间隔
public void setHgap(int hgap)	设置该布局管理器中各组件间的水平间隔
public void setVgap(int vgap)	设置该布局管理器中各组件间的垂直间隔
public int getAlignment()	返回该布局管理器的对齐方式
public void setAlignment(int align)	设置该布局管理器的对齐方式

【例 9-3】　流式布局管理器 FlowLayout 类的应用。

```
//文件名：FlowLayout_Exam.java
import java.awt.*;
import javax.swing.*;
```

```
public class FlowLayout_Exam {
  static JFrame mainJFrame = new JFrame("流式管理器FlowLayout类的应用示例!");
  public static void main(String args[ ]){
    FlowLayout flow=new FlowLayout(FlowLayout.CENTER,5,10);
    mainJFrame.setSize(300,200);
    Container container = mainJFrame.getContentPane();
    container.setLayout(flow);
    //将按钮对象btn加入到窗口内容面板中
    container.add(new JButton("JButton 1"));
    container.add(new JButton("JButton 2"));
    container.add(new JButton("JButton 3"));
    container.add(new JButton("Long-Named JButton 4"));
    container.add(new JButton("5"));
    //添加标签组件
    container.add(new JLabel("流式布局策略FlowLayout"));
    //添加文本框组件
    container.add(new JTextField("流式布局策略FlowLayout",18));
    mainJFrame.setVisible(true);
  }
}
```

该程序创建了 5 个命令按钮、1 个标签和 1 个文本框，并调用 add()方法将其添加到窗口内容面板中。该程序的运行结果如图 9-8 所示。将运行窗口拉大后，组件会自动重新排列。

图 9-8　FlowLayout_Exam 的运行结果

9.4.2　BorderLayout 边界布局管理器

边界布局管理器（BorderLayout）包括 5 个区：北区、南区、东区、西区和中区。这 5 个区在面板上的分布规律是"上北下南，左西右东"。将组件加入容器中时，应该指出把这个组件加在哪个区域中，若没有指定区域，则默认为中间。若将组件加入到已被占用位置时，将会取代原先的组件。BorderLayout 是容器 JFrame 和对话框组件 JDialog 默认使用的布局管理器。

分布在北部和南部区域的组件将横向扩展至占据整个容器的长度，分布在东部和西部区域的组件将伸展至占据容器剩余部分的全部高度，最后剩余的部分将分配给位于中央区域的组件。如果某个区域没有分配组件，则其他组件可以占据它的空间。

表 9-34 和表 9-35 分别给出了 BorderLayout 类的构造方法和常用方法。

表 9-34　BorderLayout 类的构造方法

构造方法	功能说明
public BorderLayout()	创建 BorderLayout 布局管理器，容器中的对象之间没有间隔
public BorderLayout(int hgap,int vgap)	创建 BorderLayout 布局管理器，容器中的各组件之间水平间隔为 hgap，垂直间隔为 vgap

表 9-35　BorderLayout 类的常用方法

方法	功能说明
public void addLayoutComponent(String name, Component comp)	将指定组件加入该布局管理器中，使用指定的名称
public void removeLayoutComponent(Component comp)	将指定组件从该布局管理器中删除

在使用边界布局管理器 BorderLayout 时，利用 add()方法向容器中添加组件时必须指出组件的摆放位置。组件的摆放位置主要包括 BorderLayout.EAST、BorderLayout.WEST、BorderLayout.SOUTH、BorderLayout.NORTH 和 BorderLayout.CENTER，共 5 类。

【例 9-4】　边界布局管理器 BorderLayout 类的应用。

```
//文件名：BorderLayout_Exam.java
import java.awt.*;
import javax.swing.*;
public class BorderLayout_Exam {
  static JFrame mainJFrame = new JFrame("边界布局管理器类的应用示例!");
  public static void main(String args[ ]){
    BorderLayout border=new BorderLayout(2,4);
    mainJFrame.setSize(250,250);
    mainJFrame.setLocation(150,150);
    Container container = mainJFrame.getContentPane();
    container.setLayout(border);             //设置页面布局为BorderLayout
    container.setBackground(Color.green);   //设置窗口底色为绿色
    container.add(new JButton("北"), BorderLayout.NORTH);
    container.add(new JButton("南"), BorderLayout.SOUTH);
    container.add(new JButton("东"), BorderLayout.EAST);
    container.add(new JButton("西"), BorderLayout.WEST);
    container.add(new JButton("中央"), BorderLayout.CENTER);
    mainJFrame.setVisible(true);
  }
}
```

该程序创建了一个 BorderLayout 类的对象 border，并设定组件的水平间距为 5，垂直间距为 10。通过调用 add()方法将产生的 5 个命令按钮组件添加到窗口中，同时规定了该按钮在窗口中的摆放位置。其运行结果如图 9-9 所示。

9.4.3　CardLayout 卡片布局管理器

卡片布局管理器（CardLayout）把每个组件看作一张卡片，好像一副扑克牌，它们叠在一起，每次只有最外面的一个组件可以被看到，这个被显示的组件将占据所有的容器空间。在使用 add()方法往窗口容器中加入组件时应对每个组件赋予一个名字，然后依据这个名字利用 CardLayout 类所提供的方法来控制其他组件是否显示。

图 9-9 BorderLayout_Exam 的运行结果

表 9-36 和表 9-37 分别给出了 CardLayout 类的构造方法和常用方法。

表 9-36 CardLayout 类的构造方法

构造方法	功能说明
public CardLayout()	创建 CardLayout 布局管理器，容器中的对象没有间距
public CardLayout (int hgap,int vgap)	创建 CardLayout 布局管理器,并设置组件与窗口水平间距为 hgap,垂直间距为 vgap

表 9-37 CardLayout 类的常用方法

方法	功能说明
public void first(Container parent)	显示 Container 中的第一个组件
public void next(Container parent)	显示 Container 中的下一个组件
public void previous(Container parent)	显示 Container 中的前一个组件
public void last(Container parent)	显示 Container 中的最后一个组件
public void show(Container parent,String name)	显示 Container 中名称为 name 的组件

利用卡片布局管理器时，通常要用到多个容器，其中一个容器使用卡片布局管理器，而另外的容器使用其他布局管理器。

【例 9-5】 卡片布局管理器 CardLayout 类的应用。

```
//文件名：CardLayout_Exam.java
import java.awt.*;
import javax.swing.*;
public class CardLayout_Exam {
    static JFrame mainJFrame = new JFrame("卡片布局管理器类的应用示例!");
    static JPanel pnl1=new JPanel();
    static JPanel pnl2=new JPanel();
    static String[] str={"第一页","上一页","下一页","最后页"};
    static CardLayout card=new CardLayout(5,10);//需将card定义为static类型
    public static void main(String args[ ]){
        mainJFrame.setSize(360,260);
        mainJFrame.setResizable(false);
        Container container = mainJFrame.getContentPane();
        container.setLayout(null);                //取消内容面板的页面设置
        container.setBackground(Color.pink);      //设置窗口底色为粉红色
        pnl1.setLayout(card);
        pnl1.setBounds(10,10,320,160);
        pnl2.setLayout(new GridLayout(1,4));      //将面板对象设置为1行4列的布局
```

227

第 9 章

GUI 图形用户界面

```
            pnl2.setBounds(10,180,320,35);
            for (int i = 1; i < 4; i++) {
                String str=new String("第"+i+"页");
                JTextField text=new JTextField("卡片布局策略!! "+str,30);
                //将文本框组件text命名为t1后加入到面板中
                pnl1.add(text,"t"+i);
            }
            card.show(pnl1,"t3");                 //将pnl1中的text组件显示在容器中
            for (int i = 0; i <str.length; i++) {
                JButton b = new JButton(str[i]);
                pnl2.add(b);
            }
            container.add(pnl1);                  //将面板添加到窗口内容面板里
            container.add(pnl2);
            mainJFrame.setVisible(true);
        }
    }
```

该程序创建了一个窗口 mainJFrame，两个面板对象 pnl1 和 pnl2。pnl2 设置成 1 行 4 列的网格页面布局，pnl1 设置为卡片布局。两个面板通过 add()方法添加到 mainJFrame 窗口中，pnl1 面板上放置了 3 个文本框，pnl2 面板上放置了 4 个命令按钮。该程序运行结果如图 9-10 所示。

图 9-10　CardLayout_Exam 的运行结果

9.4.4　GridLayout 网格布局管理器

网格布局管理器（GridLayout）将容器划分成若干行列的网格，在容器上添加组件时它们会按从左到右、从上到下的顺序在网格中排列。在 GridLayout 的构造方法中，需要指定在容器上划分的网格的行、列数。利用 GridLayout 布局策略时，容器各组件的宽度相同，同样，所有组件的高度也是相同的。当容器的尺寸发生变化时，各组件的相对位置不变，但各自的尺寸会发生变化。

表 9-38 和表 9-39 分别给出了 GridLayout 类的构造方法和常用方法。

表 9-38　GridLayout 类的构造方法

构造方法	功能说明
public GridLayout()	创建 GridLayout 布局管理器，使用默认值，每行只有一个组件
public GridLayout(int rows,int cols)	创建一个包含 rows 行、cols 列的网格布局管理器
public GridLayout(int rows,int cols, int hgap,int vgap)	创建一个包含 rows 行、cols 列的网格布局管理器，水平间距为 hgap，垂直间距为 vgap

表 9-39 GridLayout 类的常用方法

方法	功能说明
public void setRows(int rows)	设置该布局管理器的行数
public void setColumns(int cols)	设置该布局管理器的列数

   🔲知识提示　在网格布局管理器的构造方法中，若表示行的参数 rows 为 0，则表示可以是任意数目的行；若表示列的参数 cols 为 0，则表示可以是任意数目的列，但行数和列数不能同时为 0。

【例 9-6】　利用网格布局管理器 GridLayout 设计一个简单的计算器。本例的思想是创建两个容器：一个是面板，另一个是窗口。首先把命令按钮摆放在面板中，然后再把文本框和面板放入窗口中。

```java
//文件名：GridLayout_Exam.java
import java.awt.*;
import javax.swing.*;
public class GridLayout_Exam extends JFrame{
    static JPanel pnl=new JPanel();
    static JTextField text=new JTextField("0");
    static String[] name={"7","8","9","*","单位","4","5","6","/",
            "M+","1","2","3","+","M-","0","00",".","-","="};
    public static void main(String args[ ]){
        GridLayout_Exam  mainJFrame = new GridLayout_Exam();
        mainJFrame.setTitle("网格布局管理器类的应用示例!");
        mainJFrame.setSize(250,300);
        mainJFrame.setResizable(false);          //设置窗口的大小为不可改变
        mainJFrame.setLocationRelativeTo(null);
        Container container = mainJFrame.getContentPane();
        container.setLayout(null);               //取消内容面板的页面设置
        text.setBounds(20,10,200,30);
        text.setBackground(Color.yellow);        //设置文本框的背景颜色
        text.setHorizontalAlignment(JTextField.RIGHT);

        GridLayout grid=new GridLayout(4,4);     //创建4行4列的页面配置
        pnl.setLayout(grid);                     //将面板对象pnl的布局策略设为网格布局
        pnl.setBounds(20,45,200,200);
        for (int i = 0; i <name.length; i++) {
            JButton btn=new JButton(name[i]);
            btn.setSize(20,20);
            btn.setMargin(new Insets(2,2,2,2));
            pnl.add(btn);
        }
        container.add(text);
        container.add(pnl);
        mainJFrame.setVisible(true);
    }
}
```

该程序创建了两个容器对象：一个是面板 pnl，另一个是窗口 mainJFrame。先将 20 个命令按钮放置在面板 pnl 中，然后把文本框 text 和 pnl 放到窗口 mainJFrame 的内容面板里。该程序的运行结果如图 9-11 所示。

图 9-11　GridLayout_Exam 运行结果

9.4.5　GridBagLayout 网格包布局管理器

网格包布局（GridBagLayout）是 Java 中最有弹性但也是最复杂的一种管理器。它只有一种构造函数，但必须配合 GridBagConstraints 才能达到设置的效果。与基本的网格布局不同的是，一个组件可以跨越一个或多个网格，这样一来就增加了布局的灵活性。表 9-40 给出了 GridBagLayout 类和 GridBagConstraints 的构造方法。表 9-41 是 GridBagConstraints 对象参数的说明。

表 9-40　GridBagLayout 类和 GridBagConstraints 的构造方法

构造方法	功能说明
public GirdBagLayout()	建立一个新的 GridBagLayout 管理器
public GridBagConstraints()	建立一个新的 GridBagConstraints 对象
public GridBagConstraints(int gridx,int gridy,int gridwidth,int gridheight,double weightx,double weighty,int anchor,int fill, Insets insets, int ipadx,int ipady)	建立一个新的 GridBagConstraints 对象，并指定其参数的值。参数说明见表 9-41

表 9-41　GridBagConstraints 对象参数的说明

参数名称	功能说明
gridx,gridy	设置组件的位置，gridx 设置为 GridBagConstraints.RELATIVE 代表此组件位于之前所加入组件的右边。若将 gridy 设置为 GridBagConstraints.RELATIVE 代表此组件位于以前所加入组件的下面。gridx=0,gridy=0 时表示放在 0 行 0 列
gridwidth, gridheight	用来设置组件所占的单位长度与高度，默认值皆为 1。可以使用 GridBagConstraints.REMAINDER 常量，代表此组件为此行或此列的最后一个组件，而且会占据所有剩余的空间
weightx,weighty	用来设置窗口变大时，各组件跟着变大的比例，当数字越大，表示组件能得到更多的空间，默认值皆为 0
Anchor	当组件空间大于组件本身时，要将组件置于何处，有 CENTER(默认值)、NORTH、NORTHEAST、EAST、SOUTHEAST、WEST、NORTHWEST 可供选择
Insets	设置组件之间彼此的间距，它有 4 个参数，分别是上、左、下、右，默认为(0,0,0,0)
ipadx,ipady	设置组件内的间距，默认值为 0

9.4.6　BoxLayout 盒式布局管理器

盒式布局管理器（BoxLayout）允许纵向或横向布置多个组件。作用类似于

GridBagLayout，但没那么复杂。表 9-42 给出了 BoxLayout 类的构造方法。表 9-43 是参数 axis 的数据成员说明。

表 9-42　BoxLayout 类的构造方法

构造方法	功能说明
public BoxLayout(Container target, int axis)	创建一个将沿给定轴 axis 放置组件的布局管理器

表 9-43　参数 axis 的数据成员

数据成员	功能说明
static int X_AXIS	从左到右横向布置组件
static int Y_AXIS	从上到下纵向布置组件
static int LINE_AXIS	指定应该根据目标容器的 ComponentOrientation 属性确定的文本行方向放置组件
static int PAGE_AXIS	指定应该根据目标容器的 ComponentOrientation 属性确定的文本行在页面中的流向来放置组件

对于所有方向，组件按照将它们添加到容器中的顺序排列。

BoxLayout 试图按照组件的首选宽度（对于横向布局）或首选高度（对于纵向布局）来排列它们。对于横向布局，如果并不是所有的组件都具有相同的高度，则 BoxLayout 会试图让所有组件都具有最高组件的高度。如果对于某一特定组件而言这是不可能的，则 BoxLayout 会根据该组件的 Y 调整值对它进行纵向调整。默认情况下，组件的 Y 调整值为 0.5，这意味着组件的纵向中心应该与其他 Y 调整值为 0.5 的组件的纵向中心具有相同的 Y 坐标。

同样，对于纵向布局，BoxLayout 试图让列中的所有组件具有最宽组件的宽度。如果这样做失败，则 BoxLayout 会根据这些组件的 X 调整值对它进行横向调整。对于 PAGE_AXIS 布局，基于组件的开始边横向对齐。换句话说，如果容器的 ComponentOrientation 表示从左到右，则 X 调整值为 0.0 意味着组件的左边缘，否则它意味着组件的右边缘。

许多程序使用 Box 类，而不是直接使用 BoxLayout。Box 类是使用 BoxLayout 的轻量级容器。它还提供了一些有助于很好地使用 BoxLayout 的便利方法。要获得想要的排列，将组件添加到多个嵌套的 Box 中是一种功能强大的方法。

9.4.7　案例分析：布局管理器综合实例

1. 案例描述

设计一个银行系统的页面布局界面，要求该窗体界面使用 JTabbedPane 分层面板和 FlowLayout、BorderLayout 和 GridLayout 3 种布局管理器进行窗口布局。

2. 案例分析

根据案例描述中的信息，本案例首先需要确定主窗口的布局管理器 BorderLayout，然后将西部区域设置为 FlowLayout 布局方式，中部区域采用分层面板 JTabbedPane 实现"用户登录"和"用户注册"两个层，在"用户登录"层采用 GridLayout 布局管理器进行管理。

3. 案例实现

本例的实现代码如下。

```
//文件名: BankLayout_Exam.java
import java.awt.*;
import javax.swing.*;
public class BankLayout_Exam {
    static JFrame mainJFrame = new JFrame("银行管理系统");
    protected static Component makeTextPanel(String text) {
```

```java
        JPanel panel = new JPanel(false);
        JLabel filler = new JLabel(text);
        filler.setHorizontalAlignment(JLabel.CENTER);
        panel.setLayout(new GridLayout(1, 1));
        panel.add(filler);
        return panel;
    }
    protected static Component makeMenuPanel() {
        JPanel panel = new JPanel(false);
        panel.setLayout(new FlowLayout());    //设置页面布局为FlowLayout
        ImageIcon image = new ImageIcon("resources\\menu.png"); //背景图片
        JLabel lb_image = new JLabel(image);
        lb_image.setLayout(null);
        JButton[] menu = new JButton[8];
        for(int i=0;i<menu.length;i++){
            menu[i]=new JButton("Btn"+i);
        }
        menu[0].setText("用户登录");
        menu[1].setText("用户注册");
        menu[2].setText("个人信息");
        menu[3].setText("存款操作");
        menu[4].setText("取款操作");
        menu[5].setText("转账操作");
        menu[6].setText("交易记录");
        menu[7].setText("退出登录");
        for(int i=0;i<menu.length;i++){
            menu[i].setBounds(10, 15+35*i, 100, 25);
            lb_image.add(menu[i]);
        }
        panel.add(lb_image);
        return panel;
    }
    protected static Component makeLoginPanel() {
        JPanel panel = new JPanel(false);
        JLabel lb_name = new JLabel();
        lb_name.setText("账    号");
        lb_name.setSize(20, 20);
        lb_name.setBounds(100, 70, 50, 50);
        JLabel lb_pass = new JLabel();
        lb_pass.setText("密    码");
        lb_pass.setSize(20, 20);
        lb_pass.setBounds(100, 110, 50, 50);
        JTextField tf_name = new JTextField();
        tf_name.setSize(20, 20);
        tf_name.setBounds(145, 85, 150, 23);
        JPasswordField pf_pass = new JPasswordField();
        pf_pass.setSize(20, 20);
        pf_pass.setBounds(145, 125, 150, 23);
        JButton bt_login = new JButton("登录");
        bt_login.setSize(20, 20);
        bt_login.setBounds(110, 185, 70, 23);
        JButton bt_reset = new JButton("重置");
        bt_reset.setSize(20, 20);
        bt_reset.setBounds(210, 185, 70, 23);
        panel.setLayout(null);
        panel.add(lb_name);
        panel.add(lb_pass);
        panel.add(tf_name);
        panel.add(pf_pass);
        panel.add(bt_login);
```

```
        panel.add(bt_reset);
        return panel;
    }

    public static void main(String args[]) {
        BorderLayout border = new BorderLayout(2, 4);
        mainJFrame.setSize(600, 400);
        mainJFrame.setLocation(150, 150);
        Container container = mainJFrame.getContentPane();
        container.setLayout(border);              // 设置页面布局为BorderLayout
        JTabbedPane tabbedPane = new JTabbedPane();
        Component panel1 = makeMenuPanel();
        tabbedPane.addTab("菜单栏", null, panel1, "");
        tabbedPane.setPreferredSize(new Dimension(150, 400));
        container.add(tabbedPane, BorderLayout.WEST);

        JTabbedPane tabbedPane1 = new JTabbedPane();
        Component panel2 = makeLoginPanel();
        tabbedPane1.addTab("用户登录", null, panel2, "");
        tabbedPane1.setSelectedIndex(0);
        Component panel3 = makeTextPanel("用户注册页面");
        tabbedPane1.addTab("用户注册", null, panel3, "");
        container.add(tabbedPane1, BorderLayout.CENTER);

        JMenuBar mb = new JMenuBar();
        JMenu menu1 = new JMenu("系     统");
        JMenu menu2 = new JMenu("账     户");
        JMenuItem mi1 = new JMenuItem("退出系统");
        ImageIcon logo1 = new ImageIcon("resources/mi1.png");
        mi1.setIcon(logo1);
        JMenuItem mi2 = new JMenuItem("切换账户");
        ImageIcon logo2 = new ImageIcon("resources/mi2.png");
        mi2.setIcon(logo2);
        JMenuItem mi3 = new JMenuItem("添加员工");
        ImageIcon logo3 = new ImageIcon("resources/mi3.png");
        mi3.setIcon(logo3);
        JMenuItem mi4 = new JMenuItem("更换密码");
        ImageIcon logo4 = new ImageIcon("resources/mi4.png");
        mi4.setIcon(logo4);
        mb.add(menu1);
        mb.add(menu2);
        menu1.addSeparator();                    //加一条分隔线
        menu1.add(mi1);
        menu1.add(mi2);
        menu2.addSeparator();
        menu2.add(mi3);
        menu2.add(mi4);
        mainJFrame.setJMenuBar(mb);
        mainJFrame.setVisible(true);
    }
}
```

4. 归纳与提高

该例中将窗口 mainJFrame 页面布局设置为 BorderLayout。面板 panel1 页面布局设置为 FlowLayout，位于窗口的西部区域，共创建了 8 个按钮对象。面板 panel2 页面布局设置为 null，共创建 2 个按钮、2 个标签和 2 个文本框。面板 panel3 页面布局设置为 GridLayout。通过 tabbedPane1 对象将 panel2 和 panel3 设置为窗口的中部区域的 2 层。该例运行结果如图 9-12 所示。

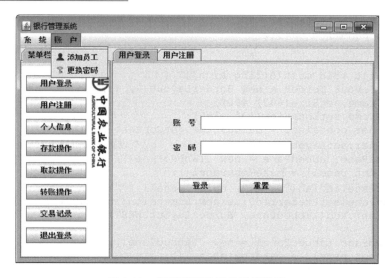

图 9-12　银行管理系统的运行结果

9.5　事件处理模型

图形用户界面的操作通常是通过鼠标和键盘操作来实现的。通常一个键盘或鼠标操作会引发一个系统预先定义好的事件，用户程序只需编制代码，定义每个特定事件发生时程序应做出何种响应即可。这些代码将在它们对应的事件发生时由系统自动调用，这就是图形用户界面程序设计事件和事件响应的基本原理。事件处理技术是用户界面程序设计中一个非常重要的技术。消息处理、事件驱动是面向对象编程技术的主要特点。

9.5.1　事件处理机制

上面讲解了如何放置各种组件，使图形界面更加丰富多彩，但是还不能响应用户的任何操作。若使图形界面能够接收用户的操作，就必须给各个组件加上事件处理机制。在事件处理的过程中，主要涉及 3 类对象。

视频讲解

（1）Event（事件）。所谓事件，就是用户使用鼠标或键盘对窗口中的组件进行交互发生的一个操作。例如，单击按钮、输入文字、单击鼠标或键盘等。

（2）Event Source（事件源）。所谓事件源，就是能够产生事件的对象。如按钮、鼠标、文本框或键盘等。

（3）Event Handler（事件监听者或处理者）。Java 程序把对事件进行处理的方法放在一个类对象中，这个类对象就是事件监听者（listener）。当事件发生时，事件监听者便是被通知的对象。为此，它必须向一个或多个事件源注册，以便接收发生事件的通知。事件监听者还必须实现一些方法，用来接收和处理通知的事件。接收和处理事件的方法分别在 java.awt.event 的一系列接口中定义。　例如，ActionListener 监听者接口中定义了一个接收动作事件的方法。

再者，如果用户用鼠标单击按钮对象 button，则该按钮 button 就是事件源，而 Java 运行时系统会生成 ActionEvent 类的对象 actionEvent，该对象中描述了单击事件发生时的一些信息。然后，事件处理者对象将接收由 Java 运行时系统传递过来的事件对象 actionEvent，并进行相应的处理。

每个事件源可以发出若干种不同类型的事件。为了对每种事件源发出事件的监听，对每个事件源指定事件监听者。这种处理机制是将用户界面和事件处理分开，使得程序结构更加清晰和自然。

事件监听器（处理者）通常是一个类，该类如果能够处理某种类型的事件，就必须实现与该事件类型相对应的接口。例如，一个 JButtonHandler 类之所以能够处理 ActionEvent 事件，原因在于它实现了与 ActionEvent 事件对应的接口 ActionListener。每个事件类都有一个与之相对应的接口。

在 GUI 程序设计中，处理发生在某个 GUI 组件上的 XxxEvent 事件的某种情况，其事件处理的通用编写流程如下：

（1）创建某种事件类的事件对象，并将它们加到容器中，该容器则实现了 XxxListener 接口的事件监听器类。

（2）注册当前容器为事件对象的监听者。注册监听者可采用事件源的 addXxxListener() 方法来实现。例如，M.addXxxListener(N)。

这是将 N 对象注册为 M 对象的监听者。M 为事件，N 为容纳该事件的容器。当 M 发生 XxxEvent 事件时，N 对象得到通知，并调用相应方法处理事件。

（3）在注册为监听者的容器中，重新定义接口中的相应方法进行事件处理。

下面通过例 9-7 说明事件处理的具体过程。

【例 9-7】在一个窗口中摆放 6 个组件：4 个标签和 2 个文本框。当文本框中信息更改后，将文本框中信息显示在第 3、4 个标签中。

```java
//文件名：Event_Exam.java
import java.awt.*;
import javax.swing.*;
import java.awt.event.*;
public class Event_Exam extends JFrame implements ActionListener {
  static Event_Exam mainJFrame = new Event_Exam();
  static JLabel labl1,labl2;
  static JLabel showlb1=new JLabel("0");
  static JLabel showlb2=new JLabel("0.0");
  static JTextField text1,text2;
  public static void main(String args[]){
    mainJFrame.setTitle("操作事件示例!");
    mainJFrame.setSize(200,160);
    Container container = mainJFrame.getContentPane();
    container.setLayout(new FlowLayout());
    labl1=new JLabel("输入整型数:");
    container.add(labl1);
    text1=new JTextField("0",10);
    text1.addActionListener(mainJFrame);//把监听者mainJFrame向事件源text1注册
    container.add(text1);
    labl2=new JLabel("输入浮点数:");
    container.add(labl2);
    text2=new JTextField("0.0",10);
    text2.addActionListener(mainJFrame);//把监听者mainJFrame向事件源text2注册
    container.add(text2);
    showlb1.setForeground(Color.blue);
```

```
        showlb1.setHorizontalTextPosition(SwingConstants.LEFT);
        showlb2.setForeground(Color.green);
        showlb2.setHorizontalTextPosition(SwingConstants.LEFT);
        container.add(showlb1);
        container.add(showlb2);
        mainJFrame.setVisible(true);
    }
    public void actionPerformed(ActionEvent e){  //事件发生时的处理操作
        //提取文本框内容并显示在showlb1、showlb2中
        showlb1.setText("整数为 "+text1.getText());
        showlb2.setText("浮点数为"+text2.getText());
    }
}
```

该程序创建了 1 个窗口 mainJFrame、4 个标签和 2 个文本框，其中事件源为 text1 和 text2 文本框。为了编写事件处理程序，首先必须选择事件源的监听者。通常情况下，监听者由包含事件源的对象承担。由于 mainJFrame 中包含 text1 和 text2，故由 mainJFrame 来担任监听者，让它具有事件处理能力的方式就是让类 Event_Exam 实现（implements）事件处理的接口（interface）。按钮触发的事件是由 ActionListener 接口监听的，因此，在类 Event_Exam 定义中必须添加"implements ActionListener"代码。

确定了事件源与监听者之后，接下来就是把监听者 mainJFrame 向事件源 text1 注册。其方法是用"text1.addActionListener(mainJFrame)"语句设置。当 text1 文本框信息更改时，它会创建一个代表此事件的对象，本例中是 ActionEvent 类型的对象，这个对象包含了此事件与它的引发者 text1 文本框等相关信息。

类在实现接口中，必须在类的定义接口里只声明而未定义的所有方法。因为 ActionListener 接口只提供了一个 actionPerformed() 方法，该方法正是要把事件处理程序编写在里面的方法。本例的事件处理程序代码如下：

```
public void actionPerformed(ActionEvent e)    //事件发生时的处理操作
{   //提取文本框内容并显示在showlb1、showlb2中
        showlb1.setText("整数为 "+text1.getText());
        showlb2.setText("浮点数为"+text2.getText());
}
```

由于 actionPerformed() 方法将会接收 ActionEvent 类型的对象 e，这个对象正是事件源 btn 按钮被单击后所传过来的事件对象。因为程序中要用到 ActionEvent 类，所以必须用"import java.awt.event.*;"语句加载包含此类的类库。

该程序的运行结果如图 9-13 所示。

图 9-13   Event_Exam 的运行结果

9.5.2 事件处理类

在前面介绍的事件模型及事件处理机制中，涉及 ActionEvent 事件类，其实 Java 语言在 java.awt.event 包中定义了许多事件类用于处理各种用户操作所产生的事件，它们都继承自 java.awt 包中的 AWTEvent 类。图 9-14 给出了事件类的继承关系。

视频讲解

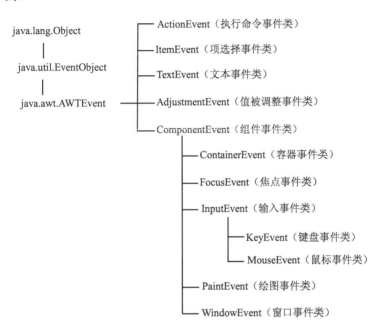

图 9-14　AWT 事件类的继承关系

java.util.EventObject 类是所有事件对象的基础父类，所有事件都是由它派生出来的。AWT 的相关事件继承于 java.awt.AWTEvent 类，这些 AWT 事件分为两大类：低级事件和高级事件。

1. 低级事件

低级事件是指基于组件和容器的事件，当一个组件上发生事件，如鼠标的进入、单击、拖放等，或组件的窗口开关等时，触发组件事件。

（1）ComponentEvent 组件事件：组件尺寸的变化、移动。

（2）ContainerEvent 容器事件：组件增加、移动。

（3）WindowEvent 窗口事件：包括用户单击关闭按钮，窗口得到与失去焦点，窗口最小化等。

（4）FocusEvent 焦点事件：焦点的获得和丢失。

（5）KeyEvent 键盘事件：键按下、释放。

（6）MouseEvent 鼠标事件：包括鼠标按下、鼠标释放、鼠标单击等。

2. 高级事件（语义事件）

高级事件是基于语义的事件，它可以不和特定的动作相关联，而依赖于触发此事件的类。例如，在 JTextField 中按 Enter 键会触发 ActionEvent 事件，滑动滚动条会触发 AdjustmentEvent 事件，选中项目列表的某一条就会触发 ItemEvent 事件。

（1）ActionEvent 动作事件：对应一个动作事件，它不是代表一个具体的动作，而是一种语义。如按钮按下，在 JTextField 中按 Enter 键。

（2）AdjustmentEvent 调节事件：在滚动条上移动滑块以调节数值。

（3）ItemEvent 项目事件：选择项目，不选择"项目改变"。

（4）TextEvent 文本事件：文本对象改变。

对于每个事件类，几乎都有相应的事件监听者。Java 语言的事件监听者绝大多数都是以接口的形式给出的，这些接口都是继承自 java.util.EventListenre 接口。图 9-15 列出了事件监听者之间的继承关系。

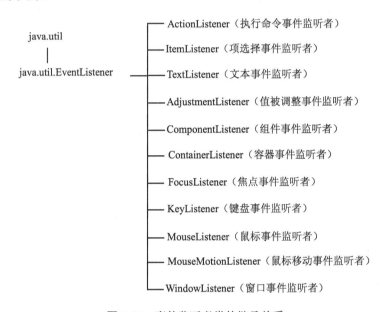

图 9-15　事件监听者类的继承关系

一个事件监听器对象负责处理一类事件。一类事件的每一种发生情况，分别由事件监听器对象中的一个方法来具体处理。在事件源和事件监听器对象中进行约定的接口类，被称为事件监听器接口。事件监听器接口类的名称与事件类的名称相对应，例如，MouseEvent 事件类的监听器接口名为 MouseListener。

事件类、对应的事件监听者接口与事件监听者接口所提供的处理事件的方法三者间的关系如表 9-44 所示。

表 9-44　事件源、监听器接口和方法的对应关系

类别（Category）	接口（Interface）	方法（Method）
ActionEvent	ActionListener	actionPerformed(ActionEvent e)
ItemEvent	ItemListener	itemStateChanged(ItemEvent e)
TextEvent	TextListener	textValueChanged(TextEvent e)
AdjustmentEvent	AdjustmentListener	adjustmentValueChanged(AdjustmentEvent e)
ComponentEvent	ComponentListener	ComponentMoved(ComponentEvent e)
		ComponentHidden(ComponentEvent e)
		ComponentResized(ComponentEvent e)
		ComponentShown(ComponentEvent e)
ContainerEvent	ContainerListener	componentAdded(ContainerEvent e)
		componentRemoved(ContainerEvent e)

类别（Category）	接口（Interface）	方法（Method）
FocusEvent	FocusListener	focusGained(FocusEvent e)
		focusLost(FocusEvent e)
KeyEvent	KeyListener	keyPressed(KeyEvent e)
		keyReleased(KeyEvent e)
		keyTyped(KeyEvent e)
MouseEvent	MouseListener	mousePressed(MouseEvent e)
		mouseReleased(MouseEvent e)
		mouseEntered(MouseEvent e)
		mouseExited(MouseEvent e)
		mouseClicked(MouseEvent e)
MouseEvent	MouseMotionListener	mouseDragged(MouseEvent e)
		mouseMoved(MouseEvent e)
WindowEvent	WindowListener	windowClosing(WindowEvent e)
		windowOpened(WindowEvent e)
		windowIconified(WindowEvent e)
		windowDeiconified(WindowEvent e)
		windowClosed(WindowEvent e)
		windowActivated(WindowEvent e)
		windowDeactivated(WindowEvent e)

从表 9-44 可以看出，并非每一个事件类只对应一个事件，根据接口的性质可知，如果要实现某个接口，必须覆盖其中的所有方法。例如，要实现单击键盘事件，不仅要覆盖 keyPressed() 方法，还要覆盖其他两个方法，当然运行其他两个方法的代码为空。

每当在事件源上发生一个操作时，就会产生相应的事件对象。表 9-45 给出了事件源与其产生的事件对象的对应关系。

表 9-45　事件源与其产生的事件对象的对应关系表

事件源	产生事件的类类型
JButton	ActionEvent
JCheckBox	ActionEvent、ItemEvent
Component	ComponentEvent、FocusEvent、KeyEvent、MouseEvent
JMenuItem	ActionEvent
Scrollbar	AdjustmentEvent
JTextField	ActionEvent
JTextArea	ActionEvent
Window	WindowEvent

9.5.3　事件适配器

Java 语言类的层次非常分明，它只支持单继承。为了实现多重继承的能力，Java 用接口来实现，一个类可以实现多个接口，这种机制比多重继承具有更简单、更灵活、更强的功能。在 AWT 中就经常用到声明和实现多个接口。请记住：无论实现了几个接口，接口中已定义的方法必须一一实现；如果对某事件不感兴趣，可以不具体实现其方法，而用空的方法体来代替，但所有方法都必须要写上。这样一来会有一些不便。为了解决这个问题，AWT 使用了适配器（Adapter），Java 语言为一些 Listener 接口提供了适配器类（Adapter）。可以通过继承事件所对应的 Adapter 类，重写所需要的方法，无关的方法则不用实现。事件适配器为提供了一种简单的实现监听器的手段，可以缩短程序代码。

接口与相应的适配器类如表 9-46 所示。

表 9-46　监听者接口与对应的适配器类

接口名称	适配器类名称
ComponentListener	ComponentAdapter（组件适配器）
ContainerListener	ContainerAdapter（容器适配器）
FocusListener	FocusAdapter（焦点适配器）
KeyListener	KeyAdapter（键盘适配器）
MouseListener	MouseAdapter（鼠标适配器）
MouseMotionListener	MouseMotionAdapter（鼠标运动适配器）
WindowListener	WindowAdapter（窗口适配器）

9.5.4　案例分析：银行系统事件类综合应用

1. 案例描述

模拟实现银行管理系统的用户登录功能，通过键盘用户输入用户名和密码（如 test,test）登录系统，登录成功后在个人信息栏里可以查看账户和余额信息等操作。

2. 案例分析

根据案例描述中的信息，为了实现登录、存款、取款 3 个功能，需要编程实现 ActionListener 接口的 actionPerformed()方法。为了使用"登录"菜单项，还需为其实现事件响应处理。为了查看账户信息采用 GridBagLayout 布局方式实现信息浏览功能。

3. 案例实现

本例的实现代码如下。

```java
//文件名：BankEvent_Exam.java
import java.awt.*;
import java.awt.event.ActionListener;
import java.awt.event.ActionEvent;
import javax.swing.*;
import javax.swing.table.DefaultTableModel;
public class BankEvent_Exam {
    static JFrame mainJFrame = new JFrame("银行管理系统");
    static JTabbedPane tabbedPane1 = new JTabbedPane();
    static JTabbedPane tabbedPane2 = new JTabbedPane();
    static Component panel2 = makeLoginPanel();
    static Component panel3 = makeTextPanel("用户注册页面");
    static Component panel4 = makeInfoPanel();
    static Component panel5 = makeRecordPanel();
    protected static Component makeTextPanel(String text) {
        JPanel panel = new JPanel(false);
        JLabel filler = new JLabel(text);
        filler.setHorizontalAlignment(JLabel.CENTER);
        panel.setLayout(new GridLayout(1, 1));
        panel.add(filler);
        return panel;
    }
    protected static Component makeMenuPanel() {
        JPanel panel = new JPanel(false);
        ImageIcon image = new ImageIcon("resources\\menu.png"); //背景图片
        JLabel lb_image = new JLabel(image);
```

```
        lb_image.setLayout(null);
        JButton[] menu = new JButton[8];
        for (int i = 0; i < menu.length; i++) {
            menu[i] = new JButton("Btn" + i);
        }
        menu[0].setText("用户登录");
        menu[0].addActionListener(new ActionListener() {
            @Override
            public void actionPerformed(ActionEvent e) {
                methodA();
            }
            private void methodA() {
                //TODO Auto-generated method stub
                tabbedPane1.removeAll();
                tabbedPane1.addTab("用户登录", null, panel2, "");
                tabbedPane1.addTab("用户注册", null, panel3, "");
            }
        });
        menu[1].setText("用户注册");
        menu[2].setText("个人信息");
        menu[3].setText("存款操作");
        menu[4].setText("取款操作");
        menu[5].setText("转账操作");
        menu[6].setText("交易记录");
        menu[7].setText("退出登录");
        for (int i = 0; i < menu.length; i++) {
            menu[i].setBounds(10, 15 + 35 * i, 100, 25);
            lb_image.add(menu[i]);
        }
        panel.add(lb_image);
        return panel;
    }
    protected static Component makeLoginPanel() {
        JPanel panel = new JPanel(false);
        JLabel lb_name = new JLabel();
        lb_name.setText("账    号");
        lb_name.setSize(20, 20);
        lb_name.setBounds(100, 70, 50, 50);
        JLabel lb_pass = new JLabel();
        lb_pass.setText("密    码");
        lb_pass.setSize(20, 20);
        lb_pass.setBounds(100, 110, 50, 50);
        final JTextField tf_name = new JTextField();
        tf_name.setSize(20, 20);
        tf_name.setBounds(145, 85, 150, 23);
        final JPasswordField pf_pass = new JPasswordField();
        pf_pass.setSize(20, 20);
        pf_pass.setBounds(145, 125, 150, 23);
        JButton bt_login = new JButton("登录");
        bt_login.setSize(20, 20);
        bt_login.setBounds(110, 185, 70, 23);
        JButton bt_reset = new JButton("重置");
        bt_reset.setSize(20, 20);
        bt_reset.setBounds(210, 185, 70, 23);
        panel.setLayout(null);
        panel.add(lb_name);
        panel.add(lb_pass);
        panel.add(tf_name);
        panel.add(pf_pass);
        panel.add(bt_login);
```

```
        panel.add(bt_reset);
        bt_login.addActionListener(new ActionListener() {
            @Override
            public void actionPerformed(ActionEvent e) {
                methodA();
            }
            private void methodA() {
                //TODO Auto-generated method stub
                if (tf_name.getText().equals("test") && pf_pass.getText().
                equals("test")) {
                    tabbedPane1.removeAll();
                    tabbedPane1.addTab("个人信息", null, panel4, "");
                    tabbedPane1.addTab("交易记录", null, panel5, "");
                }
                else{
                    JOptionPane.showMessageDialog(null, "账号或密码错误", "提
                    示信息", OptionPane.ERROR_MESSAGE);
                }
            }
        });
        return panel;
    }
    protected static Component makeInfoPanel() {
        JPanel panel = new JPanel(false);
        JLabel lb_name = new JLabel();
        lb_name.setText("账    户");
        lb_name.setSize(20, 20);
        lb_name.setBounds(100, 70, 50, 50);
        JLabel lb_pass = new JLabel();
        lb_pass.setText("余    额");
        lb_pass.setSize(20, 20);
        lb_pass.setBounds(100, 110, 50, 50);
        JTextField tf_name = new JTextField();
        tf_name.setText("239325670035891");
        tf_name.setSize(20, 20);
        tf_name.setBounds(145, 85, 150, 23);
        JTextField pf_pass = new JTextField();
        pf_pass.setText("10000");
        pf_pass.setSize(20, 20);
        pf_pass.setBounds(145, 125, 150, 23);
        panel.setLayout(null);
        panel.add(lb_name);
        panel.add(lb_pass);
        panel.add(tf_name);
        panel.add(pf_pass);
        return panel;
    }
    protected static Component makeRecordPanel() {
        JPanel panel = new JPanel(false);
        String[] columnNames = { "账号", "转入/转出", "金额", "时间", "余额",
        "操作人员"};
        //列名
        String[][] tableVales = {
            { "239325670035891", "存款", "10000", "20160501", "10000", "123" },
            { "239325670035891", "存款", "10000", "20160501", "20000", "123" },
            { "239325670035891", "存款", "10000", "20160501", "30000", "123" },
            { "239325670035891", "取款", "10000", "20160501", "20000", "123" },
            { "239325670035891", "取款", "10000", "20160501", "10000", "123" } };
                                                                        //数据
```

```
final DefaultTableModel tableModel = new DefaultTableModel(tableVales,
columnNames);
final JTable table = new JTable(tableModel);
JScrollPane scrollPane2 = new JScrollPane(table);
scrollPane2.setVerticalScrollBarPolicy(JScrollPane.VERTICAL_
SCROLLBAR_AS_NEEDED);
GridBagLayout gridbag = new GridBagLayout();
GridBagConstraints constraints = new GridBagConstraints();
panel.setLayout(gridbag);
constraints.fill = GridBagConstraints.BOTH;
constraints.anchor = constraints.NORTHWEST;

constraints.weightx = 1;
constraints.weighty = 5;
constraints.gridwidth = GridBagConstraints.REMAINDER;
gridbag.setConstraints(scrollPane2, constraints);
panel.add(scrollPane2);

constraints.weightx = 1;
constraints.weighty = 0.3;
constraints.gridwidth = GridBagConstraints.REMAINDER;
JLabel labl1 = new JLabel("金额");
gridbag.setConstraints(labl1, constraints);
final JTextField tf1 = new JTextField();
gridbag.setConstraints(tf1, constraints);
panel.add(labl1);
constraints.gridwidth = GridBagConstraints.REMAINDER;
panel.add(tf1);

constraints.weightx = 1;
constraints.weighty = 0.3;
constraints.gridwidth = GridBagConstraints.REMAINDER;
JLabel labl2 = new JLabel("时间");
gridbag.setConstraints(labl2, constraints);
final JTextField tf2 = new JTextField();
gridbag.setConstraints(tf2, constraints);
panel.add(labl2);
constraints.gridwidth = GridBagConstraints.REMAINDER;
panel.add(tf2);

constraints.weightx = 1;
constraints.weighty = 0.3;
constraints.gridwidth = GridBagConstraints.REMAINDER;
JLabel labl3 = new JLabel("余额");
gridbag.setConstraints(labl3, constraints);
final JTextField tf3 = new JTextField();
gridbag.setConstraints(tf3, constraints);
panel.add(labl3);
panel.add(tf3);

constraints.weightx = 1;
constraints.weighty = 0.3;
constraints.gridwidth = 1;
JButton bt1 = new JButton("存款");
gridbag.setConstraints(bt1, constraints);
panel.add(bt1);
JButton bt2 = new JButton("取款");
gridbag.setConstraints(bt2, constraints);
panel.add(bt2);
bt1.addActionListener(new ActionListener(){        //添加事件
   public void actionPerformed(ActionEvent e){
```

```
                        String []rowValues = {"239325670035891", "存款",
                                tf1.getText(), tf2.getText(), tf3.getText(), "123"};
                        tableModel.addRow(rowValues);                //添加一行
                        int rowCount = table.getRowCount() +1;       //行数加上1
                    }
                });
                bt2.addActionListener(new ActionListener(){          //添加事件
                    public void actionPerformed(ActionEvent e){
                        String []rowValues = {"239325670035891", "取款",
                                tf1.getText(), tf2.getText(), tf3.getText(), "123"};
                        tableModel.addRow(rowValues);                //添加一行
                        int rowCount = table.getRowCount() +1;       //行数加上1
                    }
                });
                return panel;
            }
            public static void main(String args[]) {
                BorderLayout border = new BorderLayout(2, 4);
                mainJFrame.setSize(600, 400);
                mainJFrame.setLocation(300, 150);
                Container container = mainJFrame.getContentPane();
                container.setLayout(border);       //设置页面布局为BorderLayout
                JTabbedPane tabbedPane = new JTabbedPane();
                Component panel1 = makeMenuPanel();
                tabbedPane.addTab("菜单栏", null, panel1, "");
                tabbedPane.setPreferredSize(new Dimension(150, 400));
                container.add(tabbedPane, BorderLayout.WEST);
                tabbedPane1.addTab("用户登录", null, panel2, "");
                tabbedPane1.setSelectedIndex(0);
                tabbedPane1.addTab("用户注册", null, panel3, "");
                container.add(tabbedPane1, BorderLayout.CENTER);

                JMenuBar mb = new JMenuBar();
                JMenu menu1 = new JMenu("系    统");
                JMenu menu2 = new JMenu("账    户");
                JMenuItem mi1 = new JMenuItem("退出系统");
                ImageIcon logo1 = new ImageIcon("resources/mi1.png");
                mi1.setIcon(logo1);
                JMenuItem mi2 = new JMenuItem("切换账户");
                ImageIcon logo2 = new ImageIcon("resources/mi2.png");
                mi2.setIcon(logo2);
                JMenuItem mi3 = new JMenuItem("添加员工");
                ImageIcon logo3 = new ImageIcon("resources/mi3.png");
                mi3.setIcon(logo3);
                JMenuItem mi4 = new JMenuItem("更换密码");
                ImageIcon logo4 = new ImageIcon("resources/mi4.png");
                mi4.setIcon(logo4);
                mb.add(menu1);
                mb.add(menu2);
                menu1.addSeparator();              //加一条分隔线
                menu1.add(mi1);
                menu1.add(mi2);
                menu2.addSeparator();
                menu2.add(mi3);
                menu2.add(mi4);
                mainJFrame.setJMenuBar(mb);
                mainJFrame.setVisible(true);
            }
        }
```

4. 归纳与提高

该例利用 BorderLayout、GridBagLayout 完成系统布局。通过调用 bt_login、bt1、bt2 和 menu[0]的 addActionListener 方法，实现 ActionListener 接口的 actionPerformed()，从而完成对 3 个按钮和 1 个菜单项单击事件的响应处理。另外，对于事件处理也可采用内部类或者事件适配器方式，可将 mainJFrame 对象作为按钮事件的监听者。该例运行结果如图 9-16 所示。

图 9-16　银行系统登录页面

用户登录后进入交易记录页面，可以模拟存款、取款操作，在表格中会生成对应的交易信息，如图 9-17 所示，用户可以通过"菜单栏"的"用户登录"按钮返回登录页面。

图 9-17　银行系统模拟交易

9.6　本章小结

视频讲解

本章主要讲解了 Swing 容器、组件和布局管理器的构造方法和常用方法，以及使用 Swing 组件创建用户界面的过程。在这里，常用容器主要包括 JFrame 和 JPanel。常用 Swing 组件主要包括 JLabel、JTextField、JTextArea、JButton、JCheckBox、JList、JComboBox、JMenu 等。GUI 布局管理器主要包括 FlowLayout、BorderLayout、CardLayout、GridLayout、GridBagLayout 和 BoxLayout 共 6 类。

图形用户界面的操作通常是通过鼠标和键盘操作来实现的。通常一个键盘或鼠标操作会引发一个系统预先定义好的事件，用户程序只需编制代码，定义每个特定事件发生时程序应做出何种响应即可。事件处理技术是用户界面程序设计中一个非常重要的技术。消息处理、事件驱动是面向对象编程技术的主要特点。

GUI 图形用户界面

理论练习题

一、判断题

1．容器是用来组织其他界面成分和元素的单元，它不能嵌套其他容器。（　　）
2．一个容器中可以混合使用多种布局策略。（　　）
3．使用 BorderLayout 布局管理器时，GUI 组件可以按任何顺序添加到面板上。（　　）
4．在使用 BorderLayout 时，最多可以放入 5 个组件。（　　）
5．每个事件类对应一个事件监听器接口，每一个监听器接口都有相对应的适配器。（　　）
6．在 Swing 用户界面的程序设计中，容器可以被添加到其他容器中去。（　　）

二、填空题

1．框架（JFrame）和面板（JPanel）的默认布局管理器分别是_____和_____。
2．Swing 的布局管理器主要包括_____。
3．Java 事件处理包括建立事件源、_____和将事件源注册到监听器。
4．Swing 的事件处理机制包括_____、事件和事件监听者。
5．Swing 的顶层容器有_____、JApplet、JWindow 和 JDialog。

三、选择题

1．下列关于容器的描述中，错误的是（　　）。
　　A．容器是由若干个组件和容器组成
　　B．容器是对图形界面中界面元素的一种管理
　　C．容器是由一种指定宽和高的矩形范围
　　D．容器都是可以独立的窗口
2．下列界面元素中，不是容器的是（　　）。
　　A．List　　　　　　B．JFrame　　　　　　C．JDialog　　　　　　D．JPanel
3．下列关于实现图形用户界面的描述中，错误的是（　　）。
　　A．放在容器中的组件首先要定义，接着要初始化
　　B．放在容器中的多个组件是要进行布局的，默认布局策略是 FlowLayout
　　C．容器中所有组件都是事件组件，都可产生事件对象
　　D．事件处理是由监听者定义的方法来实现的
4．下列关于组件类的描述中，错误的是（　　）。
　　A．组件类中包含了文本组件类(TextComponent)和菜单组件类(JMenuComponent)
　　B．标签（JLabel）和按钮（JButton）是组件类（JComponent）的子类
　　C．面板（JPanel）和窗口（JWindow）是容器类（Container）的子类
　　D．文本框（JTextField）和文本区（JTextArea）是文本组类(TextComponent)的子类
5．在对下列语句的解释中，错误的是（　　）。
　　but.addActionListener(this);
　　A．but 是某种事件对象，如按钮事件对象
　　B．this 表示当前容器
　　C．ActionListener 是动作事件的监听者
　　D．该语句的功能是将 but 对象注册为 this 对象的监听者
6．所有事件类的父类是（　　）。

A. ActionEvent   B. AWTEvent   C. KeyEvent   D. MouseEvent

7. 所有 GUI 标准组件类的父类是（   ）。

     A. JButton   B. List   C. Component   D. Container

8. 下列各种布局管理器中，Window 类、JDialog 类和 JFrame 类的默认布局是（   ）。

     A. FlowLayout   B. CardLayout   C. BorderLayout   D. GridLayout

9. 在下列各种容器中，最简单的无边框的又不能移动和缩放的只能包含在另一种容器中的容器是（   ）。

     A. JWindow   B. JDialog   C. JFrame   D. JPanel

10. 下列关于菜单和对话框的描述中，错误的是（   ）。

     A. JFrame 容器是可以容纳菜单组件的容器

     B. 菜单条中可包含若干个菜单，菜单中又可包含若干菜单项，菜单项中还可包含子菜单项

     C. 对话框与 JFrame 一样都可作为程序的最外层容器

     D. 对话框内不含有菜单条，它是由 JFrame 弹出

四、简答题

1. 简述图形用户界面的构成成分以及各自的作用。

2. 开发图形用户界面的基本步骤是什么？

3. 框架（JFrame）和面板（JPanel）有什么主要区别？

4. JComboBox 和 JList 组件有什么主要区别？

5. JMenu 组件的层次结构是什么样的？

6. 什么是事件源？什么是监听者？Java 的图形用户界面中，谁可以充当事件源？谁可以充当监听者？

7. 什么是事件适配器？为什么需要使用它？

8. 动作事件的事件源可以有哪些？如何响应动作事件？

上机实训题

1. 编写一个 SwingJFrame 类。其中外部使用边界布局管理器，它包括一个状态标签组件和一个内部面板容器，面板中包含两个按钮，它使用顺序布局管理器。

2. 编写一个 SwingCombinationJFrame 类。它使用边界布局管理器，包含一个状态标签组件和一个面板，其中面板使用网格布局管理器,它包含数字 1～9、*、0、#等按钮。

3. 编写一个 MyJMenu 类。它包含两个菜单 File 和 Edit，其中每个菜单中包含多个菜单项和分隔符。

4. 编写一个 ResumeJFrame 类。它包含一个下拉式菜单和多个文本区域（JTextArea），其中下拉式菜单中包含目标(Objective)、技能(Qualification)、工作经验(Working Experience)、教育背景（Education）和证书（Certification）等选项。当选中某个选项时，相应的文本内容会显示出来。

5. 编写一个 SwingJFrame 类，接收用户输入的账号和密码，给 3 次输入机会。

6. 创建 1 个文本框、3 个单选按钮、1 个标签和 1 个按钮，文本框用来输入自然数，根据选择单选按钮的不同，分别计算：

$$1+2+\cdots+n \text{ 或 } 1\times2\times\cdots\times n \text{ 或 } 1+\frac{1}{2}+\frac{1}{3}+\cdots+\frac{1}{n}$$

7. 编写一个 MySwingCalculator 类，实现数字之间的加、减、乘、除操作。

第 10 章　　　　线　　　程

教学目标：
- ☑ 理解线程的概念、线程的生命周期及不同状态间的转换。
- ☑ 了解线程组和线程死锁。
- ☑ 掌握使用 synchronized 关键字实现线程同步，使用 wait()和 notify()方法实现线程间通信，了解线程的应用。
- ☑ 能使用优先级、sleep()、join()和 yield()方法控制线程调度。
- ☑ 学会线程的两种创建方法。

教学重点：

线程是应用程序中执行的基本单元。多线程就是允许将一个程序分成几个并行的子任务，各子任务相互独立并发执行。Java 提供了对多线程机制的支持，包括线程创建、调度、优先级、同步和线程通信等。线程能有效地提高程序运行性能和执行效率。本章将会介绍线程的基本概念、如何在程序中创建线程、如何调度线程、如何设置线程的优先级及线程中的同步。

10.1　线　程　概　念

线程是比进程更小一级的执行单元。一个进程在其执行过程中可以产生多个线程，形成多条执行线索。每个线程也有它自身的产生、存在和消亡的过程，是一个动态的概念。

一个线程有它自己的入口和出口，以及一个顺序执行的序列。线程不能独立存在，必须存在于进程中，各线程间共享进程空间的数据。在一个程序中可以实现多个线程，这些线程同时运行，完成不同的功能。也就是说，线程相互独立地同时运行。

线程创建、销毁和切换的负荷远小于进程，又称为轻量级进程（lightweight process）。线程的系统负担小，主要是 CPU 的分配。

多线程的优势有：编程简单，能直接共享数据和资源，执行效率高；适合于开发服务程序，如 Web 服务、聊天服务等；适合于开发有多种交互接口的程序，如聊天程序的客户端、网络下载工具；程序的吞吐量会得到改善，同时监听多种设备，如网络端口、串口、并口及其他外设等。

10.1.1　基本概念

线程是一个进程中程序代码的一个执行序列。在单个程序内部是可以在同一时刻进行多种运算的，这就是所谓的多线程（这与多任务的概念有相似之处）。

线程或执行上下文被认为是带有自己的程序代码和数据的虚拟处理机的封装。

进程是正在执行的程序。一个或更多的线程构成了一个进程。一个线程或执行上下文由以下 3 个部分组成，如图 10-1 所示。

图 10-1　一个线程或执行上下文

（1）处理机（Processor）。

（2）代码（Code）。

（3）数据（Data）。

一个虚拟处理机封装在 java.lang.Thread 类中，它控制着整个线程的运行；CPU 执行的代码传递给 Thread 类，由 Thread 类控制顺序执行；处理的数据传递给 Thread 类，是在代码执行过程中所要处理的数据。代码可以由多个线程共享，也可以不被共享。它和数据是独立的，当两个线程执行同一个类的实例时，它们将共享相同的代码。

类似地，数据可以由多个线程共享，也可以不被共享。它和代码是独立的。两个线程如果共享一个公共对象的存取，则它们可以共享相同的数据。

在 Java 编程中，虚拟处理机封装在 Thread 类的一个实例里。构造线程时，定义其上下文的代码和数据是由传递给它的构造函数的对象指定的。多线程指在一个程序中实现并发执行代码，编程语言一般提供了串行程序设计的方法。计算机的并发能力由操作系统提供，Java 在语言级提供多线程并发的概念。

10.1.2　生命周期

每个 Java 程序都有一个隐含的主线程，即 main()方法。要实现多线程，必须在主线程中创建新的线程。Java 语言使用 Thread 类及其子类的对象来表示线程，在它的生命周期中，线程会处于 4 种不同的状态。

视频讲解

（1）New（新）。

（2）Runnable（可运行）。

（3）Blocked（被阻塞）。

（4）Dead（死亡）。

一个线程从它被创建到停止执行要经历一个完整的生命周期，如图 10-2 所示。刚创建的线程称为新线程。在调用线程的 start()方法之前，它并不会被运行。

当调用 start()方法时启动线程，线程处于可运行状态。系统分配处理器给最高优先级的线程，使其进入运行状态（Running）。

线程开始运行后，不总是处于运行状态。正在运行的线程有时会被阻塞，这时，其他线程就有机会可以运行了。线程调度的具体情况取决于操作系统提供的服务。线程的操作系统如 Windows 能够为每个可运行的线程赋予一个时间片，以便执行它的任务。当该时间片用完时，操作系统便为另一个线程提供运行的机会，这种方法称为时间分片（time slicing），时间分片有一个很大的优点，即线程无法阻止其他线程的运行。

线程的 yield()方法将执行的权力交给其他优先级相同的线程，当前执行线程到可运行线程队列的最后等待，若队列空，则该方法无效。

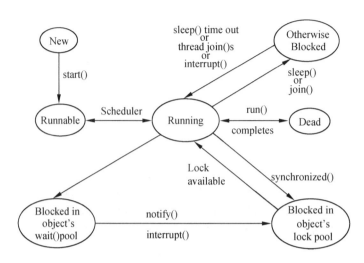

图 10-2　线程的生命周期

　　当线程发出 I/O 请求时，线程进入阻塞状态，这是最常见的进入阻塞的情况。在这种情况下，当它等待的 I/O 完成后，线程又会进入可运行状态。一个被阻塞的线程，即使处理器空闲，也不能运行。当程序调用线程的 sleep()方法时，线程进入睡眠状态，当指定的睡眠时间到期后，睡眠线程又成为可运行线程。如果程序对一个正在睡眠的线程调用 interrupt()方法，线程就会退出睡眠状态，变成可运行线程。

　　当运行线程调用 wait()，线程进入等待状态，等待 wait()要访问的对象。只有当另一个与这个对象有关的线程发出 notify()方法或 notifyAll()方法唤醒请求时，则该线程又进入可运行状态。notify()方法唤醒单个等待线程，notifyAll()方法能唤醒所有等待这个对象的线程。

　　当一个线程被阻塞时，系统就调度另一个线程运行。当被阻塞线程被重新激活，如睡眠时间到或等待的 I/O 操作已完成等，需要比较该线程的优先级是否高于当前运行的线程。如果高于当前线程，就抢占当前线程，成为新的运行进程。

　　当线程 run()方法执行结束或其他原因终止，抛出了一个无法捕获的异常时，线程则进入死亡状态。死亡状态的线程最终被从系统中删除。

　　isAlive()方法可以用来判断线程目前是否正在执行中。如果线程已被启动并且未被终止，那么 isAlive()返回 true，但不能分辨该线程是否可运行或阻塞。如果返回 false，则该线程是新创建或是已被终止的。

10.2　Java 线程机制

　　Java 的线程是通过 Java 的软件包 java.lang 中定义的类 Thread 来实现的。当生成一个 Thread 类的对象之后，就产生了一个线程，通过该对象实例，可以启动线程、终止线程等。

　　Thread 类的构造方法如下：

　　（1）Thread()——在初始化这个类的实例时，目标对象 target 可以为 null，表示这个实例本身具有线程体。由于 Java 只支持单继承，用这种方法定义的类不能再继承其他类。

（2）Thread(Runnable target)——target 是线程体 run()方法所在的对象，target 必须实现接口 Runnable。类 Thread 本身也实现了接口 Runnable，因此，构造方法中参数可以为 null。

由 Thread 类的构造方法可以看出，用户可以有两种方法构造自己的 run()方法，创建一个线程。

（1）继承 Thread 类：

extending the class Thread

（2）实现 Runnable 接口：

implementing the interface Runnable

一个新创建的线程并不自动开始运行。必须调用它的 start()方法启动线程。调用 start()方法使线程所代表的虚拟处理机处于可运行状态，这意味着它可以由 JVM 调度并执行。这并不意味着线程就会立即运行。线程执行的代码在线程中的 run()方法中定义，run()方法称为线程体。实现线程体的特定对象是在初始化线程时传递给线程的。在创建一个线程后，运行时通过线程对象的 start()方法自动调用 run()方法，运行线程。

10.2.1 Thread 类创建线程

通过定义一个线程类，它继承类 Thread 并重写方法 run()。这时在初始化这个类的实例时，目标对象 target 可以为 null，表示这个实例本身具有线程体。由于 Java 只支持单继承，用这种方法定义的线程类不能再继承其他类。

1. 定义一个 Thread 类的子类

```
public class MyThread extends Thread{
    public void run() {…}
}
```

在 MyThread 类中继承了 Thread 类并根据实际需要重载了 run()方法。

2. 实例化

将 MyThread 类实例化，就是创建一个新的线程对象。例如，MyThread testThread=new MyThread()，下面是用 Thread 类创建线程的例子。

【例 10-1】 利用 Thread 类创建线程。

```
//文件名:ThreadTest.java
public class ThreadTest extends Thread {
    String threadName;
    public ThreadTest(String s) {
        System.out.println(" Making thread:" + s );
        threadName=s;
    }
    public void run() {
        for(int i=0; i<3; i++) {
            System.out.println(" Running thread number=" + threadName);
            try {
                Thread.sleep((int)(Math.random() * 1000));
            }catch ( InterruptedException ex ) {
                System.err.println(ex.toString());
            }
        }
    }
    public static void main(String[] args) {
```

```
        ThreadTest thread1 = new ThreadTest("Tom");
        ThreadTest thread2 = new ThreadTest("Jack");
        thread1.start();
        thread2.start();
        System.out.println("End of main");
    }
}
```

程序的运行结果如下：

```
Making thread:Tom
Making thread:Jack
End of main
Running thread number=Tom
Running thread number=Jack
Running thread number=Jack
Running thread number=Tom
Running thread number=Tom
Running thread number=Jack
```

线程的优先级控制通过线程的 3 个变量实现：static int MAX_PRIORITY、static int MIN_PRIORITY 和 static int NORM_PRIORITY。getPriority()返回线程优先级，setPriority(int newPriority)改变线程的优先级。线程创建时继承父线程的优先级。

3. Thread 类的方法

Thread 类的常用方法如表 10-1 所示。

表 10-1　Thread 类的常用方法

方法	含义
void run()	线程所执行的代码
void start() throws IllegalThreadStateException	使程序开始执行，多次调用会产生例外
void sleep(long milis)	让线程睡眠一段时间，此期间线程不消耗 CPU 资源
void interrupt()	中断线程
static boolean interrupted()	判断当前线程是否被中断（会清除中断状态标记）
boolean isInterrupted()	判断指定线程是否被中断
boolean isAlive()	判断线程是否处于活动状态（即已调用 start，但 run 还未返回）
static Thread currentThread()	返回当前线程对象的引用
void setName(String threadName)	设置线程的名字
String getName()	获得线程的名字
void join([long millis[, int nanos]])	等待线程结束
void destroy()	销毁线程
static void yield()	暂停当前线程，让其他线程执行
void setPriority(int p)	设置线程的优先级
notify() / notifyAll() / wait()	从 Object 继承而来

4. 线程实例

下面是一个 Race 类，它模拟兔子和乌龟之间的赛跑。用 Math.random()方法使比赛更激烈。

```
//文件名：Race.java
import java.awt.*;
import java.lang.Math;
import java.lang.Thread;
public class Race{
```

```
  public static void main (String args []) {
    Animat rabbit = new Animat("Rabbit", 15 , 50);
    Animat turtle = new Animat("Turtle", 12 , 50);
    Thread myThread1 = new Thread (rabbit);
    Thread myThread2 = new Thread (turtle);
    myThread1.start();
    myThread2.start();
    System.out.println("This is the main application.");
  }
}
class Animat implements Runnable{
  private String name;
  private int speed;
  private int distance;
  private int curdistance = 0;
  public Animat (String name, int speed, int distance) {
    this.name = name;
    this.speed = speed;
    this.distance = distance;
  }
  public void run() {
    while ( curdistance < distance )    {
      try   {
         Thread.sleep ( (int) (Math.random() * 1000) + 500 );
      }
      catch (Exception e) {
        }
      curdistance += Math.random () * speed ;
      System.out.println (name + " : I am at " + curdistance );
    }
    System.out.println (name + " have finished ! ");
  }
}
```

程序的运行结果如下：

```
This is the main application.
Rabbit : I am at 12
Turtle : I am at 9
Rabbit : I am at 18
Turtle : I am at 18
Rabbit : I am at 25
Turtle : I am at 27
Rabbit : I am at 27
Turtle : I am at 27
Rabbit : I am at 34
Turtle : I am at 36
Rabbit : I am at 46
Turtle : I am at 45
Rabbit : I am at 57
Rabbit have finished !
Turtle : I am at 48
Turtle : I am at 53
Turtle have finished !
```

10.2.2 Runnable 接口创建线程

创建多线程的类不一定必须继承 Thread 类，可以通过实现 Runnable 接口的方法创建一个线程。

1. 定义

定义一个实现 Runnable 接口的子类，具体格式如下：

```
public class MyRunnable implements Runnable{
    public void run() {…}
}
```

与扩展 Thread 类的情况一样，线程的执行代码也放置在 run()方法中。

2. 实例化

使用 Runnable 接口创建线程的程序需要创建一个 Thread 对象，并将其与 Runnable 对象发生关联。Thread 类提供的 5 种构造函数都以 Runnable 对象的引用作为参数。

例如：

```
public Thread(Runnable runnableObject)
```

指定 runnableObject 的 run 方法就是该线程开始执行时所要调用的方法。使用该构造函数的例子如下：

```
MyRunnable testRunnable=new MyRunnable ();
Thread testThread=new Thread(testRunnable);
```

3. java.lang.Runnable 的方法

例如，启动一个线程。

```
testThread.start();//执行run()方法中定义的代码
```

【例 10-2】 利用 Runnable 接口创建线程。

```
//文件名：RunnableTest.java
public class RunnableTest implements Runnable  {
    String threadName;
    public RunnableTest (String s){
        System.out.println(" Making thread:" + s);
        threadName=s;
    }
  public void run() {
        for(int i=0; i<3; i++)  {
            System.out.println(" Running thread number=" + threadName);
            try {
                Thread.sleep((int)(Math.random() * 1000));
            }catch ( InterruptedException ex ) {
                System.err.println(ex.toString());
            }
        }
    }
    public static void main(String[] args) {
        Thread thread1,thread2;
        //创建线程
        thread1 = new Thread( new RunnableTest("Tom") );
        thread2 = new Thread( new RunnableTest("Jack") );
        //启动线程
        thread1.start();
        thread2.start();
        System.out.println("End of main");
    }
}
```

程序的运行结果如下：

```
Making thread:Tom
Making thread:Jack
```

```
End of main
Running thread number=Tom
Running thread number=Jack
Running thread number=Jack
Running thread number=Jack
Running thread number=Tom
Running thread number=Tom
```

这里比较一下两种创建线程的方法：继承类 Thread 是面向对象的编程，实现 Runnable 接口，解决了只能继承一个类的限制问题。

直接继承 Thread 类以后不能再继承其他类，但编写简单，并可直接操纵线程；使用 Runnable 接口可将线程的虚拟 CPU、代码和数据分开，形成一个比较清晰的模型。使用 Runnable 接口时，若要在 run()方法中操纵线程，必须使用 Thread.currentThread()方法。

采用哪种方法来构造线程体要根据具体情况而定。通常，当一个线程体所在的类已经继承了另一个类时，就应该用实现 Runnable 接口的方法。

10.2.3 案例分析：银行排号系统实例

1. 案例描述

我们到银行办理业务时，为了维持次序，银行都设置了排号系统。如果当前窗口业务已办理，则下一个客户被分配到当前窗口。

2. 案例分析

这里通过多个线程模拟多个窗口，通过 Math.random()方法模拟每个窗口办理业务的时间，不同客户在不同线程出现，即表示在不同的窗口办理业务。

3. 案例实现

本例的代码如下：

```
//文件名: CustQueue.java
import java.lang.Math;
import java.lang.Thread;
public class CustQueue {
    public static Integer nums = 50, temp = 0;
    static class Clerk implements Runnable {
        private String name;
        private Integer speed;
        public Clerk(String name,Integer speed) {
            this.name = name;
            this.speed = speed;
        }
        public void run() {
            while (true) {
                try {
                    if(temp + 1<nums){
                        Thread.sleep((int) (Math.random() * this.speed) + 500);
                        System.out.println("客户" + temp + "在" + name + "窗口");
                        temp += 1;
                    }
                    else{
                        System.out.println(name + "窗口 业务完成!");
                        break;
                    }
                } catch (Exception e) {
                }
            }
```

```
            }
        }
    public static void main(String args[]) {
        Clerk clerk1 = new Clerk("1号",1000);
        Clerk clerk2 = new Clerk("2号",800);
        Clerk clerk3 = new Clerk("3号",1200);
        Thread myThread1 = new Thread(clerk1);
        Thread myThread2 = new Thread(clerk2);
        Thread myThread3 = new Thread(clerk3);
        myThread1.start();
        myThread2.start();
        myThread3.start();
        System.out.println("这是主程序.");
    }
}
```

程序部分运行结果如下：

客户31在3号窗口办理业务
客户32在2号窗口办理业务
客户33在3号窗口办理业务
客户34在2号窗口办理业务
客户35在1号窗口办理业务
客户36在1号窗口办理业务
客户37在2号窗口办理业务
客户38在3号窗口办理业务
客户39在2号窗口办理业务
客户40在3号窗口办理业务
客户41在1号窗口办理业务
客户42在2号窗口办理业务
客户43在3号窗口办理业务
客户44在2号窗口办理业务
客户45在1号窗口办理业务
客户46在3号窗口办理业务
客户47在1号窗口办理业务
客户48在2号窗口办理业务
2号窗口 所有业务办理完成！
客户49在1号窗口办理业务
1号窗口 所有业务办理完成！
客户50在3号窗口办理业务
3号窗口 所有业务办理完成！

4. 归纳与提高

这里只模拟简单的情况，即每个窗口都可以办理所有业务，实际中现金业务和非现金业务往往是分开的，大家可以指定不同线程处理不同业务，模拟复杂排号系统。

10.2.4　线程优先级和调度

线程被创建后，每个 Java 线程的优先级都在 Thread.MIN_PRIORITY（常量 1）和 Thread. MAX_PRIORITY（常量 10）的范围内。每个新线程默认优先级为 Thread.NORM_PRIORITY（常量 5）。可以用方法 int getPriority()来获得线程的优先级，同时也可以用方法 void setPriority(int p)在线程被创建后改变线程的优先级。

一般认为，具有较高优先级的线程对程序更重要。系统按线程的优先级调度，具有高优先级的线程会在较低优先级的线程之前得到执行。多个线程运行时，线程调度是抢先式的，即如果当前线程在执行过程中，一个具有更高优先级的线程进入可执行状态，则该高优先级的线程会被立即调度执行。若线程的优先级相同，则线程在就绪队列中排队。在分时系统中，每个线程按时间片轮转方式执行。在某些平台上线程调度将会随机选择一个线程，或始终选择第一个可以得到的线程。

一个线程将始终保持运行状态，直到出现下列情况：由于 I/O（或其他一些原因）而使该线程阻塞；调用 sleep()、wait()、join()或 yield()方法也将阻塞该线程；更高优先级的线程将抢占该线程；时间片的时间期满而退出运行状态或线程执行结束。如果激活一个线程，或休眠的线程醒来，或阻塞的线程所等待的 I/O 操作结束，或对某个先前调用了 wait()方法的对象调用 notify()或 notifyAll()方法，则优先级高于当前运行线程的线程将进入就绪状态（并且因此抢占当前运行的线程）。

Thread 类的 sleep()方法和其他使线程暂停一段时间的方法是可中断的。线程可以调用另外一个线程的 interrupt()方法，这将向暂停的线程发出一个 InterruptedException。

> ◀》注意：Thread 类的 sleep()方法对当前线程操作，因此被称作 Thread.sleep(x)，它是一个静态方法。sleep()的参数指定以毫秒为单位的线程最小休眠时间。除非线程因为中断而提早恢复执行，否则它不会在这段时间之前恢复执行。

【例 10-3】 sleep()方法的使用。

```java
//文件名：ThreadTest.java
import java.math.*;
public class ThreadTest{
    public static void main(String agrs[]){
        //创建线程
        PrintThread thread1=new PrintThread("thread1");
        PrintThread thread2=new PrintThread("thread2");
        PrintThread thread3=new PrintThread("thread3");
        System.out.println("Starting threads");
        thread1.start();
        thread2.start();
        thread3.start();
        System.out.println("Threads started, main thread ends\n");
    }
}

class PrintThread extends Thread {
    private int sleepTime;
    public PrintThread(String name){
        super(name);
        sleepTime=(int)(Math.random() *5001);
    }
    public void run(){
        try{
            System.err.println(getName()+"going to sleep for "+sleepTime);
            Thread.sleep(sleepTime);
        }catch(InterruptedException exception){
            exception.printStackTrace();
        }
        System.err.println(getName()+"done sleeping");
    }
}
```

程序的运行结果如下：

```
Starting threads
```

```
Threads started, main thread ends
thread1going to sleep for 3108
thread2going to sleep for 4078
thread3going to sleep for 2063
thread3done sleeping
thread1done sleeping
thread2done sleeping
```

Thread 类的 yield()方法可以用来使具有相同优先级的线程获得执行的机会。如果具有相同优先级的线程是可运行的，那么 yield()将把调用线程放到可运行队列并使另一个线程运行；如果没有相同优先级的可运行进程，那么 yield()什么都不做。

> ◀️注意：sleep()调用会给较低优先级线程一个运行的机会；yield()方法只会给相同优先级线程一个执行的机会。

如果某个线程只有在另一个线程终止时才能继续执行，则这个线程可以调用另一个线程的 join()方法，将两个线程"联结"在一起。如果另一个线程执行完成，则这个线程结束等待，回到可运行状态。方法 join（int time）最多等待 time 所指定的时间。

【例 10-4】 join()方法的使用。

```java
//文件名：ThreadJoinAndIsAlive.java
class Counter extends Thread {
    private int currentValue;
    public Counter(String threadName) {
        super(threadName);
        currentValue = 0;
        System.out.println(this);
        //System.out.println(Thread.currentThread());
        setPriority(10);
        start();
    }

    public void run() {
        try {
            while (currentValue < 5) {
                System.out.println(getName() + ": " +(currentValue++));
                Thread.sleep(500);
            }
        } catch (InterruptedException e) {
                System.out.println(getName() + " interrupted.");
        }
        System.out.println("Exit from " + getName() + ".");
    }
    public int getValue() {
        return currentValue;
    }
}

public class ThreadJoinAndIsAlive {
    public static void main(String args[]) {
        Counter cA = new Counter("Counter A");
        Counter cB = new Counter("Counter B");
        System.out.println("!!!!!!!!" + cB.getPriority());
            try {

                System.out.println("Wait for the child threads to finish.");
                cA.join();
                System.out.println(" Current thread is: " +
                Thread.currentThread().getName()+ " Its Priority is: " +
```

```
            Thread.currentThread().getPriority());
            System.out.println(" I am here 111");
            //cB.join();

            if (!cA.isAlive())
            System.out.println("Counter A not alive.");
        if (!cB.isAlive())
            System.out.println("Counter B not alive.");
    } catch (InterruptedException e) {
        System.out.println("Main Thread interrupted.");
    }
    System.out.println("Exit from Main Thread.");
    }
}
```

程序的运行结果如下：

```
Thread[Counter A,5,main]
Counter A: 0
Thread[Counter B,5,main]
Counter B: 0
!!!!!!!!10
Wait for the child threads to finish.
Counter A: 1
Counter B: 1
Counter A: 2
Counter B: 2
Counter A: 3
Counter B: 3
Counter A: 4
Counter B: 4
Exit from Counter A.
Current thread is: main Its Priority is: 5
I am here 111
Counter A not alive.
Exit from Counter B.
Counter B not alive.
Exit from Main Thread.
```

【例 10-5】 线程应用的综合例子。

```
//文件名：ThreadExample.java
class SimpleRunnable implements Runnable {
    //一个实现Runnable接口的SimpleRunnable类。
    protected String message;
    protected int iterations;

    public SimpleRunnable(String msg, int iter) {
        message = msg;
        iterations = iter;
    }

    public void run() {
        for (int i=0; i<iterations; i+=1) {
            System.out.println(message);
            try {
                Thread.sleep(100);
            } catch (InterruptedException e) {
                System.out.println(e);
            }
        }
    }
}
```

```
//ThreadExample类运行这个线程。
public class ThreadExample {
    public static void main(String args[]) {
        Thread t1, t2;
        t1 = new Thread(new SimpleRunnable("Thread 1", 10));
        t2 = new Thread(new SimpleRunnable("Thread 2", 15));
        System.out.println("T1 p is: " + t1.getPriority());
        System.out.println("T2 p is: " + t2.getPriority());
        t2.setPriority(7);
        System.out.println("T2 after set p is: " + t2.getPriority());
        t2.yield();
        System.out.println("T2 after yield p is: " + t2.getPriority());
        t1.start();
        t2.start();
    }
}
```

程序的运行结果如下：

```
T1 p is: 5
T2 p is: 5
T2 after set p is: 7
T2 after yield p is: 7
Thread 2
Thread 1
Thread 2
Thread 1
Thread 2
Thread 1
Thread 2
Thread 1
Thread 2
Thread 1
Thread 2
Thread 1
Thread 2
Thread 1
Thread 2
Thread 1
Thread 2
Thread 1
Thread 2
Thread 1
Thread 2
Thread 2
Thread 2
Thread 2
Thread 2
```

10.2.5　线程组

线程组（Thread Group）允许把一组线程统一管理。例如，可以对一组线程同时调用 interrupt()方法，中断这个组中所有线程的运行。创建线程组的构造方法如下：

```
ThreadGroup(String groupName)
```

例如：

```
String groupName="download";
ThreadGroup g=new ThreadGroup(groupName);
```

线程组构造方法的字符串参数用来标识该线程组，并且它必须是独一无二的。线程组对象创建后，可以将各个线程添加到该线程组，在线程构造方法中指定所加入的线程组。

```
Thread(groupName, threadName);
```

例如：

```
Thread t=new Thread(g, "writeThread");
```

若要中断某个线程组中的所有线程，可以对线程组调用 interrupt()方法。

```
g.interrupt();
```

若要确定某个线程组的线程是否仍处于可运行状态，可以使用 activeCount()方法判断。

```
g.activeCount()==0;
```

若要获得/设置线程组中线程的最大优先级，可以使用 getMaxProirity()方法和 setMaxProirity(int pri)方法。

线程组下可以设子线程组，默认创建线程组将成为与当前线程同组的子线程组。当线程组中的某个线程由于一个异常而中止运行时，ThreadGroup 类的 uncaughtException(Thread t,Throwable e)方法将会打印这个异常的堆栈跟踪记录。

10.2.6　主线程

当 Java 程序启动时，一个线程立刻运行，该线程通常叫做程序的主线程（main thread），因为它是程序开始时就执行的。主线程的重要地位体现在两方面：

（1）它是产生其他子线程的线程。

（2）通常它必须最后完成执行，因为它执行各种关闭动作。

尽管主线程在程序启动时自动创建，但它可以由一个 Thread 对象控制。为此，必须调用方法 CurrentThread()获得它的一个引用，CurrentThread()是 Thread 类的公有的静态成员。它的使用形式如下：

```
static  Thread  CurrentThread();
```

该方法返回一个调用它的线程的引用。一旦获得主线程的引用，就可以像控制其他线程那样控制主线程。

【例 10-6】　主线程的使用。

```java
//文件名：CurrentThreadDemo.java
public class CurrentThreadDemo{
    public static void main(String args[]) {
        Thread t=Thread.currentThread();
        System.out.println("Current thread : "+t);
        //改变线程的名称
        t.setName("My Thread");
        System.out.println("After name change: "+t);
        try{
            for (int n=5; n>0; n--){
                System.out.println(n);
                Thread.sleep(1000);
            }
        }catch (InterruptedException  e){
            System.out.println("Main thread interrupted ");
        }
```

```
   }
}
```

在以上程序中，当前线程（主线程）的引用通过调用 currentThread()获得，该引用保存在局部变量 t 中；然后，程序显示了线程的信息；接着程序调用 setName()改变线程的内部名称，线程信息又被显示。然后，一个循环数从 5 开始递减，每数一次暂停一秒。暂停是由 sleep()方法来完成的。sleep()语句明确规定延迟时间是一毫秒。注意循环外的 try/catch 块。Thread类的 sleep()方法可能引发一个 interruptedException 异常。本例只是打印了它是否被打断的消息。程序的运行结果如下：

```
Current  thread: Thread[main, 5, main]
After name change: Thread[My Thread, 5, main]
5
4
3
2
1
```

t 作为语句 println()中参数运行时输出线程的信息。显示顺序为线程名称、优先级以及组的名称。默认情况下，主线程的名称是 main。它的优先级是 5（这也是默认值），main 也是所属线程组的名称。

10.3　线程同步与通信

10.3.1　线程同步

视频讲解

有时，多个线程需要共享一个对象。如果多个线程同时访问同一个对象，必然会产生对于共享数据的访问冲突。如一个线程在更新该对象的同时，另一个线程也试图更新或读取该对象，这样将破坏数据一致性。为避免多个线程同时访问一个共享对象，这里引入同步的概念。

在某个时刻只允许一个线程独占性访问该共享对象，而其他线程只能处于阻塞状态。只有当该线程访问操作结束后，才允许其他线程访问。这称为相互排斥或线程同步。

Java 使用 synchronized 关键字控制对共享信息的并发访问，实现线程同步。synchronized方法相当于一条封装了该方法的整个方法体的同步语句，例如：

```
synchronized void method(){
    //对共享对象的操作
}
```

在程序设计中，如果只想实现对某一段代码的同步，可以使用同步代码的方式。

```
void methodB() {
    //Object obj=new Object();
    synchronized(obj){
        //对共享对象的操作
    }
}
```

这种同步方式的程序运行速度和可读性都相对较差，但为处理线程同步提供了较灵活的方式。实际上对方法的 synchronized 也是通过锁定对象实现的，相当于：

```
void methodA(){
    synchronized(this){  //对共享对象的操作  }
}
```

【例 10-7】 用 synchronized 关键字实现代码段同步的示例。

```java
//文件名：BookShelf.java
public class BookShelf {
    String bookName;
    int amount;
    public BookShelf (String name, int amt) {
        bookName = name;
        amount = amt;
    }
    public synchronized void putIn(int amt) {
        amount += amt;
    }
    public synchronized void withdraw(int amt) {
        amount -= amt;
    }
    public int checkRemainder () {
        return amount;
    }
}
```

Java 使用监控器（monitor）来实现对共享数据操作的同步。共享对象都有一个监控器（对象锁）。监控器一次只允许一个线程执行对象的同步块。在程序进入同步块时，就将对象锁住（获得锁），只有当同步块完成时，监控器才会打开该对象的锁（释放锁），让其他有最高优先级的阻塞线程处理它的同步块。如果一个程序内有两个或以上的方法使用 synchronized 标志，则它们在同一个"对象互斥锁"管理之下。

10.3.2 线程通信

1. wait()和 notify()

多线程间除了需要解决对共享数据操作的同步问题，还需要进行线程通信来协调线程间的运行进度问题。Java 提供了 java.lang.Object 类的 wait() 和 notify()/notifyAll()方法来协调线程间的运行进度（读取）关系。

线程已获得某个对象的锁，若该线程调用 wait()方法，则退出所占用的处理器，打开该对象的锁，转为阻塞状态，并允许其他同步语句获得对象锁。当执行条件满足后，将调用 notify()方法，唤醒这个处于阻塞状态的线程。线程转为可运行状态，又有机会获得该对象的锁。

如果一个线程通过调用 wait()方法进入对该共享对象的等待状态，应确保有一个独立的线程最终将会调用 notify()方法，以使等待共享对象的线程回到可运行状态。

【例 10-8】 使用 wait()与 notify()方法。

```java
//文件名：WaitTest.java
public class WaitTest {
    public static void main(String [] args) {
        ThreadB b = new ThreadB();
        b.start();
        System.out.println("Total b  is: " + b.getTotal());
    }
}

class ThreadB extends Thread {
    int total;
    public void run() {
        synchronized(this) {
            for(int i=0;i<10000;i++) {
```

```
                  total += i;
                }
              System.out.println("In ThreadB total is: " + total);
              notify();
          }
        }
      synchronized  public int getTotal() {
          try{
             wait();
          }catch(InterruptedException e) {}
          return total;
        }
    }
```

程序的运行结果如下：

```
In ThreadB total is:
49995000
Total b is:49995000
```

2. 对共享队列数据读写

【例 10-9】 使用 wait()与 notify()方法协调线程对共享队列中数据的读写访问。

```java
//文件名：Queue.java
public class Queue {                                    //共享数据结构——队列
    protected Object[] data;
    protected int writeIndex;
    protected int readIndex;
    protected int count;
    public Queue(int size) {
        data = new Object[size];
    }
    public synchronized void write(Object value) { //同步对共享数据的写操作
        while(count >= data.length) {
            try{
                wait();                    //阻塞，等待共享数据的同步读操作唤醒
            }catch(InterruptedException e) {}
        }
        data[writeIndex++] = value;
        System.out.println("write data is: " + value);
        writeIndex %= data.length;
        count += 1;
        notify();                          //唤醒处于阻塞状态的同步读操作
    }

    public synchronized void read() {    //同步对共享数据的读操作
        while(count <= 0){
            try{
                wait();                    //阻塞，等待共享数据的同步写操作唤醒
            }catch(InterruptedException e) {}
        }
        Object value = data[readIndex++];
        System.out.println("read data is: " + value);
        readIndex %= data.length;
        count =—1;
        notify();                          //唤醒处于阻塞状态的同步读操作
    }
    public static void main(String[] args) {
        Queue q = new Queue(5);
        new Writer(q);                     //实例化并启动写线程
```

```
                new Reader(q);                    //实例化并启动读线程
        }
    }

class Writer implements Runnable{       //写线程
    Queue queue;
    Writer(Queue target){
        queue = target;
        new Thread(this).start();
    }
    public void run(){                  //线程体
        int i = 0;
        while(i<5){
            queue.write(new Integer(i));
            i++;
        }
    }
}
class Reader implements Runnable{       //读线程
    Queue queue;
    Reader(Queue source){
        queue = source;
        new Thread(this).start();
    }
    public void run(){                  //线程体
        int i=0;
        while(i<5){
            queue.read();
        }
    }
}
```

在以上的 Queue 例子中，用 synchronized 来同步对共享数据的读写，读写代码依赖于一个同步对象，需在其上执行 wait()和 notify()。如果线程在等待这个同步对象，就需要一个独立的类 Queue 表示共享对象，在它上面使用 notify()。

程序的运行结果如下：

```
the end of main()
write data is: 0
write data is: 1
write data is: 2
write data is: 3
write data is: 4
read data is: 0
read data is: 1
read data is: 2
read data is: 3
read data is: 4
```

设计具有良好行为的线程，并使用 wait()和 notify()进行通信。

> **知识提示**　run()方法保证了在执行暂停或终止之前，共享数据处于一致的状态，这是非常重要的。不应这样来设计程序：随意地创建和处理线程，或创建无数个对话框线程或 socket 端点。因为每个线程都会消耗一定的系统资源。

10.3.3　死锁

线程间因相互等待对方的资源，而不能继续执行的情况称为死锁。Java 线程的同步非常容易导致死锁现象。

【例 10-10】 Java 线程同步出现死锁。

```java
//文件名: DeadlockRisk.java
public class DeadlockRisk {
    private static class Resource{
        public int value;
    }
    private Resource resource=new Resource();
    private Resource resource=new Resource();
    public int read(){
        synchronized(resourceA) {//这里出现死锁
            sysnchronized(resourceB){
                return resourceB.value+resourceA.value;
            }
        }
    }

    public void write(int a, int b){
        synchronized(resourceB){//这里出现死锁
            synchronized(resourceA){
                resourceA.value=a;
                resourceB.value=b;
            }
        }
    }
}
```

持有一个锁并试图获取另一个锁时，就有死锁的危险。死锁是由资源的无序使用而带来的，应该在设计程序时尽量避免出现造成死锁的条件。

解决死锁问题的方案是给资源排序。在所有的线程中，决定次序并始终遵照这个次序获取锁。例如，如果有 3 个资源 A、B、C，并有一个线程要获得其中任何一个资源。线程 1 和线程 2 都必须确保它在获取 B 的锁之前先获得 A 的锁，以此类推。释放锁时，按照与获取相反的次序释放锁。

协调两个需要存取公共数据的线程可能会变得非常复杂。需保证可能有另一个线程存取数据时，共享数据的状态是一致的。因为线程不能在其他线程等待这把锁的时候释放合适的锁，所以必须保证所编写的程序不发生死锁。

10.3.4 案例分析：银行业务线程同步案例

1. 案例描述

模拟银行存钱、取钱业务，用户取钱对应银行总余额应该减少，用户存钱对应银行总余额应该增加。本案例看似简单，实则很容易出错。因为多线程是同时运行的，而在同一时刻很可能有多个银行客户进行存取操作，如果没有加入同步机制，则运行结果往往是错误的。

2. 案例分析

本例中模拟 100 个用户存钱、取钱，银行初始金额是 100 元，让 50 个用户取钱，每人取 10 元；同时让另外 50 个用户存钱，每人也是存 10 元，这样交易结束时银行总余额应该是不变的。

3. 案例实现

本例的代码如下：

```java
//文件名：BankMoney1.java
package ch10_02;
public class BankMoney1 {
    public static void main(String[] args) throws InterruptedException {
        Thread[] thread = new Thread[100];
        Bank1 bank = new Bank1(10);
        for (Integer i = 0; i < 100; i++) {
            thread[i] = new Thread(bank, Integer.toString(i + 1));
        }
        for (Integer i = 0; i < 100; i++) {
            thread[i].start();
        }
        for (Integer i = 0; i < 100; i++) {
            thread[i].join();
        }
        System.out.println("操作结束后银行总余额为" + bank.moneycount);
    }
}

class Bank1 implements Runnable {
    public int moneycount = 100;
    public int money;
    public Bank1(int money) {
        this.money = money;
    }
    @Override
    public void run() {
        //TODO Auto-generated method stub
        if (Integer.parseInt(Thread.currentThread().getName()) <=50) {
            try {
                Thread.sleep(400);
                moneycount = moneycount + money;
            }catch (InterruptedException e) {
                //TODO Auto-generated catch block
                e.printStackTrace();
            }
            System.out.println("客户" + Thread.currentThread().getName()
                             + "存款后   银行余额" + moneycount);
        } else {
            if (moneycount < money) {
                System.out.println("余额不足");
            }
            try {
                Thread.sleep(300);
                moneycount = moneycount - money;
            } catch (InterruptedException e) {
                //TODO Auto-generated catch block
                e.printStackTrace();
            }
            System.out.println("客户" + Thread.currentThread().getName()
                             + "取款后   银行余额" + moneycount);
        }
    }
}
```

一个可能的运行结果如下：

客户87存款后   银行余额-110
客户88存款后   银行余额-100
客户83存款后   银行余额-90
客户66存款后   银行余额-80

```
客户69存款后    银行余额-70
客户95存款后    银行余额-60
客户92存款后    银行余额-50
客户91存款后    银行余额-40
客户74存款后    银行余额-30
客户73存款后    银行余额-20
客户96存款后    银行余额-10
客户100存款后    银行余额0
客户99存款后    银行余额10
客户78存款后    银行余额20
客户82存款后    银行余额30
客户77存款后    银行余额40
客户81存款后    银行余额50
客户86存款后    银行余额60
客户85存款后    银行余额70
客户65存款后    银行余额80
客户94存款后    银行余额90
客户93存款后    银行余额100
客户90存款后    银行余额110
客户89存款后    银行余额120
客户98存款后    银行余额130
客户97存款后    银行余额140
操作结束后银行总余额为140
```

显然运行结果是错误的，正确的示例如下：

```java
//文件名：BankMoney2.java
package ch10_02;
public class BankMoney2 {
  public static void main(String[] args) throws InterruptedException {
    Thread[] thread = new Thread[100];
    Bank2 bank = new Bank2(10);
    for (Integer i = 0; i < 100; i++) {
        thread[i] = new Thread(bank, Integer.toString(i + 1));
    }
    for (Integer i = 0; i < 100; i++) {
        thread[i].start();
    }
    for (Integer i = 0; i < 100; i++) {
        thread[i].join();
    }
    System.out.println("操作结束后银行总余额为" + bank.moneycount);
  }
}
class Bank2 implements Runnable {
    public int moneycount = 100;
    public int money;
    public Bank2(int money) {
        this.money = money;
    }
    @Override
public void run() {
        //TODO Auto-generated method stub
    synchronized(this){
        if (Integer.parseInt(Thread.currentThread().getName()) <=50) {
            try {
                Thread.sleep(400);
                moneycount = moneycount + money;
            } catch (InterruptedException e) {
```

```
                    //TODO Auto-generated catch block
                    e.printStackTrace();
                }
                System.out.println("客户" + Thread.currentThread().getName()
                                        + "存款后   银行余额" + moneycount);
                notify();
            } else {
                while (moneycount < money) {
                    try {
                        System.out.println("余额不足");
                        wait();
                    } catch (Exception e) {
                    }
                }
                try {
                    Thread.sleep(300);
                    moneycount = moneycount - money;
                } catch (InterruptedException e) {
                    //TODO Auto-generated catch block
                    e.printStackTrace();
                }
                System.out.println("客户" + Thread.currentThread().getName()
                                        + "取款后   银行余额" + moneycount);
            }
        }
    }
}
```

程序的运行结果如下：

```
余额不足
余额不足
余额不足
余额不足
客户50存款后   银行余额10
客户49存款后   银行余额20
客户48存款后   银行余额30
客户47存款后   银行余额40
客户46存款后   银行余额50
客户45存款后   银行余额60
客户44存款后   银行余额70
客户43存款后   银行余额80
客户42存款后   银行余额90
客户41存款后   银行余额100
客户40存款后   银行余额110
客户39存款后   银行余额120
客户38存款后   银行余额130
客户37存款后   银行余额140
客户36存款后   银行余额150
客户35存款后   银行余额160
客户34存款后   银行余额170
客户33存款后   银行余额180
客户32存款后   银行余额190
客户31存款后   银行余额200
客户30存款后   银行余额210
客户29存款后   银行余额220
客户28存款后   银行余额230
```

客户27存款后　　银行余额240
客户26存款后　　银行余额250
客户25存款后　　银行余额260
客户24存款后　　银行余额270
客户23存款后　　银行余额280
客户22存款后　　银行余额290
客户21存款后　　银行余额300
客户20存款后　　银行余额310
客户19存款后　　银行余额320
客户67取款后　　银行余额320
客户68取款后　　银行余额310
客户69取款后　　银行余额300
客户70取款后　　银行余额290
客户71取款后　　银行余额280
客户72取款后　　银行余额270
客户73取款后　　银行余额260
客户74取款后　　银行余额250
客户75取款后　　银行余额240
客户76取款后　　银行余额230
客户77取款后　　银行余额220
客户78取款后　　银行余额210
客户79取款后　　银行余额200
客户80取款后　　银行余额190
客户81取款后　　银行余额180
客户82取款后　　银行余额170
客户83取款后　　银行余额160
客户84取款后　　银行余额150
客户85取款后　　银行余额140
客户86取款后　　银行余额130
客户87取款后　　银行余额120
客户88取款后　　银行余额110
客户89取款后　　银行余额100
操作结束后银行总余额为100

4. 归纳与提高

本例中模拟了银行存钱、取钱业务，大家弄懂其原理以后，可以试着用其他方式实现线程，同时试着用同步机制保证结果的准确性。

10.4　本 章 小 结

本章主要介绍了 Java 语言中线程的基本概念、实现线程的两种方法、线程的 5 个基本状态，并且讲解了线程优先级的设置和 Java 运行环境对相同优先级的线程的调度规则。

在 Java 中实现线程有两种方法：实现 Runnable 接口和继承 Thread 类。

线程由创建、就绪、运行、挂起、停止 5 个状态组成。

线程在创建之后，由 start()启动线程，该方法调用该线程的 run()方法，run()方法包含线程要完成任务的核心代码。当 run()方法的执行被其他线程中断时，仍处于就绪状态；当线程执行 sleep()或 wait()方法时进入挂起状态；run()方法执行完毕后进入停止状态。

当两个或多个线程竞争 CPU 资源时，优先级高的线程会占用 CPU 资源；当优先级相同的线程竞争 CPU 资源时，通常采用抢占式策略，即分时系统中的按时间片轮转和非分时系统中一个线程独占 CPU 资源两种策略。

本章需要重点掌握实现线程的两种方法及使用线程的基本过程，并且熟悉线程优先级调度的基本原理。

理论练习题

一、判断题

1. 一个线程想让另一个线程不能执行，它可以对第二个线程调用 yield()方法。（   ）

2. 一个线程对象的具体操作是由 run()方法的内容确定的，但是 Thread 类的 run()方法是空的，其中没有内容；所以用户程序要么派生一个 Thread 的子类并在子类里重新定义 run()方法，要么使一个类实现 Runnable 接口并书写其中 run()方法的方法体。（   ）

3. 一个 Java 多线程的程序不论在什么计算机上运行，其结果始终是一样的。（   ）

4. Java 线程有 5 种不同的状态，这 5 种状态中的任何两种状态之间都可以相互转换。（   ）

5. 使用 Thread 子类创建线程的优点是可以在子类中增加新的成员变量，使线程具有某种属性，也可以在子类中新增加方法，使线程具有某种功能。但是，Java 不支持多继承，Thread 类的子类不能再扩展其他的类。（   ）

6. 当线程类所定义的 run()方法执行完毕，线程的运行就会终止。（   ）

二、填空题

1. 线程的启动是通过引用其＿＿＿＿＿＿＿＿＿＿方法而实现的。

2. Java 虚拟机（JVM）中的线程调度器负责管理线程，调度器把线程的优先级分为 10 个级别，分别用 Thread 类中的类常量表示。每个 Java 线程的优先级都在常数＿＿＿＿和＿＿＿＿之间，即 Thread.MIN_PRIORITY 和 Thread.MAX_PRIORITY 之间。

三、选择题

1. 一个线程的 run() 方法代码如下：

```
try{
    sleep(100);
}catch(InterruptedException  e) {}
```

假设线程没有被中断，正确的是（   ）。

　　A．代码不会被编译，因为异常不会在线程的 run()方法中捕获

　　B．在代码的第 2 行，线程将停止运行，至多 100ms 后恢复执行

　　C．在代码的第 2 行，线程将停止运行，恰好在 100ms 恢复执行

　　D．在代码的第 2 行，线程将停止运行，在 100ms 后的某个时间恢复执行

2. 编译和运行下列代码时输出正确的是（   ）。

```
public class MyThread implements Runnable {
  String myString = "Yes ";
  public void run() {
      this.myString = "No ";
  }
  public static void main(String[] args) {
    MyThread t = new MyThread();
    new Thread(t).start();
    for (int i=0; i < 10; i++)
```

```
        System.out.print(t.myString);
    }
}
```

A. 编译错

B. 输出：Yes Yes Yes Yes Yes Yes Yes Yes Yes Yes and so on.

C. 输出：No No No No No No No No No No and so on.

D. 输出：Yes No Yes No Yes No Yes No Yes No and so on.

E. 输出不确定

3．如果在使用多线程生成整数 count 的过程中用到了多个 MyClass（如下）对象。当其他线程使用下列代码，会发生（　　　）。

```
public class MyClass{
    static private int myCount = 0;
    int yourNumber;
    private static synchronized int nextCount() {
        return ++myCount;
    }

    public void getYourNumber() {
        yourNumber = nextCount();
    }
}
```

A. 代码出现编译错误　　　　　　　　B. 代码出现运行时错误

C. 每个线程将得到不同的数字　　　　D. 不能保证不同线程中得到的数字唯一

4．下列关于线程优先级的说法中，正确的是（　　　）。

A. 线程的优先级是不能改变的　　　　B. 线程的优先级是在创建线程时设置的

C. 在创建线程后的任何时候都可以设置　D. B 和 C

5．下列方法中执行线程的方法是（　　　）。

A. run()　　　　　B. start()　　　　　C. sleep()　　　　　D. suspend()

上机实训题

1．模拟一个电子时钟，它可以在任何时候被启动或停止，并可独立运行。这个类称为 Clock 类，它继承 Label 类。这个类有一个 Thread 类型的 clocker 域，以及 start()、stop()、run() 方法。在 run()方法的 while 循环中，每隔一秒钟就把系统时间显示为 label 文本。构造方法初始化时，把 label 设为系统的当前时间。

2．创建一个可重用的 Ticker Tape 类，它可以从右到左缓慢移动显示的文本；然后创建一个 applet，和前面的 Clock 类一起来测试这个类。

第 11 章 | 网 络 编 程

教学目标：

☑ 了解 URL 的构成，掌握获取 URL 各个属性的方法，学会利用 URL 读取网络资源。

☑ 熟悉 java.net 包。

☑ 了解 TCP/IP 协议。

☑ 掌握 Socket 的基本使用方法，学会建立 Socket 连接，实现客户端和服务器通信。

☑ 掌握利用 UDP 进行通信的方法。

教学重点：

网络编程是指物理上位于两台计算机的两个进程之间实现网络通信的编程。本章首先介绍网络通信的基础知识，然后对 Java 语言在两个网络层次上的编程分别进行介绍，它们分别是 URL 编程、Socket 编程。

11.1　Java 与网络

Java 语言已成为网络应用软件开发的主要工具。使用 Java 语言进行网络连接编程比 C++语言要容易得多。Java 提供了许多内置的网络功能，使开发基于 Internet 和 Web 的应用程序更容易。

Java 最初是作为一种网络编程语言出现的，它能够使用网络上的各种资源和数据，与服务器建立各种传输通道，将自己的数据传送到网络上。

实现网络功能要靠 URL 类、URLConection 类、Socket 类和 DatagramSocket 类。

（1）网络上的数据传送是将网络连接转换成输入输出流。

（2）DataInputStream 和 DataOutputStream（PrintStream）类是网间数据流的载体。

（3）URL 类适用于 Web 应用，如访问 HTTP 服务器属于应用层服务。

（4）URL Connection 类提供比 URL 类更强的服务器交互控制。

（5）IP 地址（127.0.0.1）可用于在本地机器上调试网络程序。

（6）Socket 类适用于面向连接的、可靠性要求高的应用。

（7）Datagram 类适用于效率要求高的应用。

（8）Socket 是由 IP 和端口构成的一种网上通信链路的一端。

（9）Socket 通信要分别运行服务器和客户程序。

（10）服务器程序是多线程的，可处理多个客户的请求。

11.1.1　网络

网络编程涉及客户与服务器两个方面及它们之间的联系。客户端请求服务器执行某个操作，服务器执行这个操作并对客户端做出响应。在网页浏览器与 http 服务器之间，按照请求应答响应模式工作。当用户在浏览器中选定一个网站时，这个请求就发送到相应的网络服务器上。服务器发送相应的 HTML 网页来响应客户端。

1. 网络协议

1）Internet 分层模型

TCP/IP 是传输控制协议/网际协议的简称，它包含 100 多个不同功能的协议，是 Internet 上的通信规则。其中最主要的是 TCP 和 IP 协议。TCP/IP 是一个 4 层的体系结构，它包含应用层、传输层、网际层和网络接口层。其体系结构如图 11-1 所示。

图 11-1　TCP/IP 体系结构

按照网络通信的不同层次，Java 提供的网络功能有 4 大类：URL、Socket、Datagram 和 InetAddress。应用层负责将网络传输的信息转换成我们能够识别的信息，包括很多面向应用的协议，如 SMTP（简单邮件传输协议）、HTTP（超文本传输协议）等。在这一层，Java 使用 URL、URLConnection 类。通过 URL 类，Java 程序可以直接发出或读取网络上的数据。

传输层提供端到端的通信，包括面向连接的 TCP（传输控制协议）和无连接的 UDP（用户数据包协议）。TCP 协议提供了可靠的数据传输服务，具有流量控制、拥塞控制、按顺序递交等功能。UDP 增加的服务是不可靠的，但其系统资源开销小，在流媒体系统中使用较多。TCP 协议的相关类有 Socket 和 ServerSocket；UDP 协议的相关类有 DatagramPacket、DatagramSocket 和 MulticastSocket。Sockets 使用的是 TCP 协议，这是传统网络程序最常用的方式，可以想象为两个不同的程序通过网络的通信信道进行通信。Datagram 使用 UDP 协议，是另一种网络传输方式，它把数据的目的地记录在数据包中，然后直接放在网络上。

网际层中最主要的协议就是无连接的 IP 协议，它负责同一网络或不同网络中计算机之间的通信。在这一层中，Java 使用 InetAddress 类来表示 IP 地址。一般应用程序是靠 TCP 实现通信功能的，因为它们需要通过端口进行数据的无差错传输。

2）TCP 与 UDP 协议

TCP 协议是在端点与端点之间建立持续的连接而进行通信。建立连接后，发送端将发送的数据以字节流的方式发送出去；接收端则对数据按序列顺序将数据整理好，数据在需要时可以重新发送。这与两个人打电话的情形是相似的。

TCP 协议具有可靠性和有序性，并且以字节流的方式发送数据，是一种面向连接的协议。

与 TCP 协议不同，UDP 协议是一种无连接的传输协议。利用 UDP 协议进行数据传输时，首先需要将要传输的数据定义成数据报（Datagram），在数据报中指明数据所要达到的端点（Socket，主机地址和端口号），然后再将数据报发送出去。这种传输方式是无序的，也不能确保绝对的安全可靠，但它很简单而且具有比较高的效率，这与通过邮局发送邮件的情形非常相似。

2. 建立网络连接

如何在网络上建立客户机与服务器之间的通信链路？一台机器通常只通过一条链路连接到网络上，即它只有一个 IP 地址，但一台机器中往往有很多应用程序需要进行网络通信，如何区分呢？这就要依靠网络端口号（port）。端口号是一个标记机器的逻辑通信信道的正整数，端口号不是物理实体。

TCP/IP 中的端口号是一个 16 位的数字，它的范围是 0～65 535。其中 0～1023 为系统所保留，专门留给那些通用的服务使用，如 HTTP 服务的端口号为 80、TELNET 服务的端口号为 21、FTP 服务的端口号为 23。因此，编写通信程序时，应选择一个大于 1023 的数作为端口号，以免发生冲突。IP 地址与端口号组合可以完全分辨 Internet 上某台计算机运行的某一程序。

客户和服务器必须事先约定所使用的端口。如果系统两部分所使用的端口不一致，则不能进行通信。客户端与服务器端建立连接的过程如图 11-2 所示。

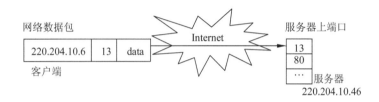

图 11-2 客户端与服务器端的连接过程

服务器端软件在远程计算机上连续不断地运行，监听各端口上的通信请求。当服务器接收到一个对某一端口的连接请求时，就唤醒正在运行的服务器软件，建立连接。该连接将一直保持下去，直到通信的某一方将它中断。

3. Socket 机制

Socket（套接字）是网络上运行的两个程序之间双向通信链路的终端点，它是 TCP 和 UDP 的基础。一个 Socket 被绑定到一个端口号上，这样传输层就能识别数据要发送哪个应用程序。

建立网络连接之后，使用与 Socket 相关联的流和使用其他流非常相似。基于 Socket 的通信通过 Socket 读取和写入数据，使应用程序对网上数据的读写操作，像对本地文件的读写一样简单。Socket 允许程序把网络连接当成一个流，可以向这个流写字节，也可以从这个流读取字节。

当进程通过网络进行通信时，Java 技术使用它的流模型。一个 Socket 包括两个流：InputStream（输入流）和 OutputStream（输出流）。如果一个进程要通过网络向另一个进程发送数据，只需简单地写入与 Socket 相关联的输出流。一个进程通过从与 Socket 相关联的输入流来读取另一个进程所写的数据。

Java 提供了 Stream Socket（流套接字）和 Datagram Socket（数据报套接字）。用 Stream Socket 可以在两个进程之间建立一个连接，连接建立后，数据在相互连接的进程间流动。所以说 Stream Socket 提供面向连接的服务，它使用的是 TCP 协议。

使用 Datagram Socket 传输的是一个个独立的数据包。它使用的 UDP 协议是一种无连接服务，不能保证数据包按一定的顺序到达。在传输过程中，包可能丢失、重复发送和不按先后顺序到达。如果使用 UDP 协议，用户需要想办法解决这些问题。所以 UDP 协议适用于不需要错误检查和可靠性的网络应用。对于大多数编程者来说，Stream Sockets 和 TCP 协议用得最多。

无连接服务一般性能更好，但可靠性较面向连接服务要差。TCP 协议及其相关协议使异构计算机系统之间能相互通信。

在 Java 编程语言中，TCP/IP Socket 连接是用 java.net 包中的类实现的。图 11-3 说明了 Socket 连接机制。

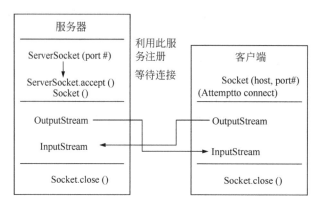

图 11-3　Socket 连接机制

Socket 连接过程如下：

（1）建立连接。服务器端程序分配一个端口号，开始监听来自客户端的请求。当客户请求一个连接时，服务器使用 accept()方法打开 Socket 连接，将该 Socket 连接到此端口上。

（2）数据通信。服务器和客户端使用 Socket 的 InputStream（输入流）和 OutputStream（输出流）进行通信。

（3）关闭连接。通信结束，服务器和客户端程序断开连接，释放所占用的系统资源。

11.1.2　Java 中的网络功能

Java 的网络功能由几个主要的包实现，基本的网络功能由 java.net 包中的类和接口定义实现。Java 通过该包提供的基于套接字 Socket 的通信，使应用程序能把网络当作一个数据流来使用。

Java 所提供的网络功能可分为 4 大类。

（1）InetAddress：在网络层，用于标识网络上的硬件资源。

（2）URL 和 URLConnection：可表示和建立确定网络上资源的位置，Java 程序可以直接读入网络上的数据，或把自己的数据传送到网络的另一端。

（3）Socket：是两个不同的程序之间在网络上传输数据的通道，这是网络程序中最基本的方法。一般在 TCP/IP 协议下的客户服务器软件采用 Socket 作为交互方式。

（4）Datagram：是功能最低级的一种。其他网络数据传送方式，都假想在程序执行时，建立一条安全稳定的通道。但是以 Datagram 方式传送数据时，只把数据目的地记录在数据包中，然后就直接放在网络上进行传输，系统不保证数据一定能够安全送到，也不能确定什么时候可以送到。

11.2　URL 编程

11.2.1　URL 简介

URL（Uniform Resource Locator）是 WWW 资源统一资源定位器的简写，它规范了 WWW 资源网络定位地址的表示方法。WWW 资源包括 Web 页、文本文件、图形文件、音频片段等。

URL 类描述了 WWW 资源的特征及读取其内容的方法。URL 的基本语法格式如下：

```
protocol://hostname/resourcename#anchor
```

其中：

（1）protocol 是指使用的协议，可以是 http、ftp、news、telnet 等。

（2）hostname 是主机名，用了指定域名服务器（DNS）能访问到的 WWW 服务的计算机。例如，www.sun.com。

（3）port 是指端口号，是可选部分，表示所连接的协议端口号，如默认，将连接到协议默认的端口，如 http 为 8080 端口。

（4）resourcename 是指资源名，是主机上能访问到的目录或文件。

（5）anchor 是指锚点标记，也是可选部分，主要用于指定文件中有特定标记的位置。

下面是几个合法的 URL 例子：

（1）http://www.ccu.edu.cn/news/kuaixun.asp

（2）http://java.sun.com:80/docs/books

（3）http://java.sun.com/index.jsp#chapter1

（4）ftp://local/demo/readme.txt

第（3）条中 URL 加上符号 "#"，用于指定在文件 index.jsp 中标记为 chaper1 的部分。

11.2.2　URL 类

URL 类的构造方法有 4 种：

1）URL(URL absoluteURL)

主要功能是利用绝对 URL 地址，创建一个 URL 对象。其中 absoluteURL 参数表示绝对 URL 地址。例如：

```
URL myURL=URL("http://www.cumt.edu.cn/")
```

2）URL(URL url,String relativeURL)

主要功能是利用已建立的 URL 对象和相对 URL 地址，创建一个 URL 对象。其中 url 参数表示 URL 对象，relativeURL 参数表示相对 URL 地址。例如：

```
URL myURL=URL("http://www.ccu.edu.cn/"); //http://www.ccu.edu.cn/的一个文件
URL mydoc=URL(myURL, "mydoc.html")        //mydoc.html是网站
```

3）URL(String protocol,String host,String resourcename)

主要功能是利用 protocol、host、resourcename 创建一个 URL 对象。其中 protocol 参数表示所用网络协议，host 参数表示主机，resourcename 参数表示资源名。例如：

```
URL  myURL=URL("http","www. ccu.edu.cn","/mydoc.html");
```

这种方式与下列方法是等价的：

```
URL  myURL=URL("http://www.ccu.edu.cn/mydoc.html");
```

4）URL(String protocol,String host,int port,String resourcename)

主要功能是利用 protocol、host、port、resourcename 创建一个 URL 对象。其中 protocol 参数表示所用网络协议，host 参数表示主机，port 参数表示端口号，resourcename 参数表示资源名。例如：

```
URL  myURL=URL("http","www.ccu.edu.cn",80, "/mydoc.html");
```

这种方式与下列方法是等价的：

```
URL  myURL=URL("http://www.ccu.edu.cn:80/mydoc.html");
```

11.2.3 构造 URL 类对象中的异常

URL 类的构造函数中的参数如果无效就会抛出 MalformedURLException 异常。一般情况下，程序员需要捕获并处理这个异常。其异常捕获和处理程序语法格式如下：

```
try {
    URL  exampleURL=new URL(...);
}
catch(MalformedURLException  eURL) {
    ...
    //异常处理
    ...
}
```

11.2.4 URL 类的获取 URL 特征的主要方法

URL 类提供的方法主要包括对 URL 类对象特征（如协议名、主机名、文件名、端口号和标记）的查询和对 URL 类对象的读操作。主要方法如下：

（1）String getProtocol()——返回 URL 的协议名。

（2）String getHost()——返回 URL 的主机名。

（3）int getPort()——返回 URL 的端口号，如果没有设置端口号则返回值为–1。

（4）String getFile()——返回 URL 的文件名及路径。

（5）String getRef()——返回 URL 的标记。

> 🔖知识提示　并不是所有的 URL 地址都包括这些组成部分。

无论使用什么构造函数来创建 URL 对象，都可以使用这些 getXXX()方法来获取该 URL 对象的信息。

11.2.5 从 URL 直接读取

当成功创建了 URL 对象后，就可以利用该对象访问网上的资源。URL 对象的一种最简便的使用是在 Applet 中，通过调用 Applet 类的 getAudioClip()、getImage()、play()等方法直接读取或操作 URL 所表示的声音或图像文件，通过 URL 可以像访问本地文件一样访问网络上其他主机中的文件。除了这种使用方法之外，还可以通过 URL 的 openStream()方法，得到 java.io.InputStream 类的对象，从该输入流方便地读取 URL 地址的数据。该方法的定义如下：

```
public final InputStream openStream () throws IOException ;
```

【例 11-1】 通过使用 openStream()方法获取到 URL http://www.baidu.com/index.html 的输
入流，在该流基础上创建一个 BufferedReader，通过对 BufferedReader 流的读取操作，获取该
URL 中的数据并显示。

```
//文件名：URLReader.java
import java.net.*;
import java.io.*;

public class URLReader {
    public static void main(String[] args) throws Exception {
        URL baidu = new URL("http://www.baidu.com/index.html");
        BufferedReader in = new BufferedReader(
                ncw InputStreamReader(baidu.openStream()));
        String inputLine;
        while ((inputLine = in.readLine()) != null)
            System.out.println(inputLine);
        in.close();
    }
}
```

例 11-1 运行后，将在命令窗口中显示 http://www.baidu.com/index.html 文件的内容，如下
所示：

```
<!doctype html><html><head><meta http-equiv="Content-Type" content="text/
html;charset=gb2312"><title>百度一下，你就知道 </title><style>body{font:12px
...
```

11.2.6　URLCOnnection 类

对一个指定的 URL 数据的访问，除了使用 URL.openStream()方法实现读操作以外，还
可以通过 URLConnection 类在应用程序与 URL 之间建立一个连接，通过 URLConnection 类
的对象，对 URL 所表示的资源进行读、写操作。要通过 URL 连接进行数据访问，首先要创
建一个表示 URL 连接的 URLConnection 类的对象，然后再进行读写数据访问。

URLConnection 类提供了很多连接设置和操作的方法，其中重要的方法是获取连接上的
输入流方法 getInputStream()和输出流方法 getOutputStream()。

通过返回的输入输出流可以实现对 URL 数据的读写。

1. 创建到 URL 的连接对象

在 URL 连接对象的建立过程中，首先要创建 URL 对象，然后调用该 URL 对象的
OpenConnection( )方法，创建到该 URL 的一个连接对象，代码如下：

```
try {
    URL baidu = new URL ("http://www.baidu.com") ;
    URLConnectionn baiduConnection =baidu.openConnection ( ) ;
}catch ( MalformedURLException e ) {    //创建URL对象失败
    ...
}catch ( IOExceptione ) {                //openConnection ( )方法失败
    ...
}
```

2. 从 URLConnection 读

在 URLConnection 对象创建后，就可以从该对象获取输入流，执行对 URL 数据的读操作。

【例 11-2】 利用 URLConnection 类的对象读取 http://www.baidu.com 页面信息。

```java
//文件名：URLConnectionReader.java
import java.net.*;
import java.io.*;
public class URLConnectionReader {
    public static void main(String[] args) throws Exception {
        URL baidu = new URL("http://www.baidu.com/");
        URLConnection bd = baidu.openConnection();
        BufferedReader in = new BufferedReader(
                        new InputStreamReader(bd.getInputStream()));
        String inputLine;

        while ((inputLine = in.readLine()) != null)
            System.out.println(inputLine);
        in.close();
    }
}
```

例 11-2 的运行结果与例 11-1 相同。

3. 对 URLConnection 写

URLConnection 支持程序向 URL 写数据。利用这个功能，Java 程序可以向服务器端的 CGI 脚本发送数据，如一些用户输入数据等。要实现 URLConnection 写操作，一般采取如下步骤：

（1）获取 URL 的连接对象，即 URLConnection 对象。

（2）设置 URI 以及 Connection 的 output 参数。

（3）获取 URL 连接的输出流。该输出流是与服务器端 CGI 脚本的标准输入流相连的。

（4）向该输出流写。

（5）关闭输出流。

例如，下面的代码实现了向 URL 为 http://java.sun.com/cgi-bin/backwards 的 CGI 脚本的写操作，将客户端 Java 程序的输入发送给服务器中名为 backwards 的 CGI 脚本如下：

```java
...
URL exampleURL=new URL("http://java.sun.com/ cgi-bin/backwards");
//利用exampleURL建立一个URLConnection对象
URLConnection exampleConnection=exampleURL.openConnection();
//获取exampleConnection 对象的数据输入流
PrintStream dout=new DataoutputStream(exampleConnection.getOutputStream());
//向从输出流dout输出数据
dout.println("string="+ string_to_reverse)
//关闭输出流
dout.close();
...
```

URL 类和 URLConnection 类提供了 Internet 上资源的较高层次的访问机制。当需要编写较低层次的网络通信程序（例如 Client/Server 应用程序）时，就需要使用 Java 提供的基于 Socket 的通信机制。

11.3　Socket 通信机制

Socket 是两个程序进行双向数据传输的网络通信的端点，一般由一个地址加上一个端口号来标识。每个服务程序都在一个众所周知的端口上提供服务，而想使用该服务的客户端程序则需要连接该端口。Socket 通信机制是一种底层的通信机制，通过 Socket 的数据是原始字节流信息，通信双方必须根据约定的协议对数据进行处理与解释。

Socket 通信机制提供了两种通信方式：有连接方式（使用 TCP 协议）和无连接方式（使用 UDP 协议）。在有连接方式中，通信双方在开始时必须进行一次连接过程，建立一条通信链路。通信链路提供了可靠的、全双工的字节流服务。在无连接方式中，通信双方不存在一个连接过程，一次网络 I/O 以一个数据报形式进行，而且每次网络 I/O 可以和不同主机的不同进程进行。无连接方式开销小于有连接方式，但是所提供的数据传输服务不可靠，不能保证数据报一定能到达目的地。

Java 同时支持有连接和数据报通信方式。在这两种方式中都采用了 Socket 表示通信过程中的端点。在有连接方式中，java.net 包中的 Socket 类和 ServerSocket 类分别表示连接的 Client 端和 Server 端；在数据报方式中，DatagramSocket 类表示发送和接收数据报的端点。当不同机器中的两个程序要进行通信时，无论是有连接还是无连接方式，都需要知道远程主机的地址或主机名及端口号。通信中的 Server 端必须运行程序等待连接或等待接收数据报。

11.3.1　使用 TCP 协议的 Socket 网络编程

TCP 是一种可靠的、基于连接的网络传输协议，当两个网络进程准备进行通信时，都必须首先建立各自的一个套接口，其中服务器建立套接口后，侦听来自网络的客户连接请求，客户通过套接口，指定服务器的 IP 地址和端口号，便可与服务器通信。图 11-4 描述基于连接的服务器、客户程序流程图。

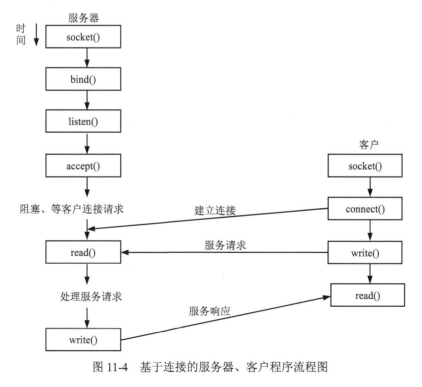

图 11-4　基于连接的服务器、客户程序流程图

1. TCP 协议通信的服务器端实现

服务程序运行在服务器主机的某个端口上，一旦启动服务，它将在这个端口上监听，等待客户程序发来的请求。服务器的套接口用服务器套接口类（ServerSocket）来建立。假设服务器工作在端口 8000 上，建立了一个监视端口 8000 的 ServerSocket 对象 svrsoc，代码如下：

```
ServerSocket  svrsoc=new  ServerSocket(8000);
```

方法 accept() 使服务器等待，直到有客户连接到该端口。一旦有客户送来正确请求，连接至该端口，accept()方法就返回一个新的套接口对象表示已建立好连接。例如：

```
Socket  soc=svrsoc.accept();        //它监视端口8000的连接请求
```

打开与 soc 绑定的输入输出流的示例如下：

```
//在套接口soc上绑定的输入流基础上构造BufferedReader对象
in=new BufferedReader(new InputStreamReader(soc.getInputStream()));
//在套接口soc上绑定的输出流基础上构造PrintWriter对象
out=new PrintWriter(new BufferedWriter(
                    new OutputStreamWriter(soc.getOutputStream())),true);
```

这里创建了数据输入流类的实例 in 和输出流类的实例 out，服务器使用它们从客户程序接收输入信息和向客户程序发送信息所用，同样，在客户端也应该建立这两个对象，用来与服务程序进行双向通信。服务器向输出流发送的所有信息都成为客户的输入信息，而客户程序的输出都送入服务器的输入流。

若要获取客户机的 IP 地址，并在服务器窗口中显示客户机的地址信息，可以利用以下命令完成。

```
clientIP=soc.getInetAddress();
System.out.println("Client's IP address: "+clientIP);
```

其中 println()是输出流类的一个方法，下一行向客户送一句问候，例如：

```
out.println("Welcome!…");
```

当用远程登录通过端口 8000 连接到该服务器时，客户终端屏幕上将接收到上述信息。在该简单服务中，每次只读入一行客户的输入，并回显该行，以表明服务器接收了客户的输入。

readLine() 是数据输入流类中的一个方法，用于服务器或客户从对方读入一个输入流信息，例如：

```
String  str=in.readLine();
while (!str.equals("bye")){
    System.out.println("Client said: "+str);
    str=in.readLine();
}
```

不断循环以上代码，直到客户输入 bye 或者 str 为 null 为止。在退出前要关闭输入输出流及套接口，具体代码如下：

```
System.out.println("Client want to leave. ");
finally {
    in.close();
    out.close();
    soc.close();
    svrsoc.close();
```

```
}
```

这就是一个简单的服务器的工作过程。每个服务器，如 HTTP Web 服务器，都在不停地执行下列循环：

（1）通过输入流从客户获得命令；

（2）以某种方式获取该信息；

（3）通过输出流将信息送给客户。

2. TCP 协议通信的客户端实现

客户机先创建一个指向固定主机的固定端口的 Socket，假如上述服务器程序在本机 localhost 上，则以下命令：

```
Socket soc=new  Socket("localhost",8000);
```

建立了客户到服务器的连接，两端进行通信的通路即建立。当服务器接收该连接请求时，Socket 对象 soc 即建立，同样，从该 Socket 对象中获取与其绑定的输入和输出流：

```
in=new BufferedReader( new InputStreamReader( soc.getInputStream()));
out=new PrintWriter( new BufferedWriter(new OutputStreamWriter
                                  ( soc.getOutputStream())),true);
```

输入输出流建立后，客户首先从服务器读取发来的"Welcome!..."信息，显示在窗口中：

```
strin=in.readLine();
System.out.println("Server said: "+strin);
```

这两行命令执行后，窗口中应显示出服务器的欢迎信息和客户机系统输出的信息。

从键盘获取客户向服务器发送的数据流可采用以下代码实现：

```
byte bmsg[] = new byte[20];
System.in.read(bmsg);                    //从键盘读入bmsg
String msg=new String(bmsg,0);           //字符数组型bmsg转换成String型msg
msg=msg.trim();                          //删除msg两边的空格
```

当键盘输入不是 bye 时，将键盘输入的数据写入输出流中，并发送出去，然后继续从键盘获取输入数据；不断循环，直到输入 bye 时，先将其传送给服务器，然后关闭输入/输出流和 Socket，具体代码如下：

```
out.println(strout);
in.close();
out.close();
soc.close();
System.exit(0);
```

若客户是与同一台主机上的服务器进行通信，则需先运行服务程序，再运行客户程序。

利用 TCP 协议通信的客户方实现源程序如例 11-3 所示。

【例 11-3】 利用 TCP 协议 Socket 通信的客户端实现。

```
//服务器端程序
//文件名：MyServer.java
import java.io.*;
import java.net.*;
public class MyServer{
   public static void main (String args[]){
        try{
             //建立Server Socket并等待连接请求
```

```
        ServerSocket server = new ServerSocket(1680);
        Socket socket=server.accept();

        //连接建立，通过Socket获取连接上的输入/输出流
        BufferedReader in = new BufferedReader(
            new InputStreamReader(socket.getInputStream()));
        PrintWriter out = new PrintWriter(socket.getOutputStream());

        //创建标准输入流，从键盘接收数据
        BufferedReader sin=new BufferedReader(
            new  InputStreamReader(System.in));

        //先读取客户发送的数据，然后从标准输入读取数据发送给Client
        //当接收到bye时关闭连接
        String s;
        while(!(s=in.readLine()).equals("bye")){
            System.out.println("# Received from Client:  "+s);
            out.println(sin.readLine());
            out.flush();
        }
        System.out.println("The connection is closing... ... ");

        //关闭连接
        in.close();
        out.close();
        socket.close();
        server.close();

    }catch(Exception e){
        System.out.println("Error:"+e);
    }
  }
}

//客户端程序
//文件名：MyClient.java
import java.io.*;
import java.net.*;
public class MyClient {
    public static void main(String args[]) {
        try {
            Socket socket = new Socket("127.0.0.1", 1680); //发出连接请求

            //连接建立，通过Socket获取连接上的输入/输出流
            PrintWriter out = new PrintWriter(socket.getOutputStream());
            BufferedReader in = new BufferedReader(new InputStreamReader(
            socket.getInputStream()));

            //创建标准输入流，从键盘接收数据
            BufferedReader sin = new BufferedReader(
                new InputStreamReader(System.in));
            //从标准输入中读取一行，发送服务器端，当用户输入bye时结束连接
            String s;
            do {
                s = sin.readLine();
                out.println(s);
                out.flush();
                if (!s.equals("bye")) {
                    System.out.println("@ Server response:  " + in.readLine());
                } else {
```

```
                         System.out.println("The connection is closing... ... ");
                     }
                 } while (!s.equals("bye"));

                 //关闭连接
                 out.close();
                 in.close();
                 socket.close();
             } catch (Exception e) {
                 System.out.println("Error" + e);
             }
        }
    }
```

例 11-3 运行的结果如图 11-5 所示。

（a）客户端显示结果   （b）服务器端显示结果

图 11-5　例 11-3 的运行结果

11.3.2　使用 UDP 协议的 Socekt 网络编程

用户数据报协议（UDP）是传输层的无连接通信协议。数据报是一种在网络中独立传播的自身包含地址信息的消息，它能否到达目的地、到达的时间及到达时内容能否保持不变，这些都是不能保证的。数据报是一种很基本的通信方式，面向连接的通信实际上是在数据报通信方式的基础上加上对报文内容和顺序的校验、流控等处理实现的。对许多网络应用来说，通信双方有时并不需要高质量的通信服务，或者不适于采用面向连接方式，此时可以采用UDP。

Java 在 java.net 包中提供了两个类：DatagramSocket 和 DatagramPacket 支持数据报方式通信。

1. DatagramSocket 类和 DatagramPacket 类对象的创建

DatagramSocket 的对象是数据报通信的 socket，而 DatagramPacket 的对象是一个数据报。在数据报方式实现客户/服务器通信程序时，无论客户端还是在服务器端，都要首先建立一个 DatagramSocket 对象，用来表示数据报通信的端点，应用程序通过该 Socket 接收或发送数据报，然后使用 DatagramPacket 对象封装数据报。

1）DatagramSocket 类的构造方法

（1）Datagramsocket()：与本机任何可用的端口绑定。

（2）Datagramsocket(int port)：与指定的端口绑定。

（3）Datagramsocket(int port, InetAddress iaddr)：与指定本地地址的指定端口绑定。InetAddress 类在 java.net 包中定义，用来表示一个 IP 地址。

> ⏎知识提示　上述构造方法都声明抛出 SocketException 类型的异常，程序中要进行异常处理。

2）DatagramPacket 类的构造方法

DatagramPacket 对象中封装了数据报（数据）、数据长度、数据报地址等信息。DatagramPacket 类的构造方法可以用来构造两种用途的数据报：接收外来数据的数据报和要向外发送的数据报。

用于接收数据报的构造方法主要有以下两种：

（1）DatagramPacket (byte[] buf , int length)

构造用来接收长度为 length 的数据报。数据报将保存在数组 buf 中。

（2）DatagramPacket (byte[] buf , int offset , int length)

构造用来接收长度为 length 的数据报，并指定数据报在存储区 buf 中的偏移量。

同样，用于发送数据报的构造方法主要有以下两种：

（1）DatagramPacket(byte[] buf, int length, InetAddress address, int port)

构造用于发送指定长度的数据报，该数据报将发送到指定主机的指定端口。其中，buf 是数据报中的数据，length 是数据的长度，address 是目的地址，port 是目的端口。

（2）DatagramPacket(byte[] buf ,int offset, int length,

InetAddress address , int port)

与上一个构造方法不同的是，该构造方法指出了数据报中的数据在缓存区 buf 中的偏移量 offset。

> 🔊注意：以上 4 个方法中的 length 必须小于或等于 buf.length。

2. 数据报方式的通信过程

采用数据报方式进行通信的过程主要分为以下 3 个步骤：

（1）创建数据报 Socket。

（2）构造用于接收或发送的数据报，并调用所创建 Socket 的 receive( )方法进行数据报接收或调用 send( )发送数据报。

（3）通信结束，关闭 Socket。

下面将给出数据报方式进行数据通信的例子。例 11-4 采用数据报通信方式实现客户/服务器的通信程序。该例由客户端程序和服务器端程序两部分组成。服务器端的主机中有一个名为 myfile.txt 的文件，该文件保存了若干条英文句子。服务器端程序每接收到一个客户端的请求，就从该文件中读取一个句子发送给客户端。该文件中所有句子都发送完毕，服务器端程序将退出。客户端程序首先构造一个数据报作为请求发送给服务器端，然后等待服务器端的响应。在接收到服务器端的响应数据报后，提取数据并显示，然后结束通信。

【例 11-4】 以数据报通信方式实现客户/服务器通信。

```java
//服务器端程序
//文件名：MyUdpServer.java
import java.io.*;
import java.net.*;

public class MyUdpServer {
  DatagramSocket socket = null;
  BufferedReader in = null;
```

```
       boolean moreQuotes = true;

   public void serverWork() throws IOException {
     socket = new DatagramSocket(4445);        //创建数据报Socket
     in = new BufferedReader(new FileReader("myfile.txt"));
     while (moreQuotes) {
         //构造接收数据报并启动接收
         byte[] buf = new byte[256];
         DatagramPacket packet = new DatagramPacket(buf, buf.length);
         socket.receive(packet);
         /*
          * 接收客户端的数据报。从sentences.txt中读取一行，作为响应数据报中数据
          */
         String dString = null;
         if ((dString = in.readLine()) == null) {
             in.close();
             moreQuotes = false;
             dString = "No more sentences. Bye.";
         }
         buf = dString.getBytes();

         /*
          * 从接收到的数据报中获取客户端的地址和端口，构造响应数据报并发送
          */
         InetAddress address = packet.getAddress();
         int port = packet.getPort();
         packet = new DatagramPacket(buf, buf.length, address, port);
         socket.send(packet);
     }
     socket.close(); //所有句子发送完毕，关闭Socket
   }

   public static void main(String[] args) {
     MyUdpServer server = new MyUdpServer();
     try {
         server.serverWork();
     } catch (IOException e) {
     }
   }
}

//客户端程序
//文件名：MyUdpClient.java
import java.io.*;
import java.net.*;

public class MyUdpClient {
   public static void main(String[] args) throws IOException {
     //创建数据报Socket
     DatagramSocket socket = new DatagramSocket();

     //构造请求数据报并发送
     byte[] buf = new byte[256];
     InetAddress address = InetAddress.getByName("localhost");
     DatagramPacket packet = new DatagramPacket(buf, buf.length, address, 4445);
     socket.send(packet);

     //构造接收数据报并启动接收
     packet = new DatagramPacket(buf, buf.length);
     socket.receive(packet);
```

```
//收到服务器端响应数据报，获取数据并显示
String received = new String(packet.getData());
System.out.println("The sentence send by the server: \n   " + received);

        socket.close(); //关闭Socket
    }
}
```

11.4 案例分析一：C/S 模式下的文件内容传递

1. 案例描述

采用套接字的连接方式编写程序，允许客户端向服务器端提出一个文件的名字。如果文件存在就把文件的内容发送回客户，否则指出文件不存在。

2. 案例分析

根据案例描述中的信息，本案例需要编写两个类：服务器端程序和客户端程序。两端的程序都要包括 Socket 通信机制的 3 个组成部分：

（1）建立 Socket 连接。

（2）建立输入输出流，进行数据通信。

（3）关闭连接。

3. 案例实现

本例的代码如下：

```java
//文件名：TalkServer.java
import java.io.*;
import java.net.*;

public class TalkServer {
    public static void main(String args[]) {
        try {
            ServerSocket server = null;
            server = new ServerSocket(4700);
            System.out.println("Started: " + server);
            Socket socket = server.accept();//负责C/S通信的socket对象
            System.out.println("server: " + socket);
            //获取对应的Socket的输入输出流
            BufferedReader is;
            is = new BufferedReader(new InputStreamReader(
                socket.getInputStream()));
            PrintWriter os = new PrintWriter(
                socket.getOutputStream());
            File sourceFile;
            BufferedReader source;
            System.out.println("等待客户端的消息...");
            String str = is.readLine();//读取客户端传送的字符串
            System.out.println("客户端" + str);//显示字符串
            sourceFile = new File(str);
            System.out.println("给客户端发送：");
            try {
                source = new BufferedReader(
                  new FileReader(sourceFile));
                while ((str = source.readLine()) != null) {
                  os.println(str);//向客户端发送消息
                }
```

```java
                os.println("end");
            } catch (FileNotFoundException e) {
                System.out.println("文件不存在: " + e);
                os.println("NotFile");
            }
            os.close();
            is.close();
            socket.close();
            server.close();
        } catch (Exception e) {
        System.out.println("Error:" + e);
    }
  }
}

//文件名: TalkClient.java
import java.io.*;
import java.net.*;
public class TalkClient {
    public static void main(String args[]) {
        try {
            Socket socket = new Socket("127.0.0.1", 4700);
            System.out.println("server: " + socket);
            BufferedReader sin;
            sin = new BufferedReader(
                    new InputStreamReader(System.in));
            PrintWriter os = new PrintWriter(
                            socket.getOutputStream());
            BufferedReader is;
            is = new BufferedReader(
                    new InputStreamReader(socket.getInputStream()));
            System.out.println("发送字符串");
            String readline = sin.readLine();//读取用户输入的字符串
            os.println(readline);//将字符串传送给服务器端
            os.flush();
            System.out.println("等待获取服务器获得字符串");
            if (readline.equals("Not/file")) {
                System.out.println(readline);
                throw new FileNotFoundException("文件不存在异常！");
            }
            while (true) {
                readline = is.readLine();//获取服务器获得的字符串
                if (readline.equals("end"))
                    break;
                System.out.println(readline);
            }
            os.close();
            is.close();
            socket.close();
        } catch (Exception e) {
            System.out.println("异常" + e);
        }
    }
}
```

文本文件 s1.txt 的内容如下:

账号	账户名	密码
1001	Jack	6780
1002	Rose	6066
1003	Tom	1234

服务器端的运行结果如下：

```
G:\>java TalkServer
Started: ServerSocket[addr=0.0.0.0/0.0.0.0,port=0,localport=4700]
server: Socket[addr=/127.0.0.1,port=49614,localport=4700]
等待客户端的消息....
客户端s1.txt
给客户端发送：
```

客户端的运行结果如下：

```
G:\>java TalkClient
server: Socket[addr=/127.0.0.1,port=4700,localport=49614]
发送字符串
s1.txt
等待获取服务器获得字符串
账号      账户名    密码
1001     Jack     6780
1002     Rose     6066
1003     Tom      1234
```

4. 归纳与提高

在本例中，应掌握 Socket 的通信机制。服务器端要选择一个端口注册，然后对此端口进行监听，等待其他程序的连接申请。客户端建立 Socket 时必须与指定服务器的地址和端口保持一致。同时还应注意连接 Socket 的输入输出流和连接标准输入输出的流不要混淆。

11.5　案例分析二：基于 TCP/IP 的多线程电子白板

1. 案例描述

本案例主要是开发一个简单的基于 TCP/IP Socket 的多线程的电子白板。功能较简单，可以聊天，在白板上画圆和直线。

2. 案例分析

本系统利用第 10 章学习的多线程知识，结合本章的 TCP/IP 服务器端与客户端 Socket 机制实现，还可以用组播套接字 java.net.MulticastSocket 类创建一个组播服务器，更好地实现基于 UDP 通信协议的白板功能。

3. 案例实现

本例的代码如下：

```java
//服务器端ServerSocket程序：Drawing.java
//=================== Program Discription ========================
//程序名称：drawing.java
//程序目的：TCP服务器端 Socket编程
//===============================================================
package drawing;
import java.net.*;
//建立Drawing类，继承Frame类
public class Drawing extends Draw{
    ReadThread read;
    public Drawing(){
        super();
        this.setTitle("服务器端");
```

```
        }
        //显示Drawing
        public static void main(String[] args){
            Drawing dr=new Drawing();
            dr.show();
            //生成服务器端的Socket,启动Socket服务
            try {
                ServerSocket server = new ServerSocket(8189);
                for(;;){
                    Socket socket=server.accept();
                    ReadDrawThread readdraw=new ReadDrawThread(socket,dr);
                    WriteDrawThread writedraw = new WriteDrawThread(socket, dr);
                    readdraw.start();
                    writedraw.start();
                }
            }
            catch(Exception ex) {
                ex.printStackTrace();
            }
        }
}


//客户端Socket程序: ClientDrawing.java
//==================== Program Discription ========================
//程序名称: ClientDrawing.java
//程序目的: TCP客户端 ServerSocket编程
//==============================================================
package drawing;
import java.net.*;
public class ClientDrawing extends Draw{
        ReadThread read;

        public ClientDrawing() {
            super();
            this.setTitle("客户端");
        }
        //显示Drawing
        public static void main(String[] args){
            ClientDrawing dr=new ClientDrawing();
            dr.show();
            //生成客户端Socket,请求与服务器Socket连接
            try {
                Socket socket = new Socket("localhost", 8189);
                ReadDrawThread readdraw=new ReadDrawThread(socket,dr);
                WriteDrawThread writedraw=new WriteDrawThread(socket,dr);
                readdraw.start();
                writedraw.start();
            }
            catch (Exception ex) {
                ex.printStackTrace();
            }
        }
}


//运行界面程序: Draw.java
//==================== Program Discription ====================
//程序名称: Draw.java
//程序目的: Drawing类和ClientDrawing的父类, 定义统一风格的界面
//==============================================================
package drawing;
```

```java
import java.awt.*;
import java.awt.event.*;
import java.util.Vector;
import java.util.Enumeration;
import java.net.*;
//建立Drawing类，继承Frame类

public class Draw extends Frame{
    //建立menu菜单栏
    MenuBar menuBar=new MenuBar();
    Menu choose=new Menu("选择图形");

    MenuItem chooseLine=new MenuItem("直线");
    MenuItem chooseOval=new MenuItem("圆形");

    //生成开始和结束的点，初始值为原点(0,0)
    Point startPoint=new Point(0,0);
    Point endPoint=new Point(0,0);
    String type="Line";
    //end=false, 发送文本初始值为假
    boolean end=false;

    Panel dp=new Panel();
    TextField mes=new TextField(14);
    List lst=new List(6);
    ServerSocket ds;
    //ReadThread read;
    Vector vDrawObject=new Vector();
    DrawObject sendobject=null;
    boolean enddraw=false;
    public Draw()  {
      choose.add(chooseLine);
      choose.add(chooseOval);
      menuBar.add(choose);
      this.setMenuBar(menuBar);
      //设置面板的属性和关闭事件
      this.setTitle("画图板");
      this.setBounds(0,0,400,400);
      this.setSize(600,400);
      this.setLayout(new BorderLayout());
      this.setBackground(Color.white);
      Panel p=new Panel();
      p.setLayout(new BorderLayout());
      p.add("Center",lst);
      p.add("South",mes);
      this.add("East",p);
       this.setResizable(false);
      this.setVisible(true);
      //添加窗口关闭的事件监听器
      this.addWindowListener(new WindowAdapter(){
          public void windowClosing(WindowEvent e){
              System.exit(0);
          }
      });
    //为chooseLine添加监听器，当chooseLine激活时，drawLine为真，drawOval为假
      chooseLine.addActionListener(new ActionListener() {
              public void actionPerformed(ActionEvent e){
              //drawLine=true; drawOval=false;
              type="Line";
              System.out.println(type);
```

```
            }
        });
    //为chooseOval添加监听器，当chooseOval激活时，drawOval为真,drawLine为假
        chooseOval.addActionListener(new ActionListener() {
            public void actionPerformed(ActionEvent e){
                type="Circle";
            }
        });
    //添加鼠标监听器，当鼠标按下时,stratPoint获得开始点的坐标,鼠标松开时,endPoint
    //获得结束点的坐标
    this.addMouseListener(new MouseAdapter() {
        public void mousePressed(MouseEvent e){
            startPoint=e.getPoint();
            System.out.println("mousepressed");
        }
        public void mouseReleased(MouseEvent e){
            //生成一个图形对象
            Graphics g=e.getComponent().getGraphics();
            endPoint=e.getPoint();
            DrawObject drawobject=new DrawObject(startPoint,endPoint,type);
            //启动Write 线程，通过Socket写入对象
            sendobject=drawobject;
            DrawObject.add(drawobject);
            //begin draw
            enddraw=true;
            System.out.println("mousereleased");
            repaint();
        }
    });
    this.addMouseMotionListener(new MouseMotionAdapter() {
        public void mouseDragged(MouseEvent e){
            Graphics g=e.getComponent().getGraphics();
            endPoint=e.getPoint();
            System.out.println("mousedragged");
            repaint();
        }
    });
    mes.addActionListener(new ActionListener(){
        public void actionPerformed(ActionEvent e) {
            //begin text
            end=true;
        }
    });
}
    //绘图
    public void paint(Graphics g) {
        g.setColor(Color.BLUE);
        System.out.println("paint");
        Enumeration e = vDrawObject.elements();
        while (e.hasMoreElements()) {
            DrawObject o = (DrawObject) e.nextElement();
            if (o.type.equals("Line"))
                g.drawLine(o.startPoint.x, o.startPoint.y, o.endPoint.x,
                o.endPoint.y);
            else if (o.type.equals("Circle")) {
                if (o.startPoint.x <= o.endPoint.x)
                    if (o.startPoint.y <= o.endPoint.y)
                        g.drawOval(o.startPoint.x, o.startPoint.y,
                                o.endPoint.x - o.startPoint.x,
                                o.endPoint.y - o.startPoint.y);
                    else
```

```
                              g.drawOval(o.startPoint.x, o.endPoint.y,
                                  o.endPoint.x - o.startPoint.x,
                                  o.startPoint.y - o.endPoint.y);
                      else
                          if (o.startPoint.y <= o.endPoint.y)
                              g.drawOval(o.endPoint.x, o.startPoint.y,
                                  o.startPoint.x - o.endPoint.x,
                                  o.endPoint.y - o.startPoint.y);
                          else
                              g.drawOval(o.endPoint.x, o.endPoint.y,
                                  o.startPoint.x - o.endPoint.x,
                                  o.startPoint.y - o.endPoint.y);
                }
            }
        }
        public Container getContentPane(){
            return null;
        }
        //显示Drawing
}


//===================== Program Discription =========================
//程序名称：DrawObject.java
//程序目的：图形(圆和直线)的封装类，用来描述图形对象
//=================================================================
package drawing;
import java.awt.Point;
import java.io.Serializable;
public class DrawObject implements Serializable{
    public Point startPoint;
    public Point endPoint;
    public String type;
    public DrawObject(Point start,Point end,String type) {
        this.startPoint=start;
        this.endPoint=end;
        this.type=type;
    }
}


//===================== Program Discription =========================
//程序名称：KeyInputReader.java
//程序目的：键盘字符输入输出类，用来读取文本框中的字符串
//=================================================================
package drawing;
import java.io.*;
public class KeyInputReader {
    private BufferedReader in;
    private String str;
    public KeyInputReader() {
        in=new BufferedReader(new InputStreamReader(System.in));
    }
    public String readString(){
        try{
            str=in.readLine() ;
        }catch(IOException e) {
            e.printStackTrace();
        }
        return str;
    }
    public int readInt(){
        return Integer.parseInt(  readString());
```

```
      }
      public float readFloat(){
         return Float.parseFloat(readString());
      }
      public double readDouble(){
         return Double.parseDouble(readString());
      }
}
```

```
//以下程序段为多线程部分
//==================== Program Discription ========================
//程序名称：ReadThread.java
//程序目的：读取Socket中字符串的线程
//=============================================================
package drawing;
import java.net.*;
import java.io.*;
public class ReadThread extends Thread {
      private Socket socket;
      public Draw dr;
      public ReadThread(Socket socket,Draw dr) {
         this.socket=socket;
         this.dr=dr;
      }
      public void run(){
         try {
             BufferedReader in = new BufferedReader(new
                     InputStreamReader(socket.getInputStream()));
             while(true){
             System.out.println("begin receive");
             String receive = in.readLine();
             String[] result = receive.split(",");
             for (int i=0;i<result.length;i++){
                 System.out.print(result[i]+"|");
             }
             System.out.println("");
             if(result[0].equals("text")){
                 System.out.println("begin receive text result="+result[1]);
                 dr.lst.add(result[1]);}
             }
         }catch (Exception ex) {
             ex.printStackTrace();
         }
      }
}
```

```
//==================== Program Discription ========================
//程序名称：WriteThread.java
//程序目的：向Socket中写字符串的线程
//=============================================================
package drawing;

import java.net.*;
import java.io.*;
import java.io.PrintWriter;

public class WriteThread extends Thread {
      private Socket socket;
      private Draw dr;
      public WriteThread(Socket socket,Draw dr) {
         this.socket=socket;
```

```
                    this.dr=dr;
                }
            public void run(){
                try {
                    PrintWriter out=new PrintWriter(socket.getOutputStream(), true);
                    while (true){
                        if(dr.end) {
                            System.out.println("begin send text");
                            String send ="text"+","+dr.mes.getText();
                            dr.lst.add(dr.mes.getText());
                            out.println(dr.mes.getText());
                            dr.end=false;
                        }
                    }
                }catch (Exception ex) {
                    ex.printStackTrace();
                }
            }
        }

//读取线程：ReadDrawThread.java
//==================== Program Discription ========================
//程序名称：ReadDrawThread.java
//程序目的：读取Socket中DrawObject对象的线程，DrawObject对象放在Vector中
//===============================================================
package drawing;
import java.net.*;
import java.io.*;
import java.awt.Point;
public class ReadDrawThread extends Thread {
    private Socket socket;
    public Draw dr;
    private DrawObject ro = null;
    public boolean update = true;
    public ReadDrawThread(Socket socket, Draw dr) {
        this.socket = socket;
        this.dr = dr;
    }
    public void run() {
        try {
            BufferedReader in = new BufferedReader(new InputStreamReader (
                        socket. getInputStream()));
            while (true) {
                System.out.println("begin receive");
                String receive = in.readLine();
                String[] result = receive.split(",");
                for (int i=0;i<result.length;i++){
                    System.out.print(result[i]+"|");
                }
                System.out.println("");
                if(result[0].equals("graphic")){
                    System.out.println("begin receive graphic");
                    Point start = new Point(Integer.parseInt(result[1]),
                                Integer.parseInt(result[2]));
                    Point end = new Point(Integer.parseInt(result[3]),
                                Integer.parseInt(result[4]));
                    ro = new DrawObject(start, end, result[5]);
                    dr.vDrawObject.add(ro);
                    dr.repaint();
                }
                if(result[0].equals("text")){
                    System.out.println("begin receive text result="+result[1]);
```

```
                    dr.lst.add(result[1]);
                }
            }//while
        }catch (Exception ex) {
            ex.printStackTrace();
        }
    }
}

//写入线程：WriteDrawThread.java
//=================== Program Discription ========================
//程序名称：WriteDrawThread.java
//程序目的： 向Socket中写DrawObject对象的线程,DrawObject对象放在Vector中
//===============================================================
package drawing;
import java.net.*;
import java.io.*;
public class WriteDrawThread extends Thread {
    private Socket socket;
    private Draw dr;
    private DrawObject wo;
    public WriteDrawThread(Socket socket,Draw dr) {
        this.socket=socket;
        this.dr=dr;
    }
    public void run(){
        try {
            PrintWriter out=new PrintWriter(socket.getOutputStream(), true);
            while (true){
                if(dr.enddraw) {
                    System.out.println("begin send graphic");
                    String send ="graphic"+","+dr.sendobject.startPoint.x
                    +","+
                        dr.sendobject.startPoint.y+","+dr.sendobject.
                        endPoint.x+","
                        +dr.sendobject.endPoint.y+","+dr.sendobject.type;
                    out.println(send);
                    dr.enddraw=false;
                }
                if(dr.end) {
                    System.out.println("begin send text");
                    String send ="text"+","+dr.mes.getText();
                    dr.lst.add(dr.mes.getText());
                    out.println(send);
                    dr.end=false;
                }
            }//while
        }catch (Exception ex) {  //try
            ex.printStackTrace();
        }
    }
}
```

4. 归纳与提高

在本例中，应掌握线程、基于 TCP/IP 的 Socket 通信机制、图形用户界面 GUI 的创建、事件监听器及集合类的使用等综合操作。重点在于多线程机制如何与 Socket 网络通信机制结

合到一起。通过图形用户界面方式调用相关的程序功能。

11.6　本　章　小　结

本章主要介绍了利用 Java 进行网络通信所需要的各个类及方法的使用。现将网络通信过程中涉及的主要内容总结如下。

IP（Internet Protocol）协议是一种低级路由协议，该协议主要实现将传输数据分解成许多小包，接着通过网络传到一个指定地址，但是，请注意，IP 协议并不会保证传输的数据包一定到达目的地。TCP(Transfer Control Protocol)协议正好弥补了 IP 协议的不足，属于一种较高级的协议，它实现了数据包的有效捆绑，通过排序和重传来确保数据传输的可靠。

TCP 与 UDP 协议均属于传输层协议，而 IP 协议属于网络层协议。

TCP/IP 套接字用于在主机和 Internet 之间建立的可靠、双向、点对点、持续的流式连接

UDP 协议是一种基于数据报的快速的、无连接的、不可靠的信息包传输协议。

ServerSocket 被设计成在等待客户建立连接之前不做任何事情的监听器，Socket 类为建立连向服务器套接字及启动协议交换而设计，当进程通过网络进行通信时，Java 技术使用流模型来实现数据的通信。

数据报（Datagrams）是一种在不同机器之间传递的信息包，该信息包一旦从某一机器被发送给指定目标，那么该发送过程并不会保证数据一定到达目的地，甚至不保证目的地的存在真实性。

DatagramPacket 是一个数据容器，用来保存即将要传输的数据；DatagramSocket 实现了发送和接收 DatagramPacket 的机制，即实现了数据报的通信方式。

java.net.InetAddress 类是 java 的 IP 地址封装类，内部隐藏了 IP 地址，通过它可以很容易地使用主机名以及 IP 地址。

理论练习题

1. 在套接字编程中，客户方需用到 Java 类＿＿＿＿＿来创建 TCP 连接。
   A．Socket　　　　　B．URL　　　C．ServerSocket　　　　D．DatagramSocket
2. Java 的许多网络类都包含在＿＿＿＿＿包中。
3. ＿＿＿＿＿类的对象包含一个 IP 地址。
4. 用于网络通信的两种 Socket 类型为＿＿＿＿＿和＿＿＿＿＿。
5. UDP 协议和 TCP 协议的不同＿＿＿＿＿。
6. UDP 网络编程中主要用到＿＿＿＿＿和＿＿＿＿＿类。
7. UDP 与 TCP 协议有什么不同？
8. 什么是 URL 连接？
9. TCP 网络编程中主要用到哪两个类？
10. UDP 网络编程中主要用到哪两个类？

上机实训题

1. 局域网中的两台计算机，一台假定是服务器，另一台则是客户机，编程实现服务器与客户机的通信。

操作提示：

（1）在假定为服务器的计算机上编写并运行基于 TCP 协议的服务器端程序。

（2）在假定为客户机的计算机上编写基于 TCP 协议的客户端程序，注意在程序中准确书写欲连接服务器的 IP 地址和端口号。

（3）运行客户端程序，实现与服务器端的通信。

2. 编程实现基于 UDP 的网络通信。

操作提示：

（1）局域网的一台计算机假定为服务器。

（2）在该计算机上编写并运行基于 UDP 协议的服务器端程序。

（3）把另外一台计算机假设为客户端。

（4）在假定为客户端的计算机上编写并运行基于 UDP 协议的客户端程序。

第12章 | Java 数据库操作

教学目标：
- ☑ 了解数据库的相关概念。
- ☑ 熟练掌握 SQL 语句的使用。
- ☑ 掌握 JDBC 连接数据库的基本步骤。
- ☑ 掌握动态结果集的使用方法。
- ☑ 掌握预处理语句的使用方法。
- ☑ 掌握 JDBC 连接 Oracle、MySQL、SQL Server 等数据库的方法。

教学重点：

Java 对于数据库操作主要采用 JDBC 和 JDBC-ODBC 桥连接方式。JDBC 主要完成以下 4 方面的工作：加载 JDBC 驱动程序；建立与数据库的连接；使用 SQL 语句进行数据库操作并处理结果；关闭相关连接。本章的重点内容为数据库的连接过程及对数据库的访问操作方法。

12.1　数据库基础知识

数据库是数据管理的最新技术，是计算机科学的重要分支。今天，信息资源已成为各个部门的重要财富和资源。

数据、数据库、数据库管理系统和数据库系统是与数据库技术密切相关的 4 个基本概念，下面就来介绍这些概念。

1. 数据

数据（Data）就是描述事物的符号记录。描述事物的符号可以是数字，也可以是文字、图形、图像、声音、语言等，数据有多种表现形式，都可以经过数字化后存入计算机。

例如，在学生档案中，如果人们最感兴趣的是学生的姓名、性别、年龄、出生日期、籍贯、所在系别、入学时间，那么可以这样描述：

（李红军,男,21,1983,四川,体育系,2000）

因此这里的学生记录就是数据。

2. 数据库

数据库（DataBase，DB），顾名思义，是存放数据的仓库。只不过这个仓库是在计算机存储设备上的，而且数据是按一定的格式存放的。人们收集并抽取出一个应用所需要的大量数据之后，应将其保存起来以供进一步加工处理，进一步抽取有用信息。

所谓数据库，是指长期存储在计算机内的、有组织的、可共享的数据集合。数据库中的数据按一定的数据模型组织、描述和存储，具有较小的冗余度、较高的数据独立性和易扩展性，并可以为各种用户共享。

3. 数据库管理系统

数据库管理系统（DataBase Management System，DBMS）是数据库系统的一个重要组成部分。它是位于用户与操作系统之间的一层数据管理软件。主要包括以下几方面的功能。

（1）数据定义功能。

（2）数据操纵功能。

（3）数据库的运行管理功能。

（4）数据库的建立和维护功能。

目前较为流行的关系型数据库系统有 Oracle、SQL Server、MySQL 和 Access 等。

4. 数据库系统

数据库系统（DataBase System，DBS）是指在计算机系统中引入数据库后的系统，一般由数据库、数据库管理系统（及其开发工具）、应用系统、数据管理员和用户组成。应当指出的是，数据库的建立、使用和维护等工作只靠一个 DBMS 远远不够，还要有专门的人员来完成，这些人被称为数据库管理员（DataBase Administrator，DBA）。

12.2　SQL 语言基本语法

12.2.1　数据定义命令

SQL 语言的数据定义命令用于定义表（CREATE TABLE）、定义视图（CREATE VIEW）和定义索引（CREATE INDEX）等。

1. 定义基本表

使用 SQL 语言定义基本表的语法格式如下：

```
CREATE  TABLE <表名>
<列名><数据类型>[列级完整性约束条件] [， <列名><数据类型>[列级完整性约束条件] ]
…[， <表级完整性约束条件>]);
```

需要注意的是，在实际操作中，建表的同时还会定义与该表有关的完整性约束条件，如果完整性约束条件涉及该表的多个属性列，则必须定义在表级上，否则既可以定义在列级也可以定义在表级。

【例 12-1】　建立一个"学生信息"表 StudentInfo，它由学号 Snumber、姓名 Sname、性别 Ssex、生日 Sbirthday、所在院系 Sdepartment 5 个属性组成。其中学号不能为空，值是唯一的，并且姓名取值也唯一。

```
CREATE  TABLE  StudentInfo (
    Snumber char(8) NOT  NULL  UNIQUE,
    Sname char(8) NOT  NULL  UNIQUE,
    Ssex char(2) NOT  NULL,
    Sbirthday  datetime,
    Sdepartment  char(12));
```

定义表的各个属性时需要指明其数据类型及长度。命令执行后，在数据库中建立一个空表 StudentInfo，并将有关表的定义及约束条件存放在数据字典中。

2. 修改基本表

使用 SQL 语言修改基本表的语法格式如下：

```
ALTER  TABLE<表名>
[ADD <新列名><数据类型>[完整性约束]]
[DROP <完整性约束名>]
[MODIFY <列名><数据类型>];
```

其中 ADD 子句表示增加新列和新的完整性约束条件。DROP 表示删除指定的完整性约束条件。MODIFY 表示用于修改原有列的定义。

【例 12-2】 下面命令在 StudentInfo 表中添加"成绩"列之后，再删除 Sscore 列。

```
ALTER  TABLE  StudentInfo  ADD  成绩 decimal(3,0);
ALTER  TABLE  StudentInfo  DROP  COLUMN  Sscore;
```

⊙**知识提示**　新增加的列，其值为空值。

3. 删除基本表
使用 SQL 语言删除基本表的语法格式如下：

```
DROP  TABLE  <表名>;
```

【例 12-3】 删除 StudentInfo 表。

```
DROP  TABLE  StudentInfo
```

在大部分系统中，基本表的定义一旦被删除，表中的数据、在此表上建立的索引和视图也将被自动删除。在有些系统中，如 Oracle，删除基本表后建立在此表上的视图定义仍将保留在数据字典中，但不能被引用。

12.2.2　数据查询语言

数据库查询是数据库的核心操作。SQL 提供了功能强大的 SELECT 语句，通过查询操作可以得到所需要的信息。SELECT 语句的一般语法格式如下：

```
SELECT [ALL|DISTINCT] <目标列表达式> [,<目标列表达式>]…
FROM <表名或视图名> [,表名或视图名] …
[WHERE<条件表达式>]
[GROUP  BY<列名1>[HAVING<条件表达式>]]
[ORDER  BY <列名2>[ASC|DESC]];
```

语句含义如下：在 FROM 子句指定基本表或视图，根据 WHERE 子句的条件表达式查找出满足该条件的记录，按照 SELECT 子句指定的目标列表达式，选出元组中的属性值形成结果表。如果有 GROUP BY 子句，则将结果按<列名 1>的值进行分组，该属性列值相等的元组为一个组；如果 GROUP BY 子句带有短语 HAVING，则只有满足短语指定条件的分组才会输出。如果有 ORDER BY 子句，则结果表要按照<列名 2>的值进行升序和降序排列。

下面以学生-课程数据库为例进行说明。

学生-课程数据库中包含学生表、课程表和选课表，学生表描述学生的基本信息，课程表描述课程的基本信息,选课表描述学生选课情况信息,各个表的结构如表 12-1～表 12-3 所示。

表 12-1　学生表（XSheng）

列名	数据类型	长度	说明	备注
XHao	char	10	学号	主键
XMing	char	20	姓名	

列名	数据类型	长度	说明	备注
XBie	char	2	性别	
NLing	int		年龄	
YXi	char	20	所属院系	

表 12-2　课程表（KCheng）

列名	数据类型	长度	说明	备注
KChHao	int		课程号	主键
MCheng	char	20	课程名称	
XXKe	int		先行课号	
XZh	char	10	课程性质	
XFen	int		学分	

表 12-3　选课表（XKe）

列名	数据类型	长度	说明	备注
XHao	char	10	学号	主键
KChHao	int		课程号	主键
ChJi	int		成绩	

1. 单表查询

1）选择表中的若干列

【例 12-4】　查询全体学生的姓名、学号、所属院系。

```
SELECT  XMing, XHao, YXi FROM XSheng;
```

2）查询全部列

【例 12-5】　查询全体学生的详细信息。

```
SELECT  *  FROM  XSheng;
```

该查询等价于：

```
SELECT  XHao, XMing, XBie, NLing, YXi FROM XSheng;
```

3）查询经过计算的值

【例 12-6】　查全体学生的姓名及其出生年份（假设当前年份为 2017 年）。

```
SELECT  XMing, 2017-NLing FROM XSheng;
```

4）选择表中的若干元组

如果要查询满足一定条件的元组，用 WHERE 子句实现。常用的查询条件如表 12-4 所示。

表 12-4　常用查询条件

查询条件	运算符	说明
比较	=，>，<，>=，<=，<>，!=，!>，!<；NOT＋上述比较运算符	字符串比较从左向右进行
确定范围	BETWEEN AND，NOT BETWEEN AND	BETWEEN 后是下限，AND 后面是上限，并且包括边界值
确定集合	IN，NOT IN	检查一个属性值是否属于集合中的值
字符匹配	LIKE，NOT LIKE	用于构造条件表达式中的字符匹配
空值	IS NULL，IS NOT NULL	当属性值为空时，要用此运算符
逻辑运算	NOT ，AND，OR	用于构造复合条件表达式

【例 12-7】 查询计算机系全体学生的名单。

```
SELECT  XMing  FROM  XSheng  WHERE  YXi='中文系';
```

【例 12-8】 查询年龄在 20～23 岁（包括 20 岁和 23 岁）的学生的姓名、性别和所属院系。

```
SELECT  XMing, Xbie, YXi  FROM  XSheng  where  NLing  BETWEEN  20  AND  23;
```

【例 12-9】 查询既不是中文系、数学系，也不是计算机学院的学生的姓名和性别。

```
SELECT  XMing, XBie  FROM  XSheng  WHERE  YXi
NOT  IN ('中文系', '数学系', '计算机学院');
```

匹配查询用谓词 LIKE 实现。格式是[NOT] LIKE '<匹配串>' [ESCEAPE '<换码字符>']，其含义是查找指定的属性列值与<匹配串>相匹配的元组。匹配串可以是一个完整的字符串，也可以含有通配符"%"和"_"。

"%"：代表任意长度的（可以为 0）字符串。如：a%b 表示以 a 开头，以 b 结尾的任意长度的字符串，如 acb、addgb、ab 等。

"_"：代表任意单个字符。如：a_b 表示以 a 开头、以 b 结尾的长度为 3 的任意字符串，如 acb 、afb 等。

【例 12-10】 查询学号为 04020001 的学生的详细情况。

```
SELECT  *  FROM  XSheng  WHERE  XHao  LIKE  '04020001';
```

等价于：

```
SELECT  *  FROM  XSheng  WHERE  XHao = '04020001';
```

【例 12-11】 查询所有姓学号以 04 开头的学生的姓名和性别。

```
SELECT  XMing, XBie  FROM  XSheng  WHERE  XMing  LIKE   '04%';
```

【例 12-12】 查询 C_Language 课程的课程号、课程名和学分。如果用户要查询的字符串本身就含有"%"或"_"，这是就要使用 ESCAPE '<换码字符>'短语对通配符进行转义了。

```
SELECT  KChHao, MCheng, XFen
FROM  KCheng
WHERE  MCheng  LIKE  'C\_Language' ESCAPE  '\';
```

【例 12-13】 某些学生选修课程后没有参加考试，所以有选课记录，但没有考试成绩。查询缺少成绩的学生的学号和相应的课程号。

```
SELECT  XHao, KChHao  FROM  XKe  WHERE  ChJi  IS  NULL;
```

知识提示　IS 不能用等号（ = ）代替。

【例 12-14】 查询外语学院年龄在 19 岁以下的学生姓名。

```
SELECT  XMing  FROM  XSheng  WHERE  YXi='外语学院'  AND  NLing<20;
```

5）对查询结果排序

用 ORDER BY 子句对查询结果按照一个或多个属性列的升序（ASC）或降序（DESC）排列，默认值为升序。

【例 12-15】 查询全体学生的情况，查询结果按所属院系升序排列，同一院系中的学生按年龄降序排列。

```
SELECT  *  FROM XSheng ORDER BY YXi, NLing DESC;
```

6）使用集函数

集函数主要以下几个：

COUNT ([DISTINCT|ALL] *)——统计元组个数。

COUNT([DISTINCT|ALL] <列名>)——统计一列中值的个数。

SUM([[DISTINCT|ALL]<列名>])——计算一列值的总和（此列必须是数值型）。

AVG ([[DISTINCT|ALL]<列名>])——求一列值的平均值（此列必须是数值型）。

MAX ([[DISTINCT|ALL]<列名>])——求一列值中的最大值。

MIN ([[DISTINCT|ALL]<列名>])——求一列值中的最小值。

DISTINCT——表示在计算时要取消指定列中的重复值。

ALL——默认值，表示不取消重复值。

【例 12-16】 查询选修了课程的学生人数。

```
SELECT  COUNT(DISTINCT XHao)  FROM  XKe;
```

7）对查询结果分组

用 GROUP BY 子句将查询结果按某一列或多列值分组，值相等的为一组。对查询结果分组的目的是为了细化集函数作用的对象，如果未对查询结果分组，那么集函数将作用于整个查询结果。若进行了分组，则集函数将作用于每一个组，即每一组都有一个函数值。

【例 12-17】 查询选修了 3 门以上课程的学生学号。

```
SELECT  XHao FROM  XKe
GROUP  BY  XHao  HAVING  COUNT(*)>3;
```

◀))注意：本例先用 GROUP BY 子句按 XHao 分组，再用 COUNT 对每一组计数。HAVING 子句指定筛选条件，满足条件的组才会被选出来。

WHERE 子句与 HAVING 子句有如下区别：WHERE 子句作用于基本表或视图，选择满足条件的元组；HAVING 短语作用于组，从中选择满足条件的组。

2. 连接查询

连接查询包括等值连接、自然连接、非等值连接查询、自身连接查询、外连接查询和复合条件连接查询。

1）等值与非等值连接查询

连接查询中用来连接两个表的条件称为连接条件或连接谓词。语法格式如下：

[<表名1>.]<列名1> <比较运算符>[<表名2>.]<列名2>

【例 12-18】 查询每个学生及其选修课程的情况。

```
SELECT  XSheng.*,  XKe.*
FROM  XSheng, XKe
WHERE  XSheng.XHao= XKe.XHao;
```

2）自身连接查询

一个表与其自己进行连接，称为表的自身连接。

【例 12-19】 查询每一门课的间接先行课（即先行课的先行课）。

首先为 KCheng 表取两个别名 first，second。

```
SELECT  first.KChHao,  second.XXKe
```

```
FROM  KCheng  first,  KCheng  second
WHERE  first.XXKe=second.KChHao;
```

3）外连接查询

在通常的连接操作中，都是把满足条件的元组作为结果输出。有时需要把不满足条件的元组输出，采用外连接的方法。在外连接中，参与连接的表有主从之分，运算时以主表中的每一行去匹配从表中的数据行。符合连接条件的数据将直接作为结果返回，对那些不符合条件的数据，将被填上 NULL 值后和主表中对应数据行组合作为结果数据返回。

外连接分为左外连接和右外连接两种，主表在左边称为左外连接，主表在右边称为右外连接。表示的方法为：在连接谓词的某一边加上"*"号，如果"*"号出现在连接条件的左边为左外连接，否则为右外连接。

例如，有 04020005 和 04020008 两位同学没有选课，在 Xke 表中没有相应的行，但是我们想以学生为主体显示选课信息，对两位没有选课的同学只输出他们的基本信息，所选课程的课程号和成绩显示为空。查询语句可以这样写：

```
SELECT  XSheng.Xhao,XMing,XBie,NLing,YXi,KChHao,ChJi
FROM  XSheng,XKe
WHERE  XSheng.XHao = XKe.XHao(*);
```

4）复合条件连接查询

WHERE 子句中可以有多个连接条件，称为复合条件连接。

【例 12-20】 查询选修 2 号课程且成绩在 90 分以上的所有学生的学号和姓名。

```
SELECT  XSheng.XHao,  XMing  FROM  XSheng,  XKe
WHERE  XSheng.XHao= XKe.XHao  AND  XKe.KChHao='2'  AND  XKe.ChJi>90;
```

12.2.3 数据更新语言

SQL 语言的更新操作包括插入数据、修改数据和删除数据 3 条语句。

1. 插入数据

1）插入单个元组

语法格式如下：

```
INSERT  INTO  <表名>[(<属性列1>[,<属性列2>…])
VALUES(<常量1>[,<常量2>]…);
```

功能：将新元组插入指定的表中。属性列与常量一一对应，没出现的属性列将取空值。

> 知识提示 在表定义时说明了 NOT NULL 的属性列不能取空值。

【例 12-21】 将一个新学生记录（学号：05020020；姓名：陈述；性别：男；年龄：21；所在院系：中文系）插入到 XSheng 表中。

```
INSERT  INTO  XSheng  VALUES('05020020', '陈述', '男', 21, '中文系');
```

2）插入子查询结果

语法格式如下：

```
INSERT  INTO <表名>[(<属性列1>[,<属性列2>…])
子查询;
```

【例 12-22】 对每一个系，求学生的平均年龄，并把结果存入数据库。

首先，建立一个新表：

```
CREATE  TABLE  deptage (YXi  char(15), avgage  smallint);
```

然后，对 XSheng 表按系分组求平均年龄，再把系名和平均年龄存入新表。

```
INSERT  INTO  deptage (YXi, avgage)
SELECT  YXi,  AVG(NLing)  FROM  XSheng  GROUP  BY  YXi;
```

2. 修改数据

语法格式如下：

```
UPDATE <表名>
SET  <列名>=<表达式>[, <列名>=<表达式>] …
[WHERE<条件>];
```

功能：修改指定表中满足 WHERE 子句条件的元组。SET 子句用于修改新值。省略 WHERE 子句，表示修改所有元组。

【例 12-23】 将学生 05020025 的年龄改为 23 岁。

```
UPDATE  XSheng  SET  NLing=23  WHERE  XHao='05020025';
```

3. 删除数据

语法格式如下：

```
DELETE  FROM  <表名>  [WHERE<条件>];
```

功能：删除指定表中满足条件的元组，如果省略 WHERE 子句，表示删除全部元组。

知识提示 DELETE 语句删除表中的数据，不删除表的定义。

【例 12-24】 删除学号为 05020025 的学生记录。

```
DELETE  FROM  XSheng  WHERE  XHao='05020025';
```

视频讲解

12.3 JDBC 访问数据库

12.3.1 JDBC 简介

JDBC（Java DataBase Connectivity）是 Java 语言用来连接和操作关系型数据库的应用程序接口（API）。JDBC 由一组类（Class）和接口（Interface）组成，通过调用这些类和接口所提供的方法，可以连接不同的数据库，对数据库执行 SQL 命令并取得行结果。

有了 JDBC，用户只需用 JDBC API 写一个程序逻辑，就可以向各种不同的数据库发送 SQL 语句。所以，在使用 Java 编程语言编写应用程序时，不用再去为不同的平台编写不同的应用程序。由于 Java 语言具有跨平台性，所以将 Java 和 JDBC 结合起来可使程序员只须写一遍程序就可让该程序在任何平台上运行，这也进一步体现了 Java 语言"编写一次，到处运行"的宗旨。

JDBC 主要完成以下 4 方面的工作：加载 JDBC 驱动程序；建立与数据库的连接；使用 SQL 语句进行数据库操作并处理结果；关闭相关连接。

JDBC 主要提供两个层次的接口，分别是面向程序开发人员的 JDBC API（JDBC 应用程

序接口）和面向系统底层的 JDBC Driver API（JDBC 驱动程序接口），它们的组成如图 12-1
所示。

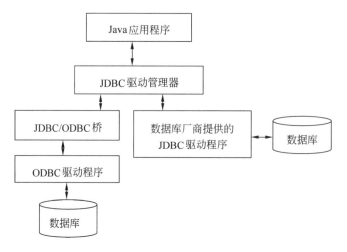

图 12-1　JDBC 应用接口

从图 12-1 中可看出，JDBC API 所关心的只是 Java 调用 SQL 的抽象接口，而不考虑具
体使用时采用的是何种方式，具体的数据库调用要靠 JDBC Driver API（JDBC 驱动程序接口）
来完成，即 JDBC API 可以与数据库无关，只要提供了 JDBC Driver API，JDBC API 就可以
访问任意一种数据库，无论它位于本地还是远程服务器。

12.3.2　JDBC Driver API

JDBC Driver API 是面向驱动程序开发的编程接口。根据其运行条件的不同，常见的 JDBC
驱动程序主要有以下 4 种类型。

1.　JDBC-ODBC 桥加 ODBC 驱动程序（JDBC-ODBC bridge plus ODBC driver）

这类驱动程序将 JDBC 翻译成 ODBC，然后使用一个 ODBC 驱动程序与数据库进行通信。
Sun 公司发布的 JDK 中包含了一个这样的驱动程序：JDBC/ODBC 桥。

2.　本地 API、部分是 Java 的驱动程序（Native-API partly-Java driver）

这类驱动程序是由部分 Java 程序和部分本地代码组成的，用于与数据库的客户端 API
进行通信。在使用这种驱动程序之前，不仅需要安装 Java 类库，还需要安装一些与平台相关
的代码。

3.　JDBC–Net 的纯 Java 驱动程序（JDBC-Net pure Java driver）

它使用一种与具体数据库无关的协议将数据库请求发送给服务器构件，然后该构件再将
数据库请求翻译成特定的数据库协议。这种类型的驱动程序将 JDBC 调用转换成与数据库无
关的网络访问协议，利用中间件将客户端连接到不同类型的数据库系统。使用这种驱动程序
不需要在客户端安装其他软件，并且能访问多种数据库。这种驱动程序是与平台无关的，并
且与用户访问的数据库系统无关，特别适合组建三层的应用模型，这是最为灵活的 JDBC 驱
动程序。

4.　本地协议的纯 Java 驱动程序（Native-protocol pure Java driver）

这种类型的驱动程序将 JDBC 调用直接转化为某种特定数据库的专用网络访问协议，可
以直接从客户机来访问数据库系统。这种驱动程序与平台无关，而与特定的数据库有关，这

类驱动程序一般由数据库厂商提供。

第 3、4 类都是纯 Java 的驱动程序，它们具备 Java 的所有优点，因此，对于 Java 开发者来说，它们在性能、可移植性、功能等方面都有优势。

JDBC 最终是为了实现以下目标：通过使用 SQL 语句，程序员可以利用 Java 语言开发访问数据库的应用。数据库供应商和数据库工具开发商可以提供底层的驱动程序。因此他们有能力优化各自数据库产品的驱动程序。

12.3.3　JDBC 访问数据库步骤

从设计上来说，使用 JDBC 类进行编程与使用普通的 Java 类没有太大的区别：可以构建 JDBC 核心类的对象，如果需要还可以继承这些类。用于 JDBC 编程的类都包含在 java.sql 和 javax.sql 两个包中。

所有 JDBC 的程序的第一步都是与数据库建立连接。用户得到一个 java.sql.Condition 类的对象，对这个数据库的所有操作都是基于这个对象。

使用 JDBC 操作数据库，一般要经过以下几个步骤：

（1）加载驱动程序。

```
Class.forName(driver);
```

（2）建立连接。

```
Connection con=DriverManager.getConnection(url);
```

（3）创建语句对象。

```
Statement stmt=con.createStatement();
```

（4）执行查询语句。

```
ResultSet rs=stmt.executeQuery(sql);
```

（5）查询结果处理及关闭结果集对象。

```
rs.close();
```

（6）关闭语句对象。

```
stmt.close();
```

（7）关闭连接。

```
con.close();
```

JDBC 的 DriverManager 查找到相应的数据库 Driver 并装载。在程序中使用 Class.forName()方法动态装载并注册 Driver。如 Class.forName("sun.jdbc.odbc.JdbcOdbcDriver")，通过 DriverManager.getConnection()与数据库建立连接。

在连接数据库时，必须指定数据源及各种附加参数。JDBC 使用了一种与普通 URL 相类似的语法来描述数据源，称为数据库连接串 URL，用来指定数据源及使用的数据库访问协议。其语法格式如下：

```
jdbc:<subprotocol>:<subname>
```

例如，通过 JDBC-ODBC 桥接驱动与 mandb 数据源建立连接：

```
Connection con = DriverManager.getConnection("jdbc:odbc:mandb", "username",
"password");
```

数据库连接完毕之后，需要在数据库连接上创建 Statement 对象，将各种 SQL 语句发送到所连接的数据库，执行对数据库的操作。例如：

```
/* 传送SQL语句并得到结果集rs */
Statement stmt = con.createStatement( );
ResultSet rs = stmt.executeQuery("SELECT a, b, c FROM Table1");
```

通过执行 SQL 语句，得到结果集，结果集是查询语句返回的数据库记录的集合。在结果集中通过游标（Cursor）控制具体记录的访问。SQL 数据类型与 Java 数据类型的转换根据 SQL 数据类型的不同，使用不同的方法读取数据。具体语句如下：

```
/*处理结果集 rs*/
while (rs.next( )){
    int x = rs.getInt("a");
    String s = rs.getString("b");
    float f = getFloat("c");
}
stmt.close( );
con.close( );
```

对于 ResultSet 类，记录指针初始化时被设定在第一行之前的位置。必须调用 next()方法将它移动到第一行。

查看结果集中的数据时，如果希望知道其中每一行的内容。可以使用访问器来获取数据，有许多访问器方法可以用于获取这些信息。例如：

```
String isbn = rs.getString(1);
double price = rs.getDouble("Price");
```

每个访问方法都有两种形式：一种接收数字参数；另一种接收字符串参数。当使用数字参数时，指的是该数字所对应的列。需要注意的是，与数组索引不同，数据库的列序号是从 1 开始计算的。

当使用字符串参数时，指的是结果集中以该字符串为列名的列。使用数字参数效率更高一些，但是使用字符串参数可以使代码易于阅读和维护。

当 get 方法的类型和列的数据类型不一致时，每个 get 方法都会进行合理的类型转换。需要注意的是，SQL 的数据类型和 Java 的数据类型并非完全一致。

12.4　案例分析：创建 JDBC-ODBC 连接

1. 案例描述

以 Microsoft Access 数据库为例，采用 JDBC-ODBC 连接方式连接数据库 store。利用 SQL 设计 Personnel 表，主要用来记载公司的员工信息。此表中记载了员工的 4 项数据，分别是 Name、ID、Salary、Gender。在表中插入数据，并对表中数据进行遍历，显示结果。

2. 案例分析

一般来说，如果是使用 Windows 系统，应该就已经有 ODBC，而在安装的 JDK 中，已经包含了 JDBC-ODBC Bridge driver，这个驱动可以由 JDBC 连接到 ODBC 然后来操控 DBMS。所以只要设定了 DBMS（Database Management System），便可以使用这个驱动来操作了。

DBMS 可以是 Oracle、MySQL、SQL Server 等数据库系统，在这里使用 Microsoft Access 来创建相应的数据库。

3．案例实现

1）建立 Access DBMS

单击"开始"|"所有程序"|Microsoft Office|Microsoft Access 2010 命令启动 Access，如图 12-2 所示。

图 12-2　新建空白数据库

在 Microsoft Access 窗口的右侧窗格中单击"创建"按钮，进入数据库设计窗口，如图 12-3 所示。

单击"文件"|"数据库另存为"命令，在打开的"另存为"对话框中确定所建数据库的位置及数据库的名称，如图 12-4 所示，在这里使用 Store.accdb 作为数据库名称。至此，便建立好了 Access 数据库 Store，但在数据库中并不存在表。

图 12-3　数据库设计主界面

图 12-4　命名 Store 数据库

Java 数据库操作

2）建立 ODBC 数据源

单击"开始"|"控制面板"打开"控制面板"窗口，如图 12-5 所示，依次选择"系统和安全"|"管理工具"选项，打开"管理工具"窗口，如图 12-6 所示。

图 12-5　控制面板　　　　　　　　　　　图 12-6　管理工具

双击"数据源（ODBC）"图标打开"ODBC 数据源管理器"对话框，选择"系统 DSN"选项卡，单击"添加"按钮添加系统数据源名称，如图 12-7 所示。

图 12-7　ODBC 数据源管理器　　　　　　图 12-8　选择驱动程序

如图 12-8 所示，在打开的"创建新数据源"对话框中选择"Microsoft Access Driver(*.mdb,*.accdb)"列表项，单击"完成"按钮。

在打开的"ODBC Microsoft Access 安装"对话框的"数据源名"文本框中输入数据来源名称，如 store，如图 12-9 所示。

单击"选择"按钮选取数据库，在打开的"选择数据库"对话框中选择相应数据库即可，单击"确定"按钮返回，如图 12-10 所示。关闭所有对话框，完成 ODBC 数据源的设置。

图 12-9　命名数据源　　　　　　　　　　图 12-10　选择数据库

3）建立 JDBC-ODBC 数据库连接

本例代码如下：

```java
//文件名：JdbcOdbcDemo.java
import java.sql.*;
public class JdbcOdbcDemo {
    public static void main (String[] args) {
        try {
            //第一步：注册 JDBC Driver
            Class.forName("sun.jdbc.odbc.JdbcOdbcDriver");
            //第二步：建立与数据库的连接
            String url = "jdbc:odbc:store";
            Connection conn = DriverManager.getConnection(url);
            //第三步：声明Statement 来传送 SQL statements到database
            Statement stmt = conn.createStatement();
            //创建表Personnel
            String createTablePersonnel = "CREATE TABLE Personnel " +
                    "(Name VARCHAR(32), ID INTEGER,
                     Salary FLOAT, " + "Gender String)";
            stmt.executeUpdate(createTablePersonnel);//执行SQL语句
            //在表中插入数据
            stmt.executeUpdate("INSERT INTO Personnel VALUES
                        ('Tom', 12, 37000, '男' )" );
            //更新表中数据
            String updateString = "UPDATE Personnel " +"SET ID = 7 " +
                        "WHERE Name LIKE 'Jack' ";
            stmt.executeUpdate(updateString);
            String query = "SELECT ID, Gender, Name FROM Personnel";
            ResultSet rs = stmt.executeQuery(query);//执行SQL语句
            while (rs.next()) {
                String name = rs.getString("Name");
                int id = rs.getInt("ID");
                String gender = rs.getString("Gender");
                System.out.println(name + "\t" + id + "\t" + gender);
            } //while
            rs.close();
            stmt.close();
            conn.close();
        } catch (Exception e) {
            System.err.println(e.getMessage());
        } //catch
    } //main
} //JdbcOdbcDemo
```

4. 归纳与提高

因为是连接数据库的程序，所以必须引入 java.sql.*这个包。与数据库的连接有两个步骤：第一个就是要载入驱动器(driver)，这里使用 JDBC-ODBC Bridge Driver；第二步就是建立与数据库的连接，使用 Connection 对象。要得到 Connection 对象，可利用 DriverManager 类中定义的 getConnection()方法。此方法主要有以下两种使用情况：

```java
//建立一个connection来连接到给定的数据库URL
static  Connection  getConnection(String url)
//建立一个connection来连接到给定的数据库URL
static Connection getConnection(String url, String user, String password)
```

这两种使用方法的不同处在于：第二个方法可以输入使用者的 ID 和密码，如果想要连接的数据库中需要输入密码，便使用这一种方法。

建立 Statement 使用 Connection 中定义的 createStatement()方法。

使用 ResultSet 的 next()方法来取得所有值，然后用 getInt()、getString()等方法来取得个别的值，请注意这几个方法的传入值为列名称。执行之后，数据表中相对应的数据会输出在屏幕上。

使用数据库，当然可以连接不同的表来得到数据，只要更改查询的 SQL 字符串即可，不过两个表之间必须要有相关联的列来找到其中的关系。

12.5　预处理语句

当向数据库发送一个 SQL 语句，如 SELECT * FROM Personnel 时数据库中的 SQL 解释器负责将 SQL 语句解释为底层的内部命令，然后执行该命令，完成有关的数据库操作。如果不断地向数据库提交 SQL 语句，势必增加数据库中 SQL 解释器的负担，影响执行速度。如果应用程序能针对连接的数据库事先将 SQL 语句解释为数据库底层的内部命令，然后直接让数据库去执行这个命令，不仅减轻了数据库的负担，还能提高访问数据库的速度。在这种情况下可以使用预备语句对象，也就是 PreparedStatement 类的对象。例如：

```
PreparedStatement insertPackage = conn.prepareStatement(
        "INSERT INTO Package VALUES ( ?, 'Simon', ?, ? ,'男')");
```

这个语句中包含了 SQL 的 INSERT 语句，但是有些部分使用问号代替，这些问号用来表示要输入的数值，用 setXXX()方法来将数值指定到上述的 SQL 语句，XXX 代表数据形态，例如：

```
insertPackage.setString(1, "Dean");
insertPackage.setInt(2, 22);
insertPackage.setInt(3, 500);
```

其中，第一个问号用 Dean 代替，第二个问号用 22 代替，而第三个问号则用 500 代替。接下来使用 insertPackage.executeUpdate()方法执行 insert 语句。

【例 12-25】　使用 PreparedStatement 向 Package 表中插入数据库。

```
//文件名：PreStateDemo.java
import java.sql.*;
public class PreStateDemo{
    public static void main (String[] args) {
        try {
             Class.forName("sun.jdbc.odbc.JdbcOdbcDriver");
             String url = "jdbc:odbc:store";
             Connection conn = DriverManager.getConnection(url);
             Statement stmt = conn.createStatement();
             PreparedStatement insertPackage = conn.prepareStatement(
                 "INSERT INTO Package VALUES ( ?, ' Simon ', ?, ? , '男')");
             String n[] = {"Dean", "Donald", "Eric", "Julian", "Jeff"};
             int a[] = {22, 23, 21, 20, 25};
             int s[] = {40000, 38000, 38000, 38500, 37500};
             for(int i = 0; i < n.length; i++) {
                 insertPackage.setString(1, n[i]);
                 insertPackage.setInt(2, a[i]);
                 insertPackage.setInt(3, s[i]);
                 insertPackage.executeUpdate();
             } //for
             stmt.close();
```

```
            conn.close();
        } catch (Exception e) {
            System.err.println(e.getMessage());
        }//catch
    }//main
}//PreStateDemo
```

12.6 可滚动结果集的操作

当取得数据库中的数据后，数据会存储在 ResultSet 对象中。存储在这个对象中的数据，可以想象成一个数据表。ResultSet 对象允许在这个表中一行一行地移动，如果想要跳到某一位置去查询数据，则需要返回一个滚动结果集。创建滚动结果集对象的语法格式如下：

```
Statement stmt=conn.createStatment(int type, int concurrency);
```

其中 conn 是已经创建好的 Connection 对象，type 的取值主要有 3 种：

（1）ResultSet.TYPE_FORWORD_ONLY——表示结果集的游标只能向下滚动。

（2）ResultSet.TYPE_SCROLL_INSENSITIVE——表示结果集的游标可以上下移动，当数据库变化时，当前结果集不变。

（3）ResultSet.TYPE_SCROLL_SENSITIVE——表示结果集的游标可以上下移动，当数据库变化时，当前结果集同步改变。

concurrency 的取值决定是否可以用结果集更新数据库，主要取值如下：

（1）ResultSet.CONCUR_READ_ONLY——表示不能用结果集更新数据库中的表。

（2）ResultSet.CONCUR_UPDATETABLE——表示能用结果集更新数据库中的表。

12.6.1 滚动结构集的查询操作

滚动结果集查询经常用到的方法如下：

void afterLast()——移动游标到最后一行（Last）的下一行。

void beforeFirst()——移动游标到第一行（Before）的前一行。

boolean first()——移动游标到第一行。

boolean last()——移动游标到最后一行。

boolean absolute(int row)——移动游标到第 row 行。

boolean relative(int rows)——相对于当前位置移动游标的行数 rows，rows 可为正或负。

absolute()——指的是将游标移到绝对的行数。所谓绝对的行数，是指第一行为 1，第二行为 2……而 relative()方法便是将游标移到相对的行数；所谓相对的行数是指当前位置相对于一开始的行数，如一开始是在第 5 行，那么 relative(2)指的便是第 7 行，如果输入的参数为负数呢？那么便是相反方向，也就是说，如果一开始是第 5 行，那么 relative(−2)便是第 3 行。可以使用 getRow()方法来得到目前游标所指的行数，此方法传回类型为 int。

【例 12-26】 利用滚动结果集实现从前到后对数据库的遍历。

```
//文件名：ScrollDemo1.java
import java.sql.*;
public class ScrollDemo1{
    public static void main (String[] args) {
      try {
            Class.forName("sun.jdbc.odbc.JdbcOdbcDriver");
            String url = "jdbc:odbc:store";
```

```
Connection conn = DriverManager.getConnection(url);
Statement stmt = conn.createStatement
    (ResultSet.TYPE_SCROLL_SENSITIVE,ResultSet.CONCUR_READ_ONLY);
ResultSet rs = stmt.executeQuery
    ("SELECT ID, senderName, State FROM Package WHERE ID < 20");
//如果是从后向前遍历可采将while(rs.previous())语句用以下两条语句替代
//rs.afterLast();
//while(rs.previous()) {
while(rs.next()) {
        int id = rs.getInt("ID");
        String sender = rs.getString("senderName");
        String state = rs.getString("State");
        System.out.println(id + "\t" + sender + "\t" + state);
} //while
rs.close();
stmt.close();
conn.close();
} catch (Exception e) {
System.err.println(e.getMessage());
}//catch
}//main
}//ScrollDemo1
```

上面的输出是因为将游标自第一行往下逐一读取，如果将游标定在最后一行，然后往上读取，便会得到次序颠倒的结果。可以使用 afterLast()方法来将游标定在最后，而使用 previous()方法来往前读取（此方法刚好相对于 next()方法）。

12.6.2 滚动结果集的更新操作

根据之前的方法，可以建立与数据库的连接，传送一个 SQL 语句来修改（UPDATE）数据库中的内容。除了这个方法之外，也可以直接在读取回来的 ResultSet 中修改数据，再由此修改数据库中的数据。为了得到可以修改的数据，应在 createStatement()方法中输入参数，例如：

```
Statement stmt = conn.createStatement(ResultSet.TYPE_SCROLL_SENSITIVE,
                        ResultSet.CONCUR_UPDATABLE);
```

有了这个参数之后，用 executeQuery 方法所取得的 ResultSet 对象表便是可以修改的，如要将取得的结果集中最后一条记录的 State 改为 Damaged，那么可以加入如下语句：

```
rs.last();
rs.updateString("State", "Damaged");
rs.updateRow();
```

先使用 last()方法将游标指向最后一行，然后使用 updateString()方法将 State 列修改为 Damaged，此时虽然 Result Set 的表是修改完成的，但是数据库中并没有被修改，所以可以再使用 updateRow()方法来将数据库中的数据也一并修改。

> **知识提示**　如果在使用 updateRow()方法之前，便将游标移到另一行，那么 updateRow()会失效。也就是说，如果要修改数据库中的某一行数据，必须使游标也指在 Result Set 表中的某行才行。

updateXXX()方法中的 XXX 根据要修改的数据型态不同而有所不同，如果要修改的是整数，那么便是 updateInt()了。如果使用 updateXXX()方法修改了 ResultSet 表中的数据，但又后悔了，那么可以使用 cancelRowUpdates()方法来取消在 ResultSet 表中的修改。

【例 12-27】 利用滚动结果集实现对数据库中数据的修改操作。

```java
//文件名: ScrollUpdate.java
import java.sql.*;
public class ScrollUpdate{
    public static void main (String[] args) {
        try {
            Class.forName("sun.jdbc.odbc.JdbcOdbcDriver");
            String url = "jdbc:odbc:store";
            Connection conn = DriverManager.getConnection(url);
            Statement stmt = conn.createStatement (
                ResultSet.TYPE_SCROLL_SENSITIVE, ResultSet.CONCUR_UPDATABLE);
            ResultSet rs = stmt.executeQuery("SELECT ID, senderName,
                State FROM Package WHERE ID < 20");
            rs.last(); //移动游标到最后一行
            //修改最后一行数据的State列为Damaged
            rs.updateString("State", "Damaged");
            rs.updateString("senderName", "Nora");
            rs.updateRow(); //将数据库中的数据一并修改
            rs.previous();
            rs.updateString("State", "Damaged");
            rs.cancelRowUpdates();
            rs.updateString("State", "On the way");
            rs.updateRow();
            rs.close();
            stmt.close();
            conn.close();
        } catch (Exception e) {
            System.err.println(e.getMessage());
        }//catch
    } //main
} //ScrollUpdate
```

12.6.3 滚动结果集的插入与删除操作

除了通过一条 SQL 语句（INSERT INTO）将数据送入数据库来加入一行新数据，也可以使用 ResultSet 对象中的方法来加入数据。首先使用 moveToInsertRow()方法来将游标移到一个空白行，然后使用 updateXXX()方法来将数据输入，最后使用 insertRow()方法来将数据写入数据库。

跟上节的修改不同的是，将数据加入到 ResultSet 跟加入到数据库的两个动作是同时进行的，也就是说，没有反悔的机会。如果在加入数据时，有几个列没有输入数值（也就是说，没有使用 updateXXX()方法），那么该列便存储 null，若是该列不接受 null 为输入值，那便会抛出 SQLException 异常。

使用 updateXXX()方法时，输入的第一个参数为列名称，此参数也可以使用该列的编号来代替。例如，如果知道 ID 是在 Package 表中的第一栏，那么也可以使用语句"rs.updateInt(1, 1);"实现。

在加入新的一行之后，可以使用 moveToCurrentRow()方法回到刚才游标所指向的数据行。

删除一行数据便显得相对简单得多了，只要在 ResultSet 表中将游标移到想要删除的那一行，然后使用 deleteRow()方法即可。

【例 12-28】 利用滚动结果集实现将一行数据写入表，并删除一行数据内容。

```java
//文件名: ScrollInsert.java
import java.sql.*;
```

```
public class ScrollInsert{
    public static void main (String[] args) {
        try {
            Class.forName("sun.jdbc.odbc.JdbcOdbcDriver");
            String url = "jdbc:odbc:store";
            Connection conn = DriverManager.getConnection(url);
            Statement stmt = conn.createStatement (
                ResultSet.TYPE_SCROLL_SENSITIVE,ResultSet.CONCUR_UPDATABLE);
            ResultSet rs = stmt.executeQuery(
                "SELECT * FROM Package WHERE ID < 20");
            rs.moveToInsertRow();
            rs.updateString("senderName", "Olive");
            rs.updateString("receiverName", "Ruth");
            rs.updateInt("ID", 1);
            rs.updateFloat("Fee", 10.99f);
            rs.updateString("State", "On the way");
            rs.insertRow();
            rs = stmt.executeQuery(
                "SELECT ID, senderName, State FROM Package WHERE ID < 20");
            rs.moveToInsertRow();
            rs.updateString("senderName", "Olive");
            //rs.updateString("receiverName", "Ruth");
            rs.updateInt("ID", 1);
            //rs.updateFloat("Fee", 10.99f);
            rs.updateString("State", "On the way");
            rs.insertRow();
            rs.absolute(1);
            rs.deleteRow();
            rs.close();
            stmt.close();
            conn.close();
        } catch(SQLException e) {
            System.err.println(e.getMessage());
        }catch (Exception e) {
            System.err.println(e.getMessage());
        } //catch
    }//main
} //ScrollInsert
```

在 ResultSet 的表中，可能不会马上显示所做的修改，可以调用 refreshRow() 方法来重新整理数据库内容。

12.7　连接其他类型数据库

12.7.1　连接 Oracle 数据库

连接 Oracle 数据库的主要语句如下：

```
Class.forName("oracle.jdbc.driver.OracleDriver");
con=DriverManager.getConnection("jdbc:oracle:thin:@127.0.0.1:1521:ORCL","
scott","tiger");
```

【例 12-29】　利用 JDBC 连接 Oracle 数据库。

```
String result = "";                        //查询结果字符串
String sql = "SELECT  *  FROM test";   //SQL 字符串
//连接字符串，格式："jdbc:数据库驱动名称:连接模式:@数据库服务器ip:端口号:数据库SID"
String url ="jdbc:oracle:thin:@localhost:1521:orcl";
```

```java
String username = "scott";              //用户名
String password = "tiger";              //密码
//创建Oracle数据库驱动实例
Class.forName("oracle.jdbc.driver.OracleDriver").newInstance();
//获得与数据库的连接
Connection conn =DriverManager.getConnection(url, username, password);
//创建执行语句对象
Statement stmt = conn.createStatement();
//执行sql语句,返回结果集
ResultSet rs = stmt.executeQuery(sql);
while ( rs.next() ) {
     result += "第一个字段内容: " + rs.getString(1) ;
     System.out.prinltn(result) ;
}
rs.close();          //关闭结果集
stmt.close();        //关闭执行语句对象
conn.close();        //关闭与数据库的连接
```

12.7.2 连接 MySQL 数据库

连接 MySQL 数据库的主要语句如下:

```java
Class.forName("com.mysql.jdbc.Driver");
```

或

```java
DriverManager.registerDriver(new com.mysql.jdbc.Driver());
con=DriverManager.getConnection ("jdbc:MYSQL://10.0.X.XXX:3306/test","admin","");
```

【例 12-30】 利用 JDBC 连接 MySQL 数据库。

```java
//文件名: JDBCTest.java
import java.sql.*;
public class JDBCTest {
     //主函数main()
     public static void main(String[] args) throws Exception {
         String kongge=new String("   ");
         //为后面的结果集输出好看点
         Class.forName("com.mysql.jdbc.Driver");
         //驱动
         Connection conn=DriverManager.getConnection
             ("jdbc:mysql://localhost:3306/greatwqs?user=root&password=
             greatwqs");
         /*连接数据库,jdbc:mysql://localhost:3306/greatwqs,数据库为greatwqs
         * 端口为3306
         *用户名user=root
         *用户密码password=greatwqs
         */

         Statement stmt=conn.createStatement();
         //创建SQL语句,实现对数据库的操作功能

         ResultSet rs=stmt.executeQuery("SELECT  *  FROM person");
         //返回查询的结果

         while(rs.next()) {
             System.out.print(rs.getString("id")+kongge);
             System.out.print(rs.getString("name")+kongge);
             System.out.print(rs.getString("gender")+kongge);
```

```
                System.out.print(rs.getString("major")+kongge);
                System.out.print(rs.getString("phone")+kongge);
                System.out.println();
        }//输出结果集的内容
        rs.close();
        stmt.close();
        conn.close();
        //关闭语句、结果集、数据库的连接
    }
}
```

12.7.3　连接 SQL Server 数据库

1. 使用 JDBC–ODBC 桥连接 SQL Server 数据库

Java 与 SQL Server 数据库连接的主要语法格式如下：

```
Class.forName("sun.jdbc.odbc.JdbcOdbcDriver");
conn=java.sql.DriverManager.getConnection("jdbc:odbc:数据源",
                                "数据库用户名","数据库密码");
```

2. 使用 jdbc.sqlserver.SQLServerDriver 连接 SQL Server 数据库

主要语法格式如下：

```
Class.forName("com.microsoft.jdbc.sqlserver.SQLServerDriver");
String url="jdbc:microsoft:sqlserver://127.0.0.1:1433;databasename=数据库名";
java.sql.Connection conn = java.sql.DriverManager.getConnection(url, "用户
名" , "密码");
```

例如：

```
Class.forName("com.microsoft.jdbc.sqlserver.SQLServerDriver");
String url="jdbc:microsoft:sqlserver://localhost:1433;databaseName=master";
Properties prop=new Properties();
prop.setProperty("user","scott");
prop.setProperty("password","tiger");
cn=DriverManager.getConnection(url,prop);
```

◀))注意：连接不同版本的 SQL Server 数据需要不同的 jar 包。

【例 12-31】　利用 JDBC 连接 SQL Server 数据库。

```
//文件名：GetDB.java
package MyDB;
import java.sql.Connection;
import java.sql.DriverManager;
import java.sql.ResultSet;
import java.sql.SQLException;
import java.sql.Statement;
public class GetDB{
    ResultSet re ;
    Connection con;
    String driver = "com.microsoft.jdbc.sqlserver.SQLServerDriver";
    String url = "jdbc:microsoft:sqlserver://localhost:1433;
                    DatabaseName=db_shop";
    public GetDB() {
        try {
            Class.forName(driver);
        } catch (ClassNotFoundException ex) {
            System.out.println("There are exception about " + ex.getMessage());
```

```
        }
    }
    public Statement getStatement() throws SQLException {
        con = DriverManager.getConnection(url, "sa", "6462133");
        return con.createStatement();
    }
    public ResultSet runSQLSearch(String sql) throws SQLException {
        return getStatement().executeQuery(sql);
    }
    public int runSQLUpdata(String sql) throws SQLException {
        return getStatement().executeUpdate(sql);
    }
    public ResultSet executeQuery(String sql){
        try {
            Statement stat = con.createStatement();
            re= stat.executeQuery(sql);
        } catch (SQLException e) {
            e.printStackTrace();
        }
        return null;
    }
    public void runSQL(String sql) throws SQLException{
        getStatement().execute(sql);
    }
}
```

12.8　本 章 小 结

本章主要介绍了数据库相关的基本概念，SQL 基础知识，JDBC 连接数据的基本方法及基本步骤，使用 JDBC 操作数据库基本方法；还介绍了 JDBC 连接 Oracle、MySQL、SQL Server 的基本方法，希望读者认真体会，熟练掌握数据库操作的基本知识。

理论练习题

一、填空题

1. ＿＿＿＿＿＿＿＿是载荷信息的物理符号，它有多种表现形式。

2. ＿＿＿＿＿＿＿＿简称 DB，它是一个按数据结构来存储和管理数据的计算机软件系统。

3. 数据库管理系统简称＿＿＿＿＿＿＿＿，它是专门用于管理数据库的计算机系统。

4. 数据库系统中最常使用的数据模型是层次模型、网状模型和＿＿＿＿＿＿＿＿。

5. 在关系模型中，数据的逻辑结构是一张＿＿＿＿＿＿＿＿，它由行和列组成。

6. ＿＿＿＿＿＿＿＿语句是 SQL 语言中的数据查询语句。

7. 在 SQL 查询语句中，＿＿＿＿＿＿＿＿子句用于指明查询的数据源。

8. 在 SQL 查询语句中，＿＿＿＿＿＿＿＿子句通过条件表达式描述关系中元组的选择条件。

9. JDBC 的基本层次结构由＿＿＿＿＿、＿＿＿＿＿、＿＿＿＿＿和数据库 5 部分组成。

10. 根据访问数据库的技术不同，JDBC 驱动程序相应地分为＿＿＿＿＿、＿＿＿＿＿、＿＿＿＿＿和＿＿＿＿＿4 种类型。

11. JDBC API 所包含的接口和类非常多，都定义在＿＿＿＿＿包和＿＿＿＿＿包中。

12. 使用＿＿＿＿＿方法加载和注册驱动程序后，由＿＿＿＿＿类负责管理并跟踪 JDBC

驱动程序，在数据库和相应驱动程序之间建立连接。

13. _____接口负责建立与指定数据库的连接。

14. _____接口的对象可以代表一个预编译的 SQL 语句，它是_____接口的子接口。

15. _____接口表示从数据库中返回的结果集。

二、选择题

1. DB、DBMS 和 DBS 三者间的关系是（   ）。

    A. DB 包括 DBMS 和 DBS   B. DBS 包括 DB 和 DBMS

    C. DBMS 包括 DBS 和 M   D. DBS 与 DB 和 DBMS 无关

2. DBMS 的含义是（   ）。

    A. 数据库信息系统   B. 数据库管理系统

    C. 数据库维护系统   D. 数据库分类系统

3. SQL 语言的数据操纵语句中最重要，使用也最频繁的是（   ）。

    A. SELECT   B. INSERT   C. UPDATE   D. DELETE

4. 下列 SQL 语句中，修改表结构的是（   ）。

    A.CREATE   B. UPDATE   C. INSERT   D. ALTER

5. SQL 的数据定义功能包括定义数据库、定义基本表、定义视图和（   ）。

    A. 定义维护   B. 定义存取   C. 定义查询   D. 定义索引

6. 下列（   ）不属于 SQL 的操纵命令。

    A. DELETE   B. UPDATE   C. CREATE   D. INSERT

7. SQL 的数据更新功能主要包括（   ）。

    A. CREATE、SELECT、DROP   B. CREATE、INSERT、UPDATE

    C. INSERT、UPDATE、DELETE   D. REPLACE、CHANGE、EDIT

8. 提供 Java 存取数据库能力的包是（   ）。

    A. java.sql   B. java.awt   C. java.lang   D. java.swing

9. 使用下面的 Connection 的（   ）方法可以建立一个 PreparedStatement 接口。

    A. createPrepareStatement()   B. prepareStatement()

    C. createPreparedStatement()   D. preparedStatement()

10. 在 JDBC 中可以调用数据库的存储过程的接口是（   ）。

    A. Statement   B. PreparedStatement

    C. CallableStatement   D. PrepareStatement

11. 下面描述中正确的是（   ）。

    A. PreparedStatement 继承自 Statement

    B. Statement 继承自 PreparedStatement

    C. ResultSet 继承自 Statement

    D. CallableStatement 继承自 PreparedStatement

12. 下面的描述错误的是（   ）。

    A. Statement 的 executeQuery()方法会返回一个结果集

    B. Statement 的 executeUpdate()方法会返回是否更新成功的 boolean 值

    C. 使用 ResultSet 中的 getString()可以获得一个对应于数据库中 char 类型的值

    D. ResultSet 中的 next()方法会使结果集中的下一行成为当前行

13. 如果数据库中某个字段为 numberic 型，可以通过结果集中的（　　）方法获取。

    A．getNumberic()   B．getDouble()

    C．setNumberic()   D．setDouble()

14. 在 JDBC 中回滚事务的方法是（　　）。

    A．Connection 的 commit()   B．Connection 的 setAutoCommit()

    C．Connection 的 rollback()   D．Connection 的 close()

三、简答题

1. 试述数据、数据库、数据库系统、数据库管理系统的概念。

2. 简述 Class.forName() 的作用。

3. 写出几个在 JDBC 中常用的接口。

4. 简述你对 Statement 和 PreparedStatement 的理解。

5. 简述编写 JDBC 访问数据库程序的一般过程。

上机实训题

创建一个 Java 应用程序连接到 Access 数据库上，能够进行：

（1）添加记录。

（2）修改记录。

（3）删除记录。

（4）查询记录。

数据表如下：

Type 表（教学设备表）

字段名称	说明	数据类型	约束
编号	设备编号	数字	主键
类型	设备类型	文本	不允许空

第13章　Android 应用程序开发

教学目标：
- ☑ 了解 Android 的基本概念，熟悉 Android 的系统架构。
- ☑ 一般掌握 Android 程序的开发流程。
- ☑ 一般掌握 Android 开发平台 Android SDK 和 Eclipse+ADT 的搭建。
- ☑ 重点掌握 Android 程序的创建、运行、调试和发布。
- ☑ 一般掌握 Android 工程项目的文件结构。

教学重点：

本章介绍了与 Android 有关的基本概念，重点介绍了 Android 开发平台 Android SDK、Eclipse+ADT 的搭建和使用的方法，以及如何创建、运行、调试和发布 Android 工程项目。

13.1　Android 概述

13.1.1　Android 简介

Android 是一种基于 Linux 的自由及开放源代码的操作系统，主要适用于移动设备，如智能手机和平板电脑，由 Google 公司和开放手机联盟领导及开发。其 Logo 如图 13-1 所示。

图 13-1　Android 系统 Logo

Android 一词最早出现于法国作家利尔亚当在 1886 年发表的科幻小说《未来夏娃》中，他将外表像人的机器起名为 Android。

2003 年 10 月，安迪·鲁宾（Andy Rubin）等人一起创办了 Android 公司，并组建了 Android 开发团队，安迪·鲁宾被称为 Android 之父。最初的 Android 系统是一款针对数码相机开发的智能操作系统。

2005 年 8 月，Google 公司低调收购了这家仅仅成立了 22 个月的公司，并聘任安迪·鲁宾为 Google 公司工程部副总裁，继续负责 Android 项目。

2007 年 11 月，Google 公司正式向外界展示了这款名为 Android（Android 1.0 beta）的操作系统，并且宣布建立一个全球性的联盟组织，该组织由 34 家手机制造商、软件开发商、电信运营商以及芯片制造商共同组成。这一联盟支持 Google 发布的手机操作系统以及应用软件，将共同开发 Android 系统的开放源代码。

2008 年 9 月，在美国纽约 Google 及运营商 T-Mobile 共同发布了备受关注的第一部 Google 手机 T-Mobile G1。这款手机不仅在机身背面标记有 Google 的 Logo，而且还搭载了由 Google 领衔开发的 Android 系统平台，是全球第一款 Android 平台手机。

自 Android 系统首次发布至今，Android 经历了很多的版本更新，从 Android 1.5 版本开始，Android 系统越来越像一个智能操作系统，Google 开始将 Android 系统的版本以甜品的名字命名。表 13-1 列出了 Android 系统的不同版本的发布时间及对应的版本号。

表 13-1　Android 系统相关版本信息

Android 版本	发布日期	代号
Android 1.1	2008 年 9 月	
Android 1.5	2009 年 4 月 30 日	Cupcake（纸杯蛋糕）
Android 1.6	2009 年 9 月 15 日	Donut（甜甜圈）
Android 2.0/2.0.1/2.1	2009 年 10 月 26 日	Eclair（松饼）
Android 2.2/2.2.1	2010 年 5 月 20 日	Froyo（冻酸奶）
Android 2.3	2010 年 12 月 7 日	Gingerbread（姜饼）
Android 3.0	2011 年 2 月 2 日	Honeycomb（蜂巢）
Android 3.1	2011 年 5 月 11 日	Honeycomb（蜂巢）
Android 3.2	2011 年 7 月 13 日	Honeycomb（蜂巢）
Android 4.0	2011 年 10 月 19 日	Ice Cream Sandwich（冰激凌三明治）
Android 4.1	2012 年 6 月 28 日	Jelly Bean（果冻豆）
Android 4.2	2012 年 10 月 30 日	Jelly Bean（果冻豆）
Android 4.3	2013 年 7 月 25 日	Jelly Bean（果冻豆）
Android 4.4	2013 年 11 月 1 日	KitKat（奇巧巧克力）
Android 5.0	2014 年 10 月 16 日	Lollipop（棒棒糖）
Android 5.1	2015 年 3 月 9 日	Lollipop（棒棒糖）
Android 6.0	2015 年 9 月 29 日	Marshmallow（棉花糖）

如今，Android 系统已经遍布人们生活的各个方面，除了手机、平板电脑、电视、电视盒子、游戏机、手表和车载系统以外还有其他很多设备可能运行着 Android 系统，如已经出品的海尔 Android 系统智能冰箱、OneBoard Pro+智能机械键盘、宝丽来 Socialmatic 拍立得、Android 系统座机、Android 智能烤箱、Daqri 安全帽等，都在产品的应用中选择了不同的 Android 操作系统。Android 行业发展横跨领域众多，人才需求也相对广泛，具有十分广阔的发展空间。

13.1.2　Android 系统架构

Android 系统与其操作系统一样，也采用了分层的架构。从图 13-2 可以看出，Android 分为 4 个层，从高到低分别是应用程序层（Applications）、应用程序框架层（Application Framework）、系统运行库层（Libraries）、Android 运行环境（Android Runtime）和 Linux 内核层（Linux Kernel）。

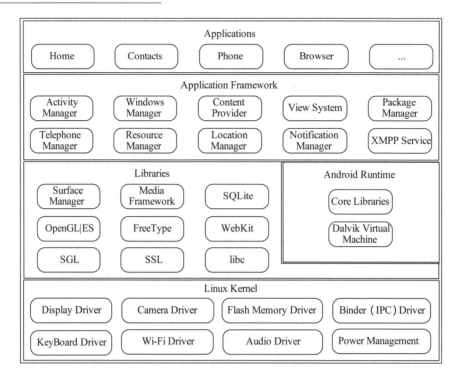

图 13-2　Android 系统的总体架构

1. 应用程序层

Android 平台不仅仅是操作系统，也在其应用程序层包含了诸如 SMS 短信客户端程序、电话拨号程序、图片浏览器、Web 浏览器等核心应用程序。这些应用程序都是用 Java 语言编写的，用户就是通过这些应用程序与 Android 手机交互，或者可以说用户就是通过这些程序来操控 Android 设备的。这些应用程序在设备上都是以一个小图标来表示，用户通过单击图标来运行程序。

此外，这些应用程序都可以被开发人员开发的其他应用程序所替换，这点不同于其他手机操作系统固化在系统内部的系统软件，更加灵活和个性化。应用程序的开发者还可以使用应用程序框架层的 API（应用程序编程接口）实现自己的程序，让用户可以使用更多便利的功能。这也是 Android 开源的巨大潜力的体现。

2. 应用程序框架层（Application Framework）

Android 的应用程序框架层为应用程序层的开发者提供了 API，开发人员可以访问核心应用程序所使用的 API 框架，这种架构设计简化了组件的重用，使得在遵循框架安全性的前提下，任何一个应用程序都可以发布功能块，并且任何其他的应用程序都可以使用其所发布的功能块，这使得 Android 开发者能够编写极其丰富和新颖的应用程序。具体包括的功能块如下：

（1）Activity Manager（活动管理器）——管理应用程序生命周期并提供常用的导航回退功能，为所有程序窗口提供交互的接口。

（2）Windows Manager（窗口管理器）——对所有开启的窗口程序进行管理。

（3）Content Provider（内容提供器）——使各个应用程序间分享彼此的数据。

（4）View System（视图系统）——构建应用程序，它包括列表（Lists）、网格（Grids）、文本框（Text boxes）、按钮（Buttons）等，甚至可嵌入的 Web 浏览器。

（5）Package Manager（包管理器）——管理应用程序，如安装应用程序、卸载应用程序、查询相关权限信息等。

（6）Telephone Manager（电话管理器）——提供 Phone 模块各种信息的查询和监听服务。

（7）Resource Manager（资源管理器）——访问非代码资源，如字符串、图形以及页面信息等。

（8）Location Manager（位置管理器）——提供位置服务。

（9）Notification Manager（通知管理器）——在状态栏显示指定信息，通知或提醒用户。

（10）XMPP Service（XMPP 服务）——Google 在线即时交流软件中一个通用的进程，提供后台推送服务。

3. 系统运行库

系统运行库是 Android 的内部函数库，此函数库主要用 C/C++编写而成。Android 应用程序开发人员并非直接使用此函数库，而是通过上层的应用程序框架来使用此函数库功能，因此可以说，系统运行库是应用程序框架的支撑，是连接应用程序框架层与 Linux 内核层的重要纽带。此函数库依照功能又可细分成各种类型的函数库，比较重要的函数库如下：

（1）Surface Manager（外观管理函数库）——执行多个应用程序时，管理子系统的显示，另外也对 2D 和 3D 图形提供支持。

（2）Media Framework（多媒体库）——这部分内容是 Android 多媒体的核心部分，该库支持多种常用的音频、视频格式回放和录制，同时支持静态图像文件。

（3）SQLite——属轻量级但功能齐全的关系数据库引擎，方便让 Android 所有的应用程序访问数据。

（4）OpenGL ES——基于 OpenGL ES 1.0 API 标准实现的 3D 跨平台图形库。

（5）FreeType——用于显示位图和矢量字体。

（6）WebKit——Web 浏览器的软件引擎。

（7）SGL——2D 图像引擎，专门处理 Android 的 2D 图形。

（8）SSL——位于 TCP/IP 协议与各种应用层协议之间，为数据通信提供安全支持。

（9）Libc——继承自 BSD 的 C 函数库 bionic libc，更适合基于嵌入式 Linux 的移动设备。

4. Android 运行环境

Android 运行环境相当于中间层，主要由 Android Core Libraries（Android 核心函数库）与 Dalvik Virtual Machine（Dalvik 虚拟机）构成。

Android 核心函数库所提供的功能，大部分与 Java 核心函数库相同。

Dalvik 虚拟机和一般的 Java 虚拟机（Java VM）不同，它执行的不是 Java 标准的字节码（Bytecode），而是 Dalvik 可执行格式（.dex）的执行文件。二者最大的区别在于：Java VM 是基于栈的虚拟机（Stack-based），而 Dalvik 是基于寄存器的虚拟机（Register-based）。显然，后者最大的好处在于可以根据硬件实现更大的优化，这更符合移动设备的特点。

Android 开发者仍然需要以 Java 程序语言编写 Android 应用程序，然后 Android 开发工具（Android SDK）内的 dx 工具将 class 文件转成 dex 文件，dex 文件比 class 文件更精简、运行性能更佳、而且更省电，可以说是为了移动设备量身打造的，接着 Android 将 dex 文件交给 Google 自行研发的 Dalvike VM 运行，不再使用 Java VM。

5. Linux 内核

Linux 内核作为硬件和软件之间的抽象层，隐藏具体硬件细节而为上层提供统一的服务。Android 基于 Linux 内核提供核心系统服务实现硬件设备驱动。主要的驱动如下：

（1）Display Driver（显示驱动）——基于 Linux 的帧缓冲（Frame Buffer）驱动。

（2）Camera Driver（相机驱动）——常用的基于 Linux 的 v4l 驱动。

（3）Flash Memory Driver（Flash 内存驱动）——是基于 MTD 的 Flash 驱动程序。

（4）Binder（IPC）Driver（Binder（IPC）驱动）——Android 中一个特殊的驱动程序，具有单独的设备节点，提供进程间通信的功能。

（5）KeyBoard Driver（键盘驱动）——作为输入设备的键盘驱动。

（6）Wi-Fi Driver（Wi-Fi 驱动）——基于 IEEE 802.11 标准的驱动程序。

（7）Audio Driver（音频驱动）——常用基于 ALSA（Advanced Linux Sound Architecture，高级 Linux 声音体系）的驱动。

（8）Power Management（电源管理）——针对嵌入式设备，基于标准 Linux 电源管理系统的、轻量级的电源管理驱动。

13.2　Android 开发环境

本节主要讲述 Android 最常使用的开发工具 Android SDK 和 Eclipse+ADT 搭建 Android 应用程序开发平台的主要步骤。

13.2.1　准备工作

开发 Android 应用程序，可以在 Windows、Linux 等平台上完成，本书以 Windows 平台为例，介绍 Android 应用程序开发环境的搭建过程。

首先下载并安装相关的软件资源，这些资源主要包括 JDK、Eclipse、Android SDK 和 ADT 插件。

1. 开发工具

1）JDK

JDK 的介绍请参照以前章节，此处不再赘述。

2）Eclipse

Eclipse 是一个开发源代码的、基于 Java 的可扩展开发平台。

Eclipse 本身只是一个框架和一组响应的服务，并不能够开发什么程序。在 Eclipse 中几乎每样东西都是插件，实际上正是运行在 Eclipse 平台上的种种插件提供了开发程序的各种功能。同时各个领域的开发人员通过开发插件，可以构建与 Eclipse 环境无缝集成的工具。

3）Android SDK

Android SDK（Software Development Kit）指的是 Android 专属的软件开发工具包，提供了在 Windows/Linux/Mac 平台上开发 Android 应用的开发组件，并包含了在 Android 平台上开发移动应用的各种工具集。

Android SDK 主要是以 Java 语言为基础，用户可以使用 Java 语言来开发 Android 平台上的软件应用。通过 SDK 提供的一些工具将其打包成 Android 平台使用的 apk 文件，然后用 SDK 中的模拟器（Emulator）来模拟和测试软件在 Android 平台上的运行情况和效果。

4）ADT

Eclipse ADT 是 Eclipse 平台用来开发 Android 应用程序的插件。它扩展了 Eclipse 的功能，能让开发者快速、方便地建立 Android 应用程序，创建应用程序界面，基于 Android 框架 API 添加组件，使用 Android SDK 工具调试应用程序，导出签名(或未签名)的 apk 文件以便发布应用程序。

2. 搭建方法

（1）分别下载 JDK、Eclipse、Android SDk、ADT 插件搭建 Android 开发环境。

（2）推荐初学者下载 ADT Bundle。ADT Bundle 提供了一个集成 Eclipse、ADT 插件和 Android 平台工具的 SDK 版本，只需安装好 JDK 即可开始开发。本章以此方法介绍 Android 开发环境的搭建，下载的 ADT Bundle 的文件名是 adt-bundle-windows-x86-20140712.zip，如图 13-3 所示，解压并进入到当前文件夹，结构如图 13-4 所示。

adt-bundle-windows-x86-20140702.zip

图 13-3　下载的 ADT Bundle 压缩包　　　　　图 13-4　解压后的文件夹

13.2.2　进入 Eclipse 开发环境

进入 Eclipse 文件夹，双击 eclipse.exe。设置工作空间后，进入 Eclipse 的工作界面，如图 13-5～图 13-7 所示。

图 13-5　Eclipse 启动界面

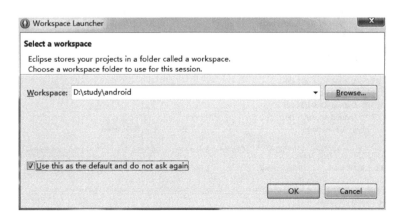

图 13-6　设置工作空间

Android 应用程序开发

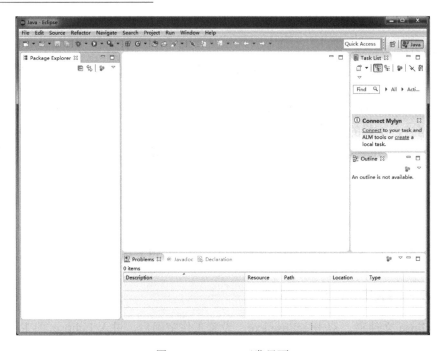

图 13-7　Eclipse 开发界面

13.2.3　SDK Manager 和 SDK 文件夹

1. SDK Manager

在文件夹目录，双击启动 SDK Manager.exe，在列表中会显示出所有版本的 Android SDK，选择需要的安装包即可在线下载、更新相关开发工具、文档、示例代码。本开发平台集成了 Android 4.4.2（API 19），读者可根据自己的需要自行下载或更新，如图 13-8 所示。

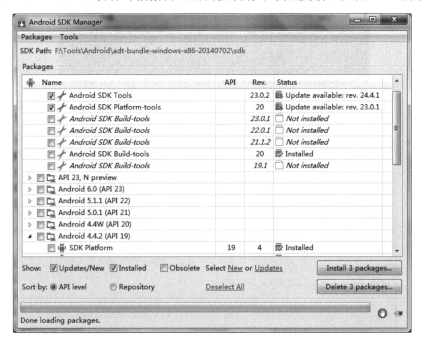

图 13-8　SDK Manager 界面

2. SDK 文件夹

SDK 目录下有很多文件夹，如图 13-9 所示。

图 13-9　SDK 目录结构图

（1）add-ons：该目录下存放第三方公司为 Android 平台开发的附加功能系统，如 Google Maps。

（2）build-tools：编译工具目录，包含了转化为 Davlik 虚拟机的编译工具。

（3）extras：存放了 Google 提供的 USB 驱动、Intel 提供的硬件加速等附加工具包。

（4）platforms：该目录下存放不同版本的 SDK 数据包。

（5）platfrom-tools：该文件夹下存放了 Android 平台相关工具。

（6）samples：samples 是 Android SDK 自带的默认示例工程。

（7）sources：该文件夹下存放 Android 源代码。

（8）system-images：存放编译好的系统镜像文件。

（9）temp：SDK Manager 更新数据的临时文件夹。

（10）tools：该目录下存放了大量 Android 开发、调试工具。

　知识提示　Android Studio 是 Google 推出并大力支持的 Android 开发环境，基于 IntelliJ IDEA，为 Android 开发者提供了用于开发和调试的集成 Android 开发工具。Android Studio 现在的版本已经比较稳定了，其代码提示和搜索功能非常强大，非常智能，发展空间非常大，使用的人数也越来越多。

13.3　创建 FirstAndroidApp 程序

13.3.1　创建和启动 Android 虚拟设备 AVD

AVD（Android Virtual Device）即 Android 虚拟设备。利用 Eclipse 开发 Android 应用时，可以启动 Google 提供的 AVD 来对应用进行调试。AVD 可以帮助程序开发者在计算机上模拟真实的移动设备环境来测试所开发的 Android 应用程序。

启动 Eclipse，在菜单栏中选择 Windows | Android Virtual Device Manager 选项，如图 13-10 所示。

打开 Android Virtual Device Manager 对话框，显示 No AVD available，表示没有可用的 Android 虚拟设备，如图 13-11 所示。

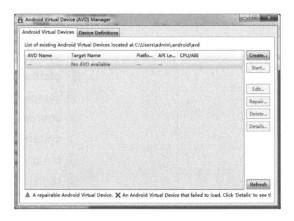

图 13-10　选择 Android Virtual Device Manager 选项　　图 13-11　Android Virtual Device Manager 对话框

选择 Device Definitions 选项卡，显示出 Google 提供的设备列表，可根据需要选取不同的设备类型、尺寸、分辨率等。如图 13-12 所示，选择 "3.2"320×480" 的设备类型，单击 Create AVD 按钮，弹出 Create new Android Virtual Device 对话框，如图 13-13 所示。

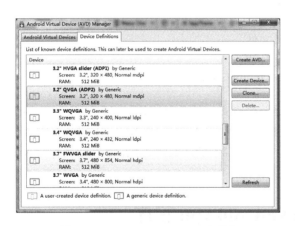

图 13-12　Device Definitions 选项卡　　　图 13-13　Create new Android Virtual Device 对话框

　　🔖知识提示　在进行设备列表的选择时，设备的分辨率越高，系统的运行速度会越慢，选择的时候请根据自己系统的情况选择合适的设备。

输入 AVD 的名称、选择 Android API Level、显示键盘、选择皮肤、设置模拟器内存大小、设置模拟器的手机存储空间大小、设置模拟器 SD 卡的空间后，单击 OK 按钮，一个叫 myphone 的模拟器创建成功，如图 13-14 所示。

选择 myphone 模拟器，单击 Start 按钮，弹出 Launch Options 对话框，如图 13-15 所示，

通过设置 Wipe user data 复选框，选择是否清除已有用户的数据，单击 Launch 按钮启动模拟器，模拟器启动的快慢和系统的配置相关。启动后的模拟器如图 13-16 所示。

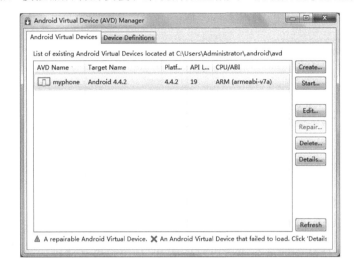

图 13-14　模拟器列表

图 13-15　Launch Options 对话框

模拟器第一次启动时，默认显示的是英文界面，可以在 Settings|Language&input|Language 下选择"中文（简体）"，使其看起来比较亲切，如图 13-17 所示。

图 13-16　myphone 模拟器

图 13-17　设置语言

知识提示　模拟器 AVD 不支持呼叫和接听电话，不支持 USB 连接，不支持蓝牙等功能，因此进行 Android 开发时，有些功能无法通过模拟器进行调试，必须使用真机。

13.3.2　DDMS

DDMS（Dalvik Debug Monitor Service，Dalvik 调试监控服务）是一个可视化的调试监控工具。开发人员可以通过 DDMS 管理运行在模拟器或设备上的进程，针对特定的进程查看正在运行的线程以及堆信息、Logcat 信息、广播状态信息，它还模拟电话呼叫、收发短信、虚拟地理坐标，以及为模拟器或设备进行屏幕快照等。

在 Eclipse 中，单击窗口右上角的 Open Perspective 按钮，如图 13-18 所示。在弹出的窗口中选择 DDMS 选项，如图 13-19 所示，即可切换到 DDMS 视图，并会在窗口右上角显示 DDMS 按钮。DDMS 视图左侧为设备面板，右侧为工具面板。

图 13-18　Open Perspective 按钮　　　　　图 13-19　选择 DDMS

设备面板显示的是与 DDMS 连接的物理设备或模拟器的信息，如显示设备或模拟器运行的程序，通过这个面板，可以实现直接停止某个应用程序的执行、截取屏幕快照等功能，如图 13-20 所示。

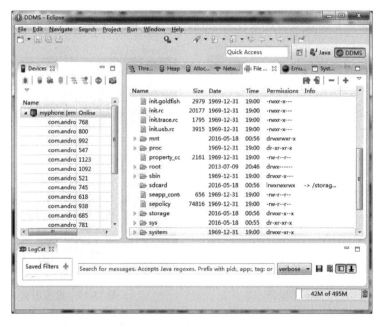

图 13-20　DDMS 视图

工具面板包含多个工具选项卡，其中比较常用的是 File Explorer（文件资源管理器）和 Emulator Control（模拟器控制台）。

（1）File Explorer：类似手机的文件资源管理器，选中 File Explorer 选项卡中的某文件，通过右上角的按钮便可实现对 Android 手机文件系统的上传、下载和删除操作，如图 13-21 所示。

（2）Emulator Control：可以模拟发送短信、接打电话、设置手机位置信息等。通过 Emulator Control 模拟号码 22 打电话给 myphone 模拟器，如图 13-22 和图 13-23 所示。

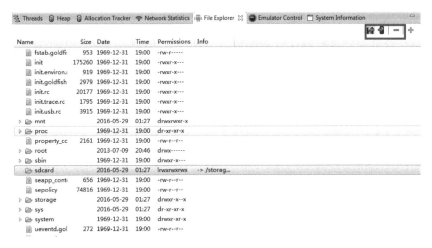

图 13-21　File Explorer 选项卡

图 13-22　Emulator Control 选项卡

图 13-23　myphone 模拟器接到号码 22 来电

13.3.3　新建 Android 工程项目

在 Eclipse 中单击 File|Android Application Project 选项，弹出 New Android Application 对话框，如图 13-24 所示。在该对话框中填写以下内容：

（1）Application Name——应用程序显示给用户的名称。本例中填写 FirstAndroidApp，当该应用程序部署到设备或模拟器上时，在应用程序列表中就会看到这个名称。

（2）Project Name——在 Eclipse 中该项目的名称。

（3）Package Name——应用程序的包命名空间，是 Android 程序的唯一标识，不能是中文，建议使用开发组织的反向域名作为包名。

（4）Mininum Requrired SDK——应用程序支持的 Android SDK 的最低版本。本例的选择使得该应用程序能运行在 Android SDK 2.2 以上版本的机器上。

（5）Target SDK——应用程序的目标 SDK 版本。

（6）Compile With——编译应用程序所使用的平台版本。

（7）Theme——指定适用于该应用程序的 Android UI 风格。

单击 Next 按钮，弹出对话框如图 13-25 所示。

（1）Create custom launcher icon：是否创建自定义的启动图标。

（2）Create activity：是否创建一个默认的 activity。

其他选项交给管理器进行默认设置即可。

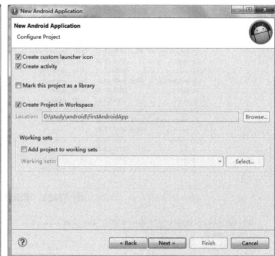

图 13-24　New Android Application 对话框（1）　　　图 13-25　New Android Application 对话框（2）

由于本例中选中了 Create custom launcher icon 复选框，单击 Next 按钮，弹出 Configure Lancher Icon 窗口，如图 13-26 所示，否则跳过这步，采用默认的图标。

由于本例中选中了 Create Activity 复选框，再次单击 Next 按钮，弹出 Create Activity 窗口，如图 13-27 所示，否则跳过这一步。本例中选择 Blank Activity 模板。

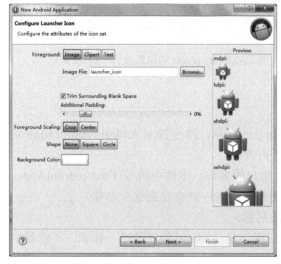

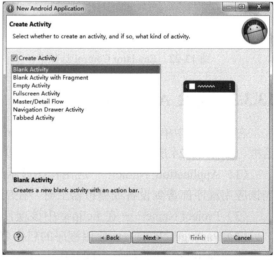

图 13-26　New Android Application 对话框（3）　　　图 13-27　New Android Application 对话框（4）

单击 Next 按钮，弹出对话框如图 13-28 所示，设置 Activity 和 Layout 名称等信息，本例中保留所有的默认信息，并单击 Finish 按钮，完成工程项目的创建。

这时，创建好的 Android 工程项目已经显示在 Eclipse 中，窗口最左侧 Package Explorer（包资源管理器）显示该项目的文件结构信息，接着是 Layout 工具栏，中间显示的是该工程项目当前默认的 Layout 信息，如图 13-29 所示。

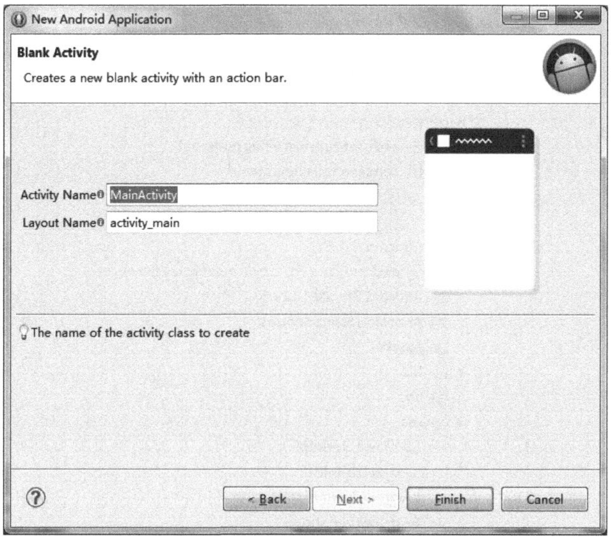

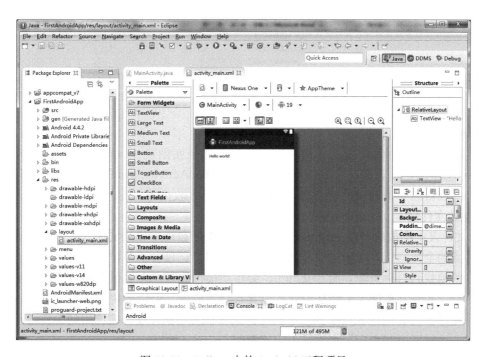

图 13-28　New Android Application 对话框（5）

图 13-29　Eclipse 中的 Android 工程项目

　　另外，Android 工程新建完成之后，会多出现一个名为 appcompat_v7 的工程，它是 Google 自己的一个兼容包，就是一个支持库，更新 ADT 至 22.6.0 版本之后出现了这个库，它能让 2.1 以上版本使用上 4.0 版本的界面。

13.3.4　Android 工程项目的文件结构

　　当创建一个 Android 项目之后，在窗口最左侧 Package Explorer 中会出现如图 13-30 所示的文件结构。了解 Android 工程项目的文件结构，对自主设计、开发一个 Android 程序是非常必要的。

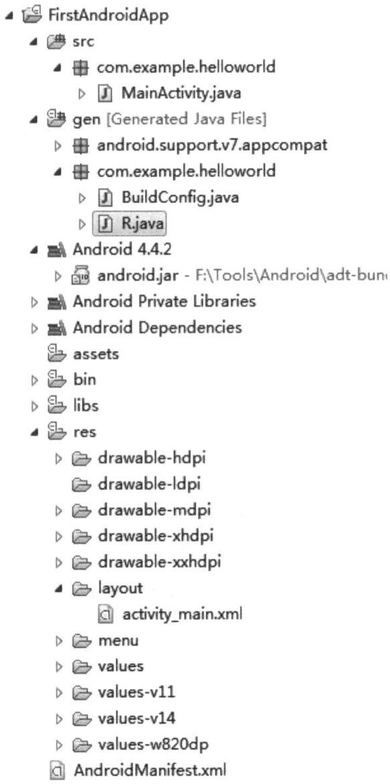

```
▲ ☕ FirstAndroidApp
   ▲ 🗁 src
      ▲ 🌐 com.example.helloworld
         ▷ 🗋 MainActivity.java
   ▲ 🗁 gen [Generated Java Files]
      ▷ 🌐 android.support.v7.appcompat
      ▲ 🌐 com.example.helloworld
         ▷ 🗋 BuildConfig.java
         ▷ 🗋 R.java
   ▲ 🗀 Android 4.4.2
      ▷ 🗐 android.jar - F:\Tools\Android\adt-bun
   ▷ 🗀 Android Private Libraries
   ▷ 🗀 Android Dependencies
     🗁 assets
   ▷ 🗁 bin
   ▷ 🗁 libs
   ▲ 🗁 res
      ▷ 🗁 drawable-hdpi
        🗁 drawable-ldpi
      ▷ 🗁 drawable-mdpi
      ▷ 🗁 drawable-xhdpi
      ▷ 🗁 drawable-xxhdpi
      ▲ 🗁 layout
           🗋 activity_main.xml
      ▷ 🗁 menu
      ▷ 🗁 values
      ▷ 🗁 values-v11
      ▷ 🗁 values-v14
      ▷ 🗁 values-w820dp
     🗋 AndroidManifest.xml
```

图 13-30　Eclipse 中的 Android 文件结构

1. src 文件夹

src 文件夹是应用程序源文件所在的文件夹，如果在创建 Android 应用程序时选中了 Create Activity 复选框，那么会默认创建一个名为 MainActivity.java 的类文件。也可以在 src 下创建一些项目需要 Java 文件，如创建包、类、接口、枚举等。

2. gen 文件夹

gen 文件夹中存放所有由 Android 开发工具 Eclipse 自动生成的文件。其中 R.java 是项目中所有资源的全局索引，在应用中起到了字典的作用，它包含了各种资源的 ID，通过 R.java 可以很方便地找到对应资源。而且 Eclipse 会自动根据放入 res 目录的资源，同步更新修改 R.java 文件。正因为 R.java 文件是由开发工具自动生成的，所以应避免手工修改 R.java。

另外编译器也会检查 R.java 列表中的资源是否被使用到，没有被使用到的资源不会编译到软件中，这样可以减少应用在手机占用的空间。

3. Android 4.4.2 文件夹

Android 4.4.2 文件夹下包含 Android.jar 文件，该文件是 Android 开发所需要的 jar 包。在 Android 开发中，绝大部分开发工具包都被封装到 Android.jar 的文件里，如构建应用程序所需的所有的 Android SDK 库。

4. bin 文件夹

bin 文件夹中存放自动生成的二进制文件、资源打包文件以及 Dalvik 虚拟机的可执行文件，如 class 文件、apk 文件等。

5. libs 文件夹

libs 中存放程序开发时需要的一些第三方 jar 包，系统会自动把里面的 jar 包添加到环境变量。

6. res 文件夹

res 文件夹存放项目中的各种资源文件，如布局文件、图片或数据资源等。该目录中有资源添加时，R.java 会自动记录下来。res 目录下一般有如下几个子目录：

（1）drawable-ldpi、drawable-mdpi、drawable-hdpi、drawable-xhdpi、drawable-xxhdpi 这 5 个子目录分别存放分辨率从低到高的图片。

（2）layout：是界面布局目录，默认布局文件是 activity_main.xml，可以在该文件内放置不同的布局结构、控件以满足应用界面的需要，也可以新建布局文件。

（3）menu：存放定义了应用程序菜单资源的 XML 文件。

（4）values、values-v11、values-v14：存放了多种类型资源的 XML 文件。如 string.xml（字符串描述文件）、color.xml（颜色描述文件）等。

7. assets 文件夹

assets 文件夹是资产文件夹，Android 除了提供 res 文件夹存放资源文件外，在 assets 文件夹也可以存放资源文件，但在 assets 文件夹下的资源文件不会在 R.java 文件中自动生成 ID，也不会在启动的时候就载入内存，因此一般把一些不经常使用的大资源文件存放在该目录下，并指定资源文件的路径以便读取该资源。

8. AndroidManifest.xml 文件

AndroidManifest.xml 是每个 Android 程序必须有的全局配置文件，是应用程序中最重要的文件之一。AndroidManifest.xml 位于我们开发的应用程序根目录下，描述了 package 中的全局数据，包括 package 中曝露的组件（Activity、Service 等，具体在下一小节介绍）以及它们各自的实现类、各种能被处理的数据和启动位置等重要信息。而且如果程序中使用到了系统内置的应用（如电话服务、互联网服务、短信服务、GPS 服务等），还需在该文件中声明使用权限。

因此，该文件提供了 Android 系统所需要的关于该应用程序的必要信息，即在该应用程序的任何代码运行之前系统必须拥有的信息。

13.3.5　Android 组件

Android 应用程序由 Activity、Service、ContentProvider、BroadcastReceiver 4 大零散又有联系的组件组成，它们是 Android 应用程序的基石。在 AndroidManifest.xml 配置文件中以不同的 XML 标签声明后，即可在应用程序中使用。下面简单介绍各个组件的功能。

1. Activity

Activity 是 Android 应用开发中最频繁、最基本的模块，一般称之为"活动"，它相当于应用程序的显示层。一个 Activity 通常展现为一个可视化的用户界面，也就是一个单独的屏幕，用户可以通过它与应用程序进行交互。

一个应用程序可能包含一个或多个 Activity，但通常每个应用程序在运行时会将其中的一个 Activity 定为第一个显示的 Activity。这些 Activity 相当于 Web 应用程序中的网页，用于显示信息，并可以相互之间进行跳转和数据传递。

根据 Android 文档，每一个 Activity 都有 4 个状态，即 Active/Running、Paused、Stop、Killed。

（1）Active/Running：此时 Activity 处于屏幕的最前端，用户完全可以看到它，并且可以与用户进行交互。

（2）Paused：当 Activity 失去焦点时（如新建了一个非全屏或者透明的 Activity），此时 Activity 在屏幕上仍然可见，但用户不能与之进行交互。Paused 状态的 Activity 是存活的，它仍然维持着其内部状态和信息，但系统可能会在手机内存极低的情况下回收该 Activity。

（3）Stop：此时 Activity 在屏幕上完全不能被用户看见，也就是说，这个 Activity 已经完全被其他 Activity 所遮盖。处于 Stop 状态的 Activity，系统仍然保留其内部状态和成员信息，但是它经常会由于手机系统内存被征用而被系统杀死回收。

（4）Killed：Activity 被系统杀死回收或者未启动。

这 4 种状态的转换关系如图 13-31 所示。

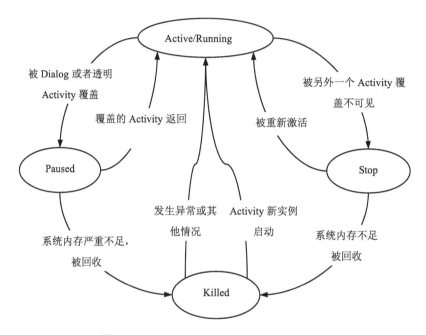

图 13-31　Activity 的 4 种状态之间的转换图

Android 是通过栈机制来管理 Activity 的，遵循"先进后出，后进先出"的管理原则。当一个 Activity 启动时，它会入栈，并把原来的 Activity 压入到栈的第二层；当前台的 Activity 因为异常或其他原因被销毁时，处于栈第二层的 Activity 将被激活，上浮到栈顶。处于前台的 Activity 总是在栈的顶端，可以说，一个 Activity 在栈中的位置变化反映了它在不同状态间的转换，如图 13-32 所示。

2. Service

Seivice 是一种类似于 Activity 但是没有视图（界面）的程序，它可以看成是独立的保持后台运行的服务，例如，Service 可能在用户处理其他事情的时候播放背景音乐，或者从网络获取数据，或者执行一些运算。

音乐播放器是应用 Service 的一个非常好的例子。音乐播放器程序可能含有一个或多个 Activity，用户通过这些 Activity 播放音乐。但当用户去执行其他程序的时候可能仍然希望音乐一直播放下去，音乐播放器 Activity 就会启动一个 Service 在后台播放音乐。

Service 能够长期在后台运行，且比 Activity 具有更高的优先级，在系统资源紧张时不会轻易终止。此外 Service 还可以用于进程间的通信。

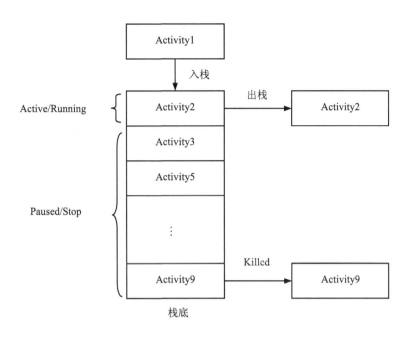

图 13-32　任务栈管理 Activity

3. ContentProvider

在 Android 中，每个应用程序都是用自己的用户 ID 并在自己的进程中运行，每个进程都拥有独立的进程地址空间和虚拟空间。其好处是：可以有效地保护系统及应用程序，避免被其他不正常的应用程序影响。

ContentProvider 是 Android 系统提供的一种标准的共享数据的机制，用来解决应用程序间数据通信、共享的问题。如果应用程序想访问其他应用程序的一些私有数据，或者想访问联系人信息等数据库，无论这些数据是存储在文件系统中、SQLite 数据库中或其他的一些媒体中，ContentProvider 都可以在满足权限要求的条件下，使程序保存或读取这些数据。

4. BroadcastReceiver

BroadcastReceiver 负责接收 Android 系统中的广播通知信息，并做出相应的处理。在 Android 系统中，当有特定事件发生时就会产生相应的广播，大部分广播通知是由系统产生的，例如改变时区、电池电量低、用户选择了一幅图片或者用户改变了语言首选项。应用程序同样也可以发送广播通知，例如，通知其他应用程序某些数据已经被下载到设备上可以使用等。

BroadcastReceiver 不包含任何用户界面。但它可以通过启动 Activity 或者 NotificationManager 通知用户接收到重要信息。通知用户的方式有多种，如闪动背景灯、震动设备、发出声音等等。通常程序会在状态栏上放置一个持久的图标，用户可以打开这个图标并读取通知信息。

5. Intent

Intent 虽然不是 Android 应用程序的 4 大组件之一，但 Activity、Service 和 BroadcastReceiver 都是由 Intent 异步消息激活的。Intent 用于连接以上各组件，并在其间传递消息。

Intent 本身定义为一个类别，一个 Intent 对象表达一个目的或期望，叙述其所期望的服务或动作，或与动作有关的数据等。Android 则根据此 Intent 对象的叙述，负责配对，找出相配的组件，然后将 Intent 对象传递给所找到的组件。

13.3.6 编译和运行 Android 应用程序

运行 Android 程序时，单击三角形的 run 按钮，然后选择刚才创建的模拟器，或者右击工程名称（如 FirstAndroidApp），选择 Run As|Android Application 选项，源码被编译，程序开始运行，如图 13-33 所示。

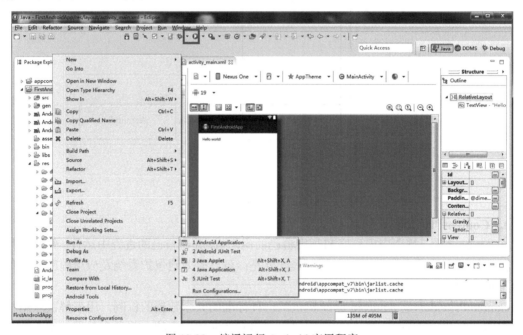

图 13-33　编译运行 Android 应用程序

如果 Android 程序在运行时，模拟器处于关闭状态，那么 ADT 会自动开启默认模拟器，并在其中运行。如果存在多个模拟器，则可以选择在哪个模拟器上运行应用程序。

程序的运行结果如图 13-34 所示，屏幕显示 "Hello world！"。在如图 13-35 所示的模拟器程序列表中，可以看到 FirstAndroidApp 图标。

图 13-34　FirstAndroidApp 的运行结果

图 13-35　模拟器程序列表

13.3.7　Android 应用程序的调试、打包和发布

设置断点是 Android 开发中最常用的调试方法，可以通过双击代码编辑器左侧的标记栏设置断点，也可以右击标记栏，在弹出的快捷菜单中选择 Toggle Breakpoint 命令设置断点，如图 13-36 和图 13-37 所示。

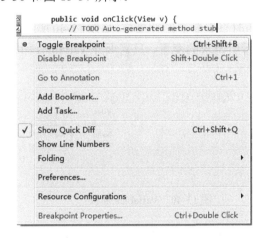

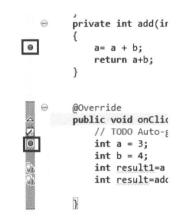

图 13-36　设置断点的方法　　　　　图 13-37　编辑器左侧设置两个断点

调试 Android 程序时，单击 Debug 图标按钮，或者右击工程名称（如 FirstAndroidApp），选择 Debug As|Android Application 选项，或者快捷键 F11，进入 Debug 视图并启动程序的调试模式，如图 13-38 所示。

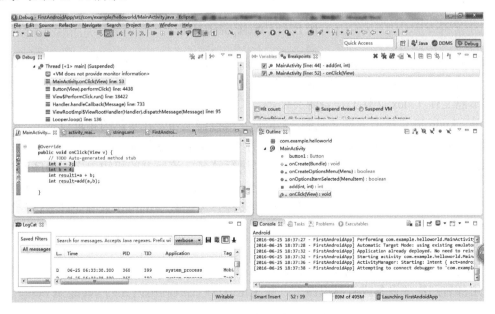

图 13-38　Debug 视图下的调试模式

调试器会停止在某一个设置的断点处，可以利用下面的功能键按需求进行调试，如图

Android 应用程序开发

13-39 所示。

（1）Step Into（快捷键 F5）：单步执行过程中，如果遇到子函数则进入子函数，并继续单步执行。

（2）Step Over（快捷键 F6）：单步执行过程中，如果遇到子函数不会进入子函数的内部，而是把子函数只作为函数的一步执行。

（3）Step Return（快捷键 F7）：迅速执行完函数里面的内容，并且返回上一级函数调用处。

（4）Resume（快捷键 F8）：跳到下一个断点处，如只有一个断点，则执行结束。

在调试过程中，可以利用 Variables 面板随时查看断点的变量值，如图 13-40 所示。Variables 面板显示了选中的堆栈帧中的变量值。要查看所请求的变量，只需展开 Variables 面板中的树直到所请求的元素为止。

图 13-39　工具栏调试图标　　　　　　　图 13-40　Variables 面板

Breakpoints 面板列出了当前工作区设置的所有断点，如图 13-41 所示。列表中显示出所有断点所属的类、断点所在的行号以及所属的方法等。也可以通过该面板删除断点或清空所有的断点。

图 13-41　Breakpoints 面板

当完成 Android 应用程序开发后，一般要打包成 apk 文件（其后缀名为.apk），apk 文件中包含了与某个 Android 应用程序相关的所有文件，如应用程序配置文件 AndroidManifest、Java 字节码文件（.dex 文件）、资源文件等。

另外，Android 系统要求签名机制，无论是在模拟器上还是在实际的物理设备上，Android 系统都不会安装运行任何一款未经数字签名的 apk 程序，签名这个环节尤为重要。所有的 Android 应用程序都需要开发者使用一个证书进行签名。该证书的秘钥由应用程序的开发者所拥有，不需要一个权威的数字证书机构签名认证。Android 系统通过该证书来识别应用程序的开发者。只有使用同一个证书签名的应用程序，才能被 Android 系统允许进行升级、覆盖安装等操作。使用不同签名的两个应用程序，即使其包名和类名完全相同，Android 系统也不会允许其安装在同一个目录下。

前面提到，一般通过 Eclipse 中的 Run As|Android Application 选项，并没有经过签名，就会把应用部署到物理设备或者模拟器上，其实是 ADT 工具利用内置的 debug.keystore 为 apk 文件自动进行数字签名，以便可以在模拟器上运行。

但是如果想把 apk 上传到网上，供大家下载使用，就不能使用 debug.keystore 给 apk 签名，因为这样会存在一定的安全隐患。必须使用私有秘钥对对 Android 程序进行数字签名。签名可以采用命令行方式，也可以用使用 ADT 工具完成。本节以在 Eclipse 中使用 ADT 完成签名为例介绍签名和打包的方法。

右击工程名称（如 FirstAndroidApp），选择 Android Tools|Export Signed Application Package 命令，弹出对话框如图 13-42 所示。选择要导出的项目，单击 Next 按钮，出现 Keystore selection 窗口，选中 Create new keystore 单选按钮，确定要保存的 keystore 文件的保存位置和名字，并确定对应的 keystore 文件的密码，如图 13-43 所示。

图 13-42　选择导出项目

图 13-43　Keystore selection

单击 Next 按钮，出现 Key Creation 窗口，如图 13-44 所示，Alias 为秘钥的别名，Validity 为秘钥的有效期，建议大于 25 年，其他的内容按照实际的情况填写即可。

单击 Next 按钮，出现目标文件签名对话框，如图 13-45 所示，选择要签名的 APK 文件，单击 Finish 按钮，则完成对该目标文件的签名工作，同时生成签名文件。图 13-46 显示了完成签名的 FirstAndroidApp.apk 文件以及秘钥文件 MyKeystore。

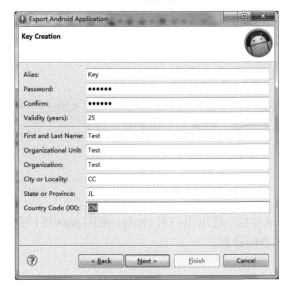

图 13-44　创建秘钥对话框

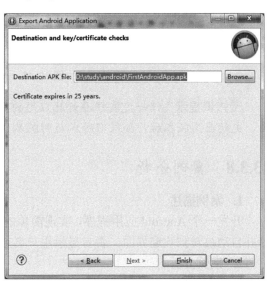

图 13-45　目标文件签名对话框

Android 应用程序开发

图 13-46　apk 及秘钥文件

可以使用 WinRAR 解压缩软件将 apk 文件解压缩，如图 13-47 所示，会看到如下文件：

（1）classes.dex——包含了所有的 Java 字节码文件。Java 文件编译后首先生成.class 文件，然后把所有的.class 文件打包成.dex 文件，并在同时进行一些优化。

（2）Resource.arsc——用来描述那些具有 ID 值的资源的配置信息，它的内容就相当于一个资源索引表。

（3）AndroidManife.xml——应用程序的配置文件。

（4）res——资源文件目录。

（5）META-INF——签名信息文件，没有签名的 APK 和已签名的 APK 相比少了 META-INF 文件。

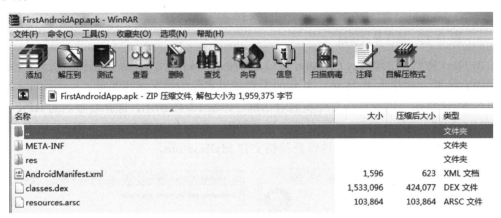

图 13-47　apk 文件的内容

知识提示　请一定要保存好此应用的签名文件，后面的版本都要用此签名文件进行签名。更新应用版本后，如果旧版本与新版本的签名不同，用户将无法更新此应用。

13.3.8　案例分析

1. 案例描述

开发一个 Android 应用程序，实现简单的登录功能。使用用户名 study、密码 pass 可以登录并自动跳转到欢迎界面，否者显示用户名或者密码错误。

2. 案例分析

根据案例描述中的信息，本案例需要设计两个图形用户界面（UI 界面）：登录界面、欢迎界面。其中登录界面使用两个 EditText 和一个 Button 按钮完成布局，欢迎界面使用一个

TextView 完成布局。

3. 案例实现

（1）将程序需要的图片资源复制到 res\drawable 文件夹中，Eclipse 会自动在 R.java 文件中生产对应的资源 ID，以方便地找到该资源，如图 13-48 所示。

（2）在 layout 界面布局目录，新建布局文件 activity_welcome.xml，采用线性布局方式（LinearLayout）即可，如图 13-49 所示。

图 13-48　res\drawable-hdpi 中的图片资源文件　　图 13-49　layout 布局目录

（3）打开 activity_main.xml 布局文件，输入代码如下：

```xml
<RelativeLayout xmlns:android="http://schemas.android.com/apk/res/android"
    xmlns:tools="http://schemas.android.com/tools"
    android:layout_width="match_parent"
    android:layout_height="match_parent"
    tools:context=".MainActivity" >
    <EditText
        android:id="@+id/name"
        android:layout_width="300dp"
        android:layout_height="40dp"
        android:layout_centerHorizontal="true"
        android:layout_marginTop="60dp"
        android:background="#ffffff"
        android:drawableLeft="@drawable/login_name"
        android:hint="请输入用户名">
        <requestFocus />
    </EditText>
    <EditText
        android:id="@+id/pwd"
        android:layout_width="300dp"
        android:layout_height="40dp"
        android:layout_below="@+id/name"
        android:layout_centerHorizontal="true"
        android:layout_marginTop="10dp"
        android:background="#ffffff"
        android:inputType="textPassword"
        android:drawableLeft="@drawable/login_password"
        android:hint="请输入密码">
    </EditText>
    <Button
        android:id="@+id/btLogin"
        android:layout_width="300dp"
        android:layout_height="40dp"
        android:layout_marginTop="20dp"
        android:layout_below="@+id/pwd"
        android:layout_centerHorizontal="true"
        android:background="#00FF00"
        android:text="登录" />
</RelativeLayout>
```

（4）打开 activity_welcome.xml 布局文件，输入代码如下：

```xml
<?xml version="1.0" encoding="utf-8"?>
<LinearLayout xmlns:android="http://schemas.android.com/apk/res/android"
    android:layout_width="match_parent"
    android:layout_height="match_parent"
    android:orientation="vertical" >
    <TextView
        android:id="@+id/textView1"
        android:layout_width="wrap_content"
        android:layout_height="wrap_content"
        android:text="TextView" />
</LinearLayout>
```

（5）在 src 程序源文件所在目录，新建类文件 Welcome.java，如图 13-50 所示。

图 13-50　src 程序源文件目录

（6）打开 MainActivity.java 文件，输入代码如下：

```java
//文件名: MainActivity.java
package com.example.login;
import android.support.v7.app.ActionBarActivity;
import android.app.AlertDialog;
import android.content.DialogInterface;
import android.content.Intent;
import android.os.Bundle;
import android.view.Menu;
import android.view.MenuItem;
import android.view.View;
import android.view.View.OnClickListener;
import android.widget.Button;
import android.widget.EditText;
public class MainActivity extends ActionBarActivity {
    private Button btnLogin;
    private EditText etName, etPwd;
    @Override
    protected void onCreate(Bundle savedInstanceState) {
        super.onCreate(savedInstanceState);
        setContentView(R.layout.activity_main);
        etName = (EditText) findViewById(R.id.name);
        etPwd = (EditText) findViewById(R.id.pwd);
        btnLogin = (Button) findViewById(R.id.btLogin);
        btnLogin.setOnClickListener(new OnClickListener() {
        @Override
        public void onClick(View v) {
            //TODO Auto-generated method stub
            if (etName.getText().toString().equals("study")
                    && etPwd.getText().toString().equals("pass")) {
                Intent intent = new Intent(MainActivity.this, Welcome.class);
                //给intent添加额外数据，key为"name"，key值为用户名
                intent.putExtra("name", etName.getText().toString());
                startActivity(intent);
            } else {
                new AlertDialog.Builder(MainActivity.this)
                        .setTitle("系统提示")
```

```
                        //设置对话框标题
                        .setMessage("用户名或者密码错误！")
                        //设置显示的内容
                        .setPositiveButton("确定",
                            new DialogInterface.OnClickListener() {
                                                        //添加确定按钮
                                @Override
                                public void onClick(
                                        DialogInterface dialog,
                                        int which) {//确定按钮的响应事件
                                    etName.setText("");
                                    etPwd.setText("");
                                }
                        }).show();
                }
            }
    });
    }
    @Override
    public boolean onCreateOptionsMenu(Menu menu) {
        //Inflate the menu; this adds items to the action bar if it is present.
        getMenuInflater().inflate(R.menu.main, menu);
        return true;
    }
    @Override
    public boolean onOptionsItemSelected(MenuItem item) {
        //Handle action bar item clicks here. The action bar will
        //automatically handle clicks on the Home/Up button, so long
        //as you specify a parent activity in AndroidManifest.xml.
        int id = item.getItemId();
        if (id == R.id.action_settings) {
            return true;
        }
        return super.onOptionsItemSelected(item);
    }
}
```

（7）打开 Welcome.java 文件，输入代码如下：

```
//文件名：Welcome.java
package com.example.login;
import android.app.Activity;
import android.content.Intent;
import android.os.Bundle;
import android.widget.TextView;
public class Welcome extends Activity {
    private TextView tvName;
    @Override
    protected void onCreate(Bundle savedInstanceState) {
        //TODO Auto-generated method stub
        super.onCreate(savedInstanceState);
        setContentView(R.layout.activity_welcome);
        /*获得Activity传输过来的值*/
        /*getIntent将该项目中包含的原始intent检索出来，将检索出来的intent赋值
        给一个Intent类型的变量intent   */
        Intent intent=getIntent();
```

```
        Bundle bundle=intent.getExtras();//.getExtras()得到intent所附带的额外数据
        String str=bundle.getString("name");//getString()返回指定name的值
        tvName=(TextView)findViewById(R.id.textView1);//用TextView显示值
        tvName.setText("欢迎用户：  "+str);
    }
}
```

（8）打开 AndroidManifest.xml，输入代码如下：

```
<?xml version="1.0" encoding="utf-8"?>
<manifest xmlns:android="http://schemas.android.com/apk/res/android"
    package="com.example.login"
    android:versionCode="1"
    android:versionName="1.0" >
    <uses-sdk
        android:minSdkVersion="8"
        android:targetSdkVersion="19" />
    <application
        android:allowBackup="true"
        android:icon="@drawable/ic_launcher"
        android:label="@string/app_name"
        android:theme="@style/AppTheme" >
        <activity
            android:name=".MainActivity"
            android:label="@string/app_name" >
            <intent-filter>
                <action android:name="android.intent.action.MAIN" />
                <category android:name="android.intent.category.LAUNCHER" />
            </intent-filter>
        </activity>
        <!-注册 Activity -->
        <activity android:name=".Welcome"/>
    </application>
</manifest>
```

4. 归纳与提高

对于 Android 工程，常用的几个目录和文件分别是 res、src、AndroidManifes.xml。其中 src\drawable 系列目录里存放工程用到的图片资源；src\layout 目录里存放的是 XML 布局文件；src 目录存放 Java 源文件；AndroidManifest.xml 文件里定义了 Android 工程的 Activity，当增加 Activity 的时候需要在此注册。程序的运行结果如图 13-51 和图 13-52 所示。

图 13-51　Android 程序运行结果（一）

图 13-52 Android 程序运行结果（二）

13.4 本 章 小 结

Android 是一种基于 Linux 的自由及开放源代码的操作系统，主要使用于移动设备，如智能手机和平板电脑，由 Google 公司和开放手机联盟领导及开发。

Android 的系统架构由应用程序层（Applications）、应用程序框架层（Application Framework）、系统运行库层（Libraries）、Android 运行环境（Android Runtime）和 Linux 内核层（Linux Kernel）组成。

Android 开发最常使用 Android SDK 和 Eclipse+ADT 搭建 Android 开发平台，平台搭建好后，需要按照 Android 程序的开发流程一步步实现程序的编译、调试、运行和发布。

Android 应用程序由 Activity、Service、ContentProvider、BroadcastReceiver 共 4 大零散又有联系的组件组成，它们是 Android 应用程序的基石，在 AndroidManifest.xml 配置文件中以不同的 XML 标签声明后，即可在应用程序中使用。

当完成 Android 应用程序开发后，一般要打包成 apk 文件（其后缀名为.apk），apk 文件中包含了与某个 Android 应用程序相关的所有文件，如应用程序配置文件 AndroidManifest、Java 字节码文件（.dex 文件）、资源文件等。

无论是在模拟器上还是在实际的物理设备上，Android 系统都不会安装运行任何一款未经数字签名的 apk 程序，签名这个环节尤为重要。

理论练习题

一、填空题

1．Android 虚拟设备的缩写是＿＿＿＿＿＿＿＿。

2．Android SDK 主要以＿＿＿＿＿＿＿＿语言为主。

3．Android 平台提供了＿＿＿＿＿＿＿＿的图形支持，数据库支持＿＿＿＿＿＿＿＿。

4．Android 的 4 大组件是＿＿＿＿＿＿，＿＿＿＿＿＿，＿＿＿＿＿＿和＿＿＿＿＿。

5．Android 系统 4 大组件之一，主要用于后台运行和跨进程访问的是＿＿＿＿＿＿＿＿。

6．Android SDK 提供一些开发工具可以把应用软件打包成＿＿＿＿＿＿＿＿格式的 Android 文件。

7. 目前已知的可以用来搭建 Android 开发环境的系统有_____、_____和_____。

8. _____是一个可视化的调试监控工具。开发人员可以通过它管理运行在模拟器或设备上的进程。

二、选择题

1. Android 是（ ）公司主导研发的。

   A．诺基亚 　　　 B．微软 　　　 C．Google 　　　 D．苹果

2. Android 是（ ）发布的。

   A．2005 年 8 月 17 日 　　　　　 B．2007 年 11 月 5 日

   C．2008 年 10 月 21 日 　　　　　 D．2006 年 5 月 1 日

3. Android 是以（ ）为基础的操作系统。

   A．Java 　　　 B．UNIX 　　　 C．Windows 　　　 D．Linux

4. 以下采用的是 Android 操作系统的手机是（ ）。

   A．海尔、HTC、摩托罗拉、诺基亚

   B．酷派、摩托罗拉、联想、华为

   C．LG、天语、联想、苹果

   D．华为、诺基亚、酷派、三星

5. （ ）智能操作系统是开源的系统。

   A．Symbian 　　 B．Android 　　 C．Windows Phone 　 D．iOS

6. 开发 Android 程序需要的开发工具和开发包包括（ ）。

   A．JDK 　　　 B．Eclipse 　　　 C．Android SDK 　　　 D．ADT

7. 被称为"Android 之父"的是（ ）。

   A．Steve Jobs 　　 B．Andy Rubin 　 C．Tim Cook 　　 D．Bill Gates

8. Android 工程项目中的 assets 目录的作用是（ ）。

   A．放置应用到的图片资源

   B．主要放置一些文件资源，这些文件会被原封不动地打包到 apk 里面

   C．放置字符串、颜色、数组等常量数据

   D．放置一些与 UI 相应的布局文件

9. Android 中下列属于 Intent 的作用的是（ ）。

   A．实现应用程序间的数据共享

   B．是一段长的生命周期，没有用户界面的程序，可以保持应用在后台运行，而不会因为切换页面而消失

   C．可以实现界面间的切换，可以包含动作和动作数据，连接 4 大组件的纽带

   D．处理一个应用程序整体性工作

10. Android 的 VM 虚拟机是（ ）。

    A．Dalvik 　　 B．JVM 　　 C．KVM 　　 D．framework

11. Android VM 虚拟机中运行的文件的后缀名为（ ）。

    A.class 　　 B.apk 　　 C.dex 　　 D.xml

12. Android 系统安装的软件是（ ）格式的。

    A．Sisx 　　 B．java 　　 C.apk 　　 D.jar

13. 在 Android 应用程序中，图片应放在（ ）目录下。

    A．raw 　　 B．values 　　 C．layout 　　 D．drawable

14. 下面关于本地库和 Java 运行时环境描述错误的是（　　　）。

A. 本地库和 Java 运行时环境层位于 Linux 内核层之上

B. 本地库是应用程序框架的基础，是连接应用程序框架层与 Linux 内核层的重要纽带

C. SQLite 是根据 OpenGL ES 1.0API 标准实现的 3D 绘图函数库

D. Android 应用程序是用 Java 语言编写的，所以 Android 需要一个 Java 的运行时环境，该环境又包括核心库和 Dalvik 虚拟机两部分

15. 下列选项描述不正确的是（　　　）。

A. 运行 Andorid 用可以右击要运行的项目,然后选择 Run As -> Android Application, 即可自动在已开启的 AVD 或者移动设备上运行这个项目了

B. 如果焦点在项目中/src 目录下的 Java 文件中，可以通过菜单栏的 Run -> Run 或工具栏的 Run 按钮等运行

C. 如果有多个 AVD 和真机都已被启动且连接在 PC 上，则可以右击项目名称，然后在 Run As -> Run Configurations 里指定使用哪个目标机来运行本应用

D. 也可以按快捷键 Ctrl+F6 来运行 Android 应用程序

16. 下面选项中，（　　　）是 Android 的 4 大组件之一。

A. ListView　　　　　B. Activity　　　　　C.Intent　　　　　D.Bundle

17. 关于 res/raw 目录说法正确的是（　　　）。

A. 这里的文件是原封不动地存储到设备上，不会转换为二进制的格式

B. 这里的文件是原封不动地存储到设备上，会转换为二进制的格式

C. 这里的文件最终以二进制的格式存储到指定的包中

D. 这里的文件最终不会以二进制的格式存储到指定的包中

18. 以下关于 Android 应用程序的目录结构描述中，不正确的是（　　　）。

A. src 目录是应用程序的主要目录，由 Java 类文件文件组成

B. assets 目录是原始资源目录，该目录中的内容将不会被 R 类所引用

C. res 目录是应用资源目录，该目录中的所有资源内容都会被 R 类所索引

D. AndroidManifest.xml 文件是应用程序目录清单文件，该文件由 ADT 自动生成，不需要程序员手动修改

19. 以下有关 Android 的叙述，正确的是（　　　）。

A. Android 系统自上而下分为 3 层

B. Android 系统在核心库层增加了内核的驱动程序

C. Android 包含一个 C/C++库的集合，以供 Android 系统的各个组件使用。这些功能通过 Android 的应用程序框架（Application Framework）曝露给开发者

D. Android 的应用程序框架包括 Dalvik 虚拟机及 Java 核心库，提供了 Java 编程语言核心库的大多数功能

20. 以下有关 Android 开发环境所需要条件的说法，不正确的是（　　　）。

A. 可在 Windows/Linux 操作系统上进行开发

B. 使用 Eclipse 进行开发

C. 需要在 Eclipse 中安装配置 ADT

D. 可以只安装 JRE

三、简答题

1. 简述 Android 应用程序结构。

2. 什么是 Activity？

3. 简述 Android 程序与 Java 程序的区别。

4. 简单描述 Android 数字签名。

5. 谈谈 Android 的优点和不足之处。

上机实训题

1. 使用 Android SDK 和 Eclipse+ADT 搭建 Android 应用程序开发环境。

2. 在 Android 开发平台上编译和运行简单 Android 程序，如 HelloWorld。

3. 上机完成 13.3.8 节的案例，即简单 Android 程序的开发。

附录 A

Eclipse 热键大全

表 A-1～表 A-12 列出了 Eclipse 的热键及其简单说明。

表 A-1　Eclipse 常用热键

快捷键	功能	快捷键	功能
Ctrl+1	快速修复	Ctrl+O	快速显示 OutLine
Ctrl+D:	删除当前行	Ctrl+T	快速显示当前类的继承结构
Ctrl+Alt+↓	复制当前行到下一行（复制增加）	Ctrl+W	关闭当前 Editer
Ctrl+Alt+↑	复制当前行到上一行（复制增加）	Ctrl+K	参照选中的 Word 快速定位到下一个
Alt+↓	当前行和下面一行交互位置	Ctrl+E	快速显示当前 Editer 的下拉列表
Alt+↑	当前行和上面一行交互位置（同上）	Ctrl+/（小键盘）	折叠当前类中的所有代码
Alt+←	前一个编辑的页面	Ctrl+*（小键盘）	展开当前类中的所有代码
Alt+→	下一个编辑的页面	Ctrl+Space	代码助手完成一些代码的插入
Alt+Enter	显示当前选择资源（工程，or 文件）的属性	Ctrl+Shift+E	显示管理当前打开的所有的 View 的管理器
Shift+Enter	在当前行的下一行插入空行	Ctrl+J	正向增量查找
Shift+Ctrl+Enter	在当前行插入空行	Ctrl+Shift+J	反向增量查找
Ctrl+Q	定位到最后编辑的地方	Ctrl+Shift+F4	关闭所有打开的 Editer
Ctrl+L	定位在某行	Ctrl+Shift+X	把当前选中的文本全部变为大写
Ctrl+M	最大化当前的 Edit 或 View（再按则反之）	Ctrl+Shift+Y	把当前选中的文本全部变为小写
Ctrl+/	注释当前行,再按则取消注释	Ctrl+Shift+F	格式化当前代码
		Ctrl+Shift+P	定位到对于的匹配符（例如{}）

表 A-2　编辑操作的 Eclipse 热键

快捷键	功能	作用域
Ctrl+F	查找并替换	全局
Ctrl+Shift+K	查找上一个	文本编辑器
Ctrl+K	查找下一个	文本编辑器
Ctrl+Z	撤销	全局
Ctrl+C	复制	全局
Alt+Shift+↓	恢复上一个选择	全局
Ctrl+X	剪切	全局
Ctrl1+1	快速修正	全局
Alt+/	内容辅助	全局
Ctrl+A	全部选中	全局
Delete	删除	全局
Alt+?	上下文信息	全局
Alt+Shift+?		
Ctrl+Shift+Space		

快捷键	功能	作用域
F2	显示工具提示描述	Java 编辑器
Alt+Shift+↑	选择封装元素	Java 编辑器
Alt+Shift+←	选择上一个元素	Java 编辑器
Alt+Shift+→	选择下一个元素	Java 编辑器
Ctrl+J	增量查找	文本编辑器
Ctrl+Shift+J	增量逆向查找	文本编辑器
Ctrl+V	粘贴	全局
Ctrl+Y	重做	全局

表 A-3　查看操作的 Eclipse 热键

快捷键	功能	作用域
Ctrl+=	放大	全局
Ctrl+-	缩小	全局

表 A-4　窗口操作的 Eclipse 热键

快捷键	功能	作用域
F12	激活编辑器	全局
Ctrl+Shift+W	切换编辑器	全局
Ctrl+Shift+F6	上一个编辑器	全局
Ctrl+Shift+F7	上一个视图	全局
Ctrl+Shift+F8	上一个透视图	全局
Ctrl+F6	下一个编辑器	全局
Ctrl+F7	下一个视图	全局
Ctrl+F8	下一个透视图	全局
Ctrl+W	显示标尺上下文菜单	文本编辑器
Ctrl+F10	显示视图菜单	全局
Alt+-	显示系统菜单	全局

表 A-5　导航操作的 Eclipse 热键

快捷键	功能	作用域
Ctrl+F3	打开结构	Java 编辑器
Ctrl+Shift+T	打开类型	全局
F4	打开类型层次结构	全局
F3	打开声明	全局
Shift+F2	打开外部 javadoc	全局
Ctrl+Shift+R	打开资源	全局
Alt+←	后退历史记录	全局
Alt+→	前进历史记录	全局
Ctrl+,	上一个	全局
Ctrl+.	下一个	全局
Ctrl+O	显示大纲	Java 编辑器
Ctrl+Shift+H	在层次结构中打开类型	全局
Ctrl+Shift+P	转至匹配的括号	全局
Ctrl+Q	转至上一个编辑位置	全局
Ctrl+Shift+↑	转至上一个成员	Java 编辑器
Ctrl+Shift+↓	转至下一个成员	Java 编辑器
Ctrl+L	转至行	文本编辑器

表 A-6 搜索操作的 Eclipse 热键

快捷键	功能	作用域
Ctrl+Shift+U	出现在文件中	全局
Ctrl+H	打开搜索对话框	全局
Ctrl+G	工作区中的声明	全局
Ctrl+Shift+G	工作区中的引用	全局

表 A-7 文本编辑操作的 Eclipse 热键

快捷键	功能	作用域
Insert	改写切换	文本编辑器
Ctrl+↑	上滚行	文本编辑器
Ctrl+↓	下滚行	文本编辑器

表 A-8 文件操作的 Eclipse 热键

快捷键	功能	作用域
Ctrl+XCtrl+S	保存	全局
Ctrl+P	打印	全局
Ctrl+F4	关闭	全局
Ctrl+Shift+S	全部保存	全局
Ctrl+Shift+F4	全部关闭	全局
Alt+Enter	属性	全局
Ctrl+N	新建	全局

表 A-9 项目操作的 Eclipse 热键

快捷键	功能	作用域
Ctrl+B	全部构建	全局

表 A-10 源代码操作的 Eclipse 热键

快捷键	功能	作用域
Ctrl+Shift+F	格式化	Java 编辑器
Ctrl+\	取消注释	Java 编辑器
Ctrl+/	注释	Java 编辑器
Ctrl+Shift+M	添加导入	Java 编辑器
Ctrl+Shift+O	组织导入	Java 编辑器

表 A-11 调试/运行操作的 Eclipse 热键

快捷键	功能	作用域
F7	单步返回	全局
F6	单步跳过	全局
F5	单步跳入	全局
Ctrl+F5	单步跳入选择	全局
F11	调试上次启动	全局
F8	继续	全局
Shift+F5	使用过滤器单步执行	全局
Ctrl+Shift+B	添加/去除断点	全局
Ctrl+D	显示	全局
Ctrl+F11	运行上次启动	全局

快捷键	功能	作用域
Ctrl+R	运行至行	全局
Ctrl+U	执行	全局

表 A-12　重构操作的 Eclipse 热键

快捷键	功能	作用域
Alt+Shift+Z	撤销重构	全局
Alt+Shift+M	抽取方法	全局
Alt+Shift+L	抽取局部变量	全局
Alt+Shift+I	内联	全局
Alt+Shift+V	移动	全局
Alt+Shift+R	重命名	全局
Alt+Shift+Y	重做	全局

参 考 文 献

[1] 王薇，董迎红.Java 程序设计与实践教程[M].北京：清华大学出版社，2011.

[2] 王薇，杜威.Java 程序设计与实践[M].武汉：华中科技大学出版社，2010.

[3] 王薇，杜威，杨丽萍.Java 程序设计上机实训与习题解析[M].北京：清华大学出版社，2011.

[4] 工薇，杨丽萍，边晶.Java 程序设计习题精编[M].北京：清华大学出版社，2011.

[5] 叶核亚.Java 程序设计实用教程[M].北京：电子工业出版社，2013.

[6] 钱慎一.Java 程序设计实用教程[M].北京：科学出版社，2011.

[7] 肖艳，林巧民.Java 程序设计实用教程[M].北京：清华大学出版社，2010.

[8] 刘志成.Java 程序设计实例教程[M].北京：人民邮电出版社，2010.

[9] 耿祥义，张跃平.Java 程序设计实用教程[M].北京：人民邮电出版社，2010.

[10] 朱喜福，徐剑魁.Java 程序设计[M].2 版.北京：清华大学出版社，2010.

[11] 马世霞.Java 程序设计[M].北京：机械工业出版社，2014.

[12] 孙一林，彭波.Java 程序设计案例教程[M].北京：机械工业出版社，2011.

[13] 沈大林，张伦.Java 程序设计案例教程[M].2 版.北京：清华大学出版社，2015.

图 书 资 源 支 持

感谢您一直以来对清华版图书的支持和爱护。为了配合本书的使用,本书提供配套的资源,有需求的读者请扫描下方的"书圈"微信公众号二维码,在图书专区下载,也可以拨打电话或发送电子邮件咨询。

如果您在使用本书的过程中遇到了什么问题,或者有相关图书出版计划,也请您发邮件告诉我们,以便我们更好地为您服务。

我们的联系方式:

地　　址:北京海淀区双清路学研大厦 A 座 707

邮　　编:100084

电　　话:010－62770175－4604

资源下载:http://www.tup.com.cn

电子邮件:weijj@tup.tsinghua.edu.cn

QQ:883604(请写明您的单位和姓名)

用微信扫一扫右边的二维码,即可关注清华大学出版社公众号"书圈"。

资源下载、样书申请

书圈